创意服装设计系列

丛书主编 李 正

服装立体裁剪与设计

杨 妍 唐甜甜 吴 艳 编著

化学工业出版社

·北京·

内容简介

《服装立体裁剪与设计》立足于服装设计专业发展的新思路和实际教学需求，内容涵盖理论知识和实践基础。理论知识包括立体裁剪概述、立体裁剪基础知识；实践基础包括省道变化转移、衣领、袖子、裙装、成衣的立体裁剪与设计，同时讲解了立体构成手法的运用和立体裁剪设计案例。

本书可以作为高等院校服装设计专业的教材，也可以作为成人教育服装专业的教学参考书，同时也可以作为服装爱好者的自学用书。

图书在版编目（CIP）数据

服装立体裁剪与设计 / 杨妍，唐甜甜，吴艳编著．—北京：化学工业出版社，2021.4（2024.8重印）
（创意服装设计系列 / 李正主编）
ISBN 978-7-122-38398-3

Ⅰ．①服… Ⅱ．①杨… ②唐… ③吴… Ⅲ．①立体裁剪 ②服装设计 Ⅳ．①TS941.631 ②TS941.2

中国版本图书馆 CIP 数据核字（2021）第 017090 号

责任编辑：徐　娟　　文字编辑：刘　璐　陈小滔　　装帧设计：中图智业
责任校对：李雨晴　　封面设计：刘丽华

出版发行：化学工业出版社（北京市东城区青年湖南街 13 号　邮政编码 100011）
印　　装：涿州市般润文化传播有限公司
787mm×1092mm　1/16　印张 11　字数 250 千字　2024年 8月北京第 1 版第 2次印刷

购书咨询：010-64518888　　售后服务：010-64518899
网　　址：http：//www.cip.com.cn
凡购买本书，如有缺损质量问题，本社销售中心负责调换。

定　　价：68.00 元

序

常态下人们的所有行为都是在接收了大脑的某种指令信号后做出的一种行动反应。人们先有意识而后才有某种行为，自己的行为与自己的意识一般都是匹配的，也就是二者之间总是具有某种一致性的，或者说人们的行为是受意识支配的。我们所说的意识支配行为又叫理论指导实践，是指常态下人们有意识的各种活动。艺术设计思维是艺术设计与创作活动中最重要的条件之一，也是艺术设计层次的首要因素，所以说“思维决定高度，高度提升思维”。

“需求层次论”告诉我们一个基本的道理：社会中的人类繁杂多样各不相同，受文化、民族、宗教、地缘气候与习性等因素的影响，无论是从人的心理方面研究还是从人的生理方面研究，人们的客观需求与主观需求都有很大的差异。所以亚伯拉罕·马斯洛提出人们有生理需求、安全需求、社交需求、尊重需求、自我实现需求五个不同层次的需求。尽管人们对需求层次论有各种争议，但是人类的需求层次存在差异性应该是没有异议的，这里我想说明艺术设计思维也是具有层次差异性的，每一位艺术设计师必须牢牢记住这个基本的问题。

基于提升艺术设计思维的层次，我们的团队在一年前就积极主动联系了化学工业出版社，共同探讨了出版事宜，在此特别感谢化学工业出版社给予本团队的大力支持与帮助。2017 年我们组织了一批具有较高成果显示度的专业设计师、研究设计理论的学者、艺术设计高校教师等近 20 人开始计划、编撰创意服装设计系列丛书。

杨妍老师是本团队的骨干，具体负责本系列丛书的出版联络等事项。杨妍老师认真负责，做事严谨，在工作中表现得非常优秀。她刻苦自律，参与编著了《服装立体裁剪与设计》《服装结构设计与应用》，本系列丛书能顺利出版在此要特别感谢杨妍老师。

作为本系列丛书的主编，我深知责任重大，所以我也直接参与了每本书的编写。在编写中我多次召集所有作者召开书稿推进会，一次次检查每本书稿，提出各种具体问题与修改方案，指导每位作者认真编写、完善书稿。

本次共计出版 7 本图书，分别是：岳满、陈丁丁、李正的《服装款式创意设计》；陈丁丁、岳满、李正的《服装面料基础与再造》；徐慕华、陈颖、李正的《职业装设计与案例精析》；杨妍、唐甜甜、吴艳的《服装立体裁剪与设计》；唐甜甜、龚瑜璋、杨妍的《服装结构设计与应用》；吴艳、杨予、李潇鹏的《时装画技法入门与提高》；王胜伟、程钰、孙路苹的《服装缝制工艺基础》。

本系列丛书在编写工作中还得到了王巧老师、王小萌老师、张婕设计师、张鸣艳老师以及徐倩蓝、韩可欣、于舒凡、曲艺彬等同学的大力支持与帮助。她们都做了很多具体的工作，包括收集资料、联系出版、提供专业论文等，在此表示感谢。

尽管在编写书稿的过程中我们非常认真努力，多次修正校稿再改进，但本系列丛书中也一定还存在不足之处，敬请广大读者提出宝贵的意见，便于我们再版时进一步改进。

苏州大学艺术学院教授、博导　李正

2020 年 8 月 8 日　于苏州大学艺术学院

前　言

随着中国服装产业的国际化发展，人们对服装的款式、造型以及设计也提出了更高的要求，越来越多的设计师意识到了服装立体裁剪对服装设计的重要性，力求实现服装款式、造型及设计方面的变化。

目前国内的服装立体裁剪书籍种类繁多，对立体裁剪技术的介绍也比较详实，但大部分都是以图片的形式进行讲解，没有视频的同步配合，这也是我们编著《服装立体裁剪与设计》这本书的主要原因之一。本书结合目前各大院校的教学实际以及专业人士对立体裁剪的需求，在总结前人的教学经验和立体裁剪理念的基础上，借鉴和吸收了国内外优秀的服装立体裁剪教学内容和教学模式，针对每个章节中具体的操作步骤都有对应的视频讲解，是一本相对完整且操作性、实用性强的服装立体裁剪用书。

本书基本涵盖大学本科服装类专业、高职院校服装类专业在立体裁剪与设计中所涉及的内容。首先，本书从立体裁剪相关基础理论展开，对立体裁剪的概念、发展、特征和应用范围进行了简要概述，并与平面裁剪进行了一定的对比；针对立体裁剪的基础知识进行了细致讲解，将理论与实践紧密结合为一体，由浅入深循序渐进。其次，本书内容主要注重立体裁剪的实践运用，分别对衣领、袖子、裙装和成衣进行了详细的步骤说明（附视频同步教学），同时分析了多种立体构成手法与立体裁剪结合的设计。最后，本书通过大量的案例解析和图片赏析，体现了立体裁剪教学的时代性和应用特色。总之，我们力求本书成为系统性、科学性、专业性高度统一的现代服装立体裁剪与设计专业教学用书。

本书由杨妍、唐甜甜、吴艳编著。第一章、第二章、第三章由吴艳编著；第四章、第五章、第六章由唐甜甜编著；第七章、第八章、第九章由杨妍编著；李正教授负责全书统稿与修正。参与本书资料收集和整理工作的还有苏州市职业大学张鸣艳老师、湖州师范学院徐崔春老师、苏州大学王小萌老师、苏州大学艺术学院研究生严烨晖同学、王胜伟同学、张嘉慧同学、王佳音同学以及东华大学研究生曾华倩同学等。她们都积极地为本书提供了大量的图片资料，同时也花费了大量的时间和精力。本书在编著过程中还得到了苏州大学艺术学院、苏州大学艺术研究院以及苏州高等职业技术学校的领导和服装系全体教师的支持。本书还参考了大量的有关著作及文献，在此对资料的提供者表示感谢。

虽然我们对本书投入了很多的精力，先后数次召开编写组会议，不断讨论与修改。但是，受时间和水平的限制，加之科技、文化和艺术发展日新月异，时尚潮流不断演变，书中还有许多不完善的地方，敬请专家学者指出本书存在的不足和偏颇之处，以便再版时进行修订。

杨妍

2020 年 7 月

目 录

目 录

目　录

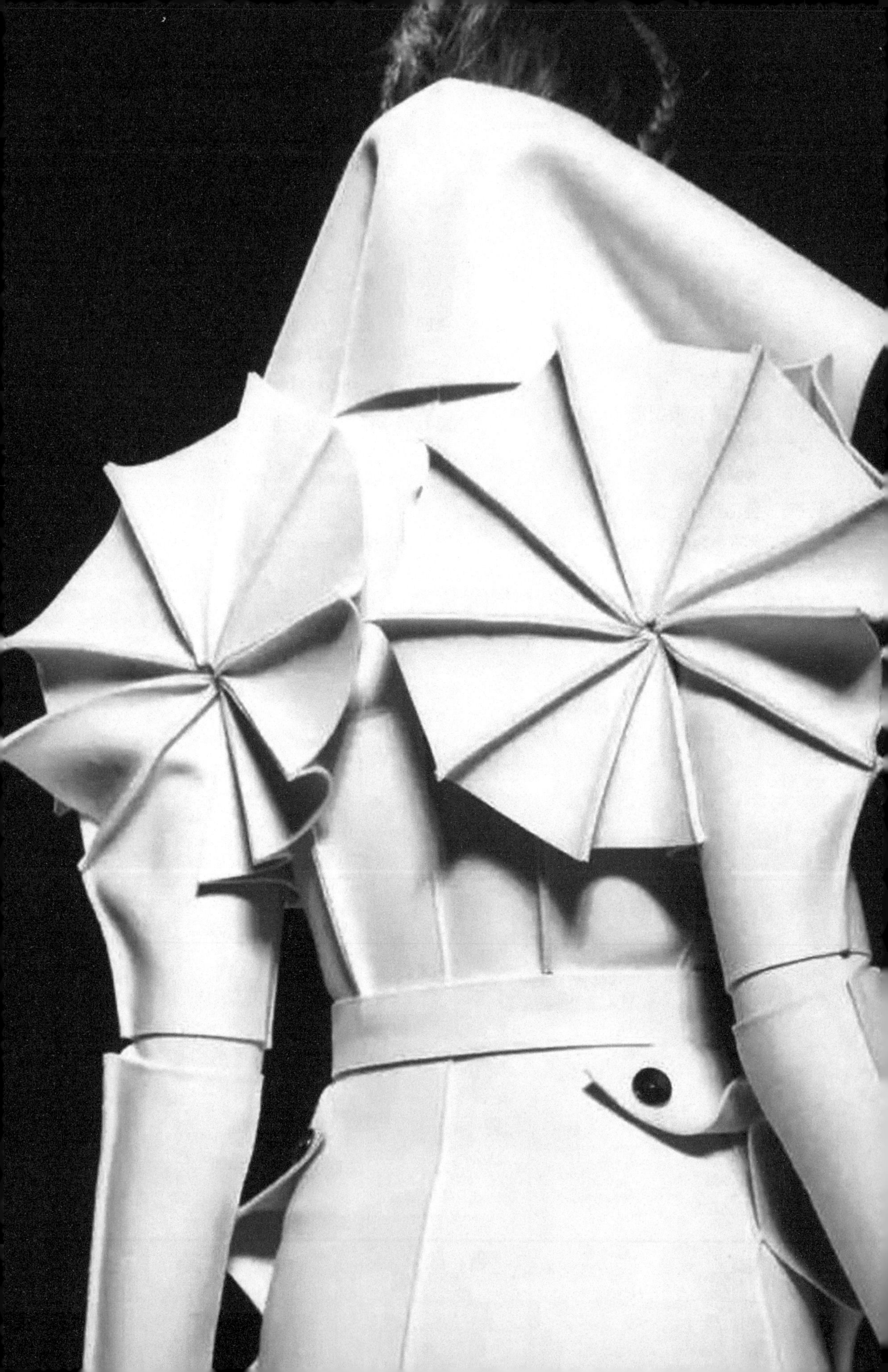

第一章
绪　论

服装设计的技术手法有多种，就结构设计而言，主要由立体裁剪设计与平面裁剪设计两种手法组成，在实际的服装款式和造型设计中，这两种手法可结合使用或相互交替使用。对于没有接触过立体裁剪的服装专业学生而言，立体裁剪就好像蒙着一层神秘的面纱。其实，立体裁剪是将与布料特性相近的坯布试样直接覆盖在人体或人体模型上进行裁剪与塑造，从而获得服装样片的一种设计手法。立体裁剪具有非常强的直观性，随着立体裁剪技术的不断发展，它在现代服装设计中得到了广泛的运用。

第一节　立体裁剪概述

一、立体裁剪的相关概念

立体裁剪通常简称为“立裁”，它起源于欧洲，不同地区对它有不同的称呼，在美国和英国称为“覆盖裁剪”，在法国称为“抄近裁剪”，在我国统称为“立体裁剪”。

立体裁剪是以人体或人体模型进行裁剪设计（一般教学设计中，多采用人体模型进行操作），具体操作过程是：先将布料覆盖在人体模型上并固定，通过裁剪、分割等手段确定外轮廓，接着从人体模型上取下布料进行修正，将其转换成平面的纸样再制作成服装。立体裁剪不仅训练学生对平面结构的理解能力，而且还考验学生对“人”与“衣”的平衡和谐关系的认知，立体裁剪同时也是从三维立体的角度重新审视服装审美和结构的过程。

二、立体裁剪的历史与发展

立体裁剪的产生最早可以追溯到上古时代，即原始社会时期，人类受自然环境的影响将兽皮、树叶、树皮等简单的物质处理后披挂在身上，从而形成最古老的服装。随着人类文明的发展与进步，立体裁剪技术也随之逐步完善，尽管中西方的立体裁剪发展轨迹不同，但在文化交融的今天，它已成为中西方服装设计中共有的设计方法之一。随着科技的进步以及人类审美意识的不断提高，立体裁剪经过反复实践、修改以及科学的计算和改进，形成了更为完整的理论体系。

在古希腊、古罗马时期，服装没有太多奢华的装饰，一整块布直接披挂在人身上就变成衣服，这个时期的服饰没有经过特定的剪裁而是用布直接缠绕形成。中世纪时期的文学、建筑都受到基督教文化的影响，服装也不例外，基督教强调解放人性，欧洲人在服装造型上开始注重人体躯干意识的表达。哥特式时期（约 13 世纪），受哥特式建筑风格的影响，流行垂直的、纵向的流线型紧身服装造型，因此在裁剪方式上也出现了变革，使服装从二维的结构中脱离出来，这一时期成为三维空间上窄衣文化的起点。路易十四时期巴洛克风格开始流行，女装以细腰凸臀的线条为美，直至 18 世纪洛可可风格取代巴洛克风格，洛可可风格更强调三围差别且更注重服装的立体效果。随着历史的发展，服装风格不断变化，服装不再过分强调人体体型的夸张，三维空间的立体剪裁技术促进了中世纪服装的发展和变换。进入 20 世纪，立体裁剪在服装设计过程中发挥着巨大的作用，许多设计师将立体裁剪作为主要的创作方式，并借用立体裁剪进行创意服装设计，此时一批优秀的立体裁剪作品也相继诞生并不同程度地影响到今天。

在我国，因长期受到儒家、道家思想的影响，服饰文化表现得更为含蓄。从周朝的章服至近代的旗袍、长衫等，基本上都是以平面结构的衣片构成平面形态的服装，在设计构成上更偏向于采用平面裁剪技术。由于单一的平面裁剪无法满足现代人对于审美的需求，加上中西方服饰文化的碰撞、交融、互补，因此立体裁剪在我国也得到了迅速发展，同样成为重要的服装结构构成技术。时至今日，在设计领域立体裁剪与平面裁剪相辅相成，设计者可各取所长或兼而用之，两者以各自的优势同时成为世界范围内服装主要构成技术之一。

三、立体裁剪的特征

立体裁剪不但适合初学者掌握，也适合专业人士用来提高技能。立体裁剪不受公式计算的约束和限制，可直接在人体模型上进行裁剪和创作，因此，对于初学者而言，即使不懂得公式的计算，只要掌握立体裁剪的步骤和要领，便能很快地进行设计创作。立体裁剪也是公认的最直观、最简便的裁剪方式，因为立体裁剪是直接对布料进行操作，考量的是布料与人体的关系、布料与造型的结合。立体裁剪对布料性能、质感的表达以及展现整体造型的变化都具有更直接的优势。当然立体裁剪也有不足之处，它极易受人体模型、布料等因素的限制，且在制作过程中成本消耗较高。

四、立体裁剪的应用范围

在造型设计和操作上，立体裁剪比平面裁剪拥有更多的可操作性，因此，立体裁剪较多地应用在服装展示设计上，例如陈列设计、橱窗展示设计、大型创意时装秀，如图 1-1 所示。在灯光、造型、舞台等其他道具的衬托下，能将服装款式、制作材料以直观的方式呈现在观者眼前。

目前，我国许多服装企业都将立体裁剪作为一种新颖的设计方式运用到服装设计以及生产上，当然并不是所有的服装都适合立体裁剪，例如 T 恤衫、裤子等，适合立体裁剪的服装应具备以下几个特点。

其一，服装款式为不规则造型，或有不规则的褶皱、波浪等且极富立体感，平面裁剪的方式无法或很难达到这种设计效果（图 1-2、图 1-3）。

图 1-1 服装展示设计

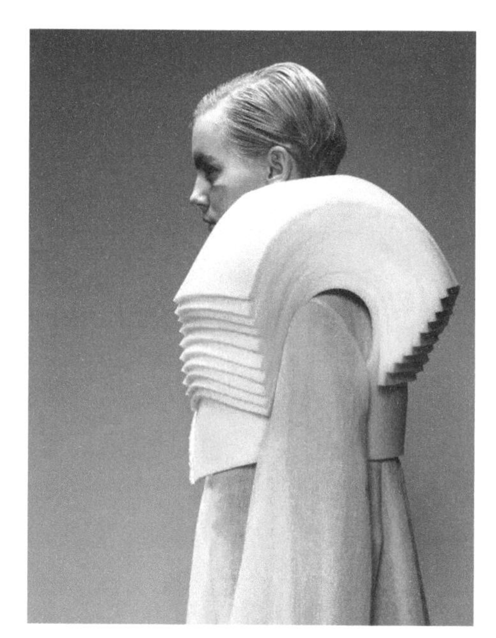

图 1-2 不规则造型立体裁剪设计

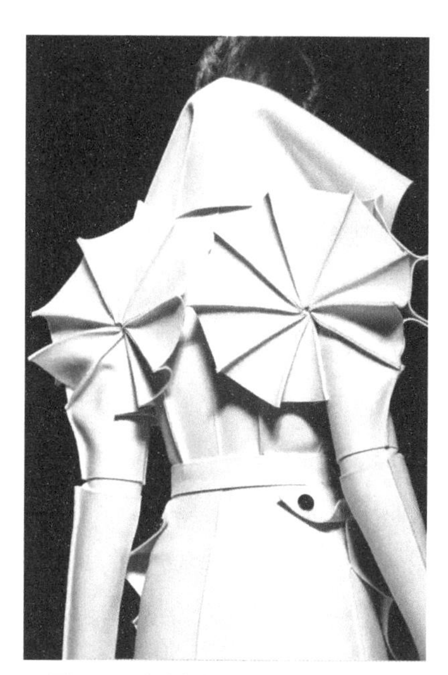

图 1-3 褶皱造型立体裁剪设计

其二，服装使用轻薄、柔软、固定性能差但垂感效果良好的材料，在裁制、剪切时具体部位不加固定难以操作（图 1-4）。

其三，不对称式服装造型或夸张造型的服装款式，二维平面裁剪难以预测最终完成效果（图 1-5、图 1-6）。

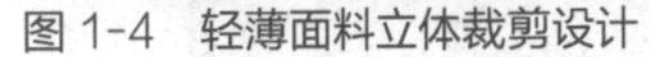
图 1-4 轻薄面料立体裁剪设计

图 1-5 不对称式褶裥立体裁剪设计

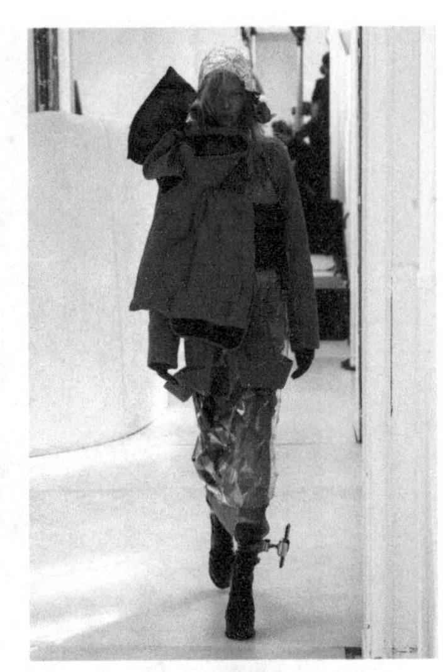
图 1-6 夸张造型立体裁剪设计

第二节 立体裁剪与平面裁剪的对比

一、概念的对比

（一）平面裁剪

平面裁剪是以服装款式规格、人体体型、布料质地以及工艺要求为基础，借用一定的计算公式和经验数据，在纸张或者布料上画出衣片的平面结构制图，然后通过样片板进行服装生产的一种裁剪方法。平面裁剪的公式易掌握，可以一步裁剪到位，而且能进行大规模的生产加工，可降低制作成本。

（二）立体裁剪

立体裁剪是根据款式图或构思好的款式造型，将布料直接披盖在人体模型上进行裁剪，裁剪后制成样板再制成服装的一种裁剪方式。立体裁剪有“软雕塑”之称，因其可以根据服装款式造型直接在布料上进行修改，还可以进行无公式的二次设计，方便简洁利于操作。当然这种裁剪方式比较消耗成本，因此不常用于批量生产。

二、特点的比较

（一）平面裁剪

首先，平面裁剪实际上是通过各种实践经验后得到的，比较适宜大规模制作成衣，平面裁剪更多地采用平面结构制图法，结构尺寸较为固定，有较大的稳定性和可靠的操作性。其次，平面裁剪不易损耗额外的布料，通过排料软件可将损耗率降到最低，对于一些成衣生产、批量裁剪、定型产品而言，平面裁剪是最好的可以提高生产效率的一种方式。最后，平面裁剪便于初学者掌握与运用，特别是服装放松量的把握，初学者可根据平面结构制图的规律和定值进行缩放，如前片胸围为“1/4B+4”，B 为胸围，4 即为放松量。

（二）立体裁剪

1. 灵活性

在实际操作过程中，立体裁剪可以一边设计一边裁剪，可随时观察服装整体效果，根据需要进行问题纠正与修改，这样能解决平面裁剪中的许多廓形结构等方面难以解决的问题。例如：在礼服设计和创意服装设计中，许多不对称造型、夸张造型以及褶皱堆积、面料叠加等设计，如果采用平面裁剪是难以实现的，但是可以借用立体裁剪的手法进行塑造，如图 1-7 所示。

图 1-7 立体裁剪礼服设计

2. 直观性

立体裁剪是通过直观地观察人体与服装之间构成的空间关系，用最直接的方式感知和把控人体着装后的穿着形态、造型特点等。立体裁剪也是最直观的设计过程，从构思到制作，从坯布到成衣，设计师借助人台（或人体模型）进程创作，根据直观效果不断修改与完善，以达到最终理想效果。

3. 实用性

立体裁剪不仅适用于简单款式，同时适用于复杂结构的造型设计。它不受计算公式的限制，可根据需求进行量身定制、高级定制以及成衣产品开发，如图 1-8 所示。

4. 创造性

设计师可以在人台上随意塑造出各种造型以及款式，那些平面裁剪难以表达的结构以及造型，都可通过立体裁剪呈现。设计师在实操过程中，会呈现出一些意想不到且美观的造型效果，而平面裁剪的公式法很难出现这种偶然效果，如图 1-9 所示。

图 1-8　立体裁剪实用性

图 1-9　立体裁剪创造性

三、操作过程的对比

（一）平面裁剪

平面裁剪首先要测量人体主要部位的尺寸（依据国家或企业标准），如领围、肩宽、胸围、腰围、臀围等，接着依据规格尺寸和计算结果进行结构制图（其中包括各部位的缝、褶、省、口袋等位置），然后加放缝份与对位标记，最后得出服装款式样板。

（二）立体裁剪

立体裁剪首先根据款式图或效果图进行布料初剪裁，并经过立体造型获得款式雏形，接着将衣片取下，铺开绘制纸样后按初形进行假缝和试穿，再调整并修改布样，之后将布样拓印在纸样上比较并再次调整，然后加放缝份与对位标记，最后取得服装款式样板。

第二章
立体裁剪基础知识

在进行具体的立体裁剪前，我们需要正确了解立体裁剪的基础知识，熟悉立体裁剪前的准备工作，其中包括立体裁剪的工具材料、立体裁剪手臂的制作、人台的贴线与补齐、大头针的基础针法。只有在熟悉工具的前提下，才能有针对性地对不同款式、不同造型的服装进行立体裁剪，从而达到最佳效果。

第一节　立体裁剪的工具与材料

一、人台

（一）人台的定义

人台，也称人体模型或胸架，是模仿人体形态、线条并用坯布包裹的模型架，是立体裁剪设计过程中最重要的工具。人台模仿的是人们理想标准下的一种人体形态，同时也很接近现代人体结构形态，若能在真实的人体上进行设计是最精准、最理想的，但是在实际操作中，真实人体存在诸多不便，所以需要人台来替代。

（二）人台的分类

1. 按形体分

按照人的形体可将人台分为躯干模型、下体模型、大腿模型。

2. 按类型分

按人体类型可将人台分为标准体、肥胖体、瘦体等。在选择人台时，教学上一般选择标准体（即 160/84A），如图 2-1 所示，有白模和黑模两种标准人台。

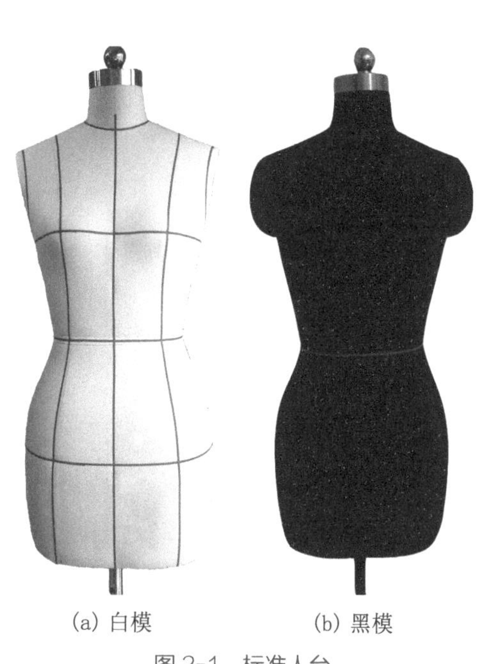

(a) 白模　　(b) 黑模

图 2-1　标准人台

3. 按尺寸分

按人体尺寸可将人台分为裸体型人体模特和工

业型人体模特。裸体型人体模特是按照人体实际尺寸制作而成的。这种人台支架可调节高低、有固定弹性、容易插入大头针，是常规教学用具。工业型人体模特是在裸体型人体模特的基础上增加一定的放松量，比较适用于服装企业生产，如图 2-2 所示。

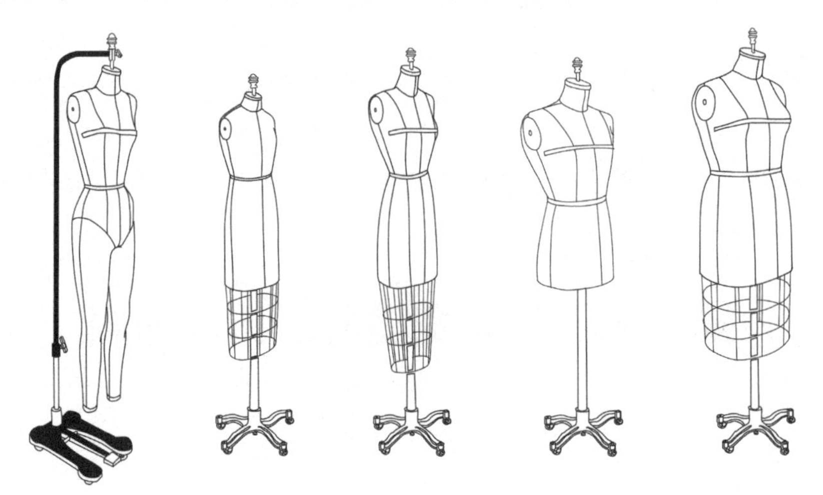

(a) 裤子人台　(b) 儿童人台　(c) 青少年人台　(d) 男士人台　(e) 大号女士人台

图 2-2　工业型人体模特

（三）立裁人台及其专业术语

立裁人台及其专业术语，如图 2-3 所示。

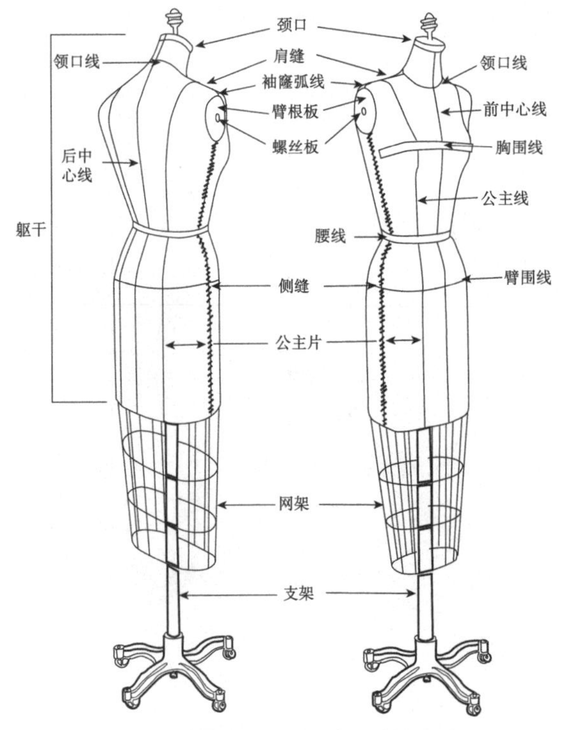

图 2-3　立裁人台及其专业术语示意

二、基础用具

在进行立体裁剪时，常用到的主要基础工具及其用途如下。

（一）裁剪剪刀

裁剪剪刀主要用于裁剪布料或裁断纱线，一般选用尖端锋利长 24～28cm（9 号、10 号）的剪刀，如图 2-4 所示。

图 2-4 裁剪剪刀

（二）沙剪

沙剪是在缝制时使用，一般用来剪断缝纫线，如图 2-5 所示。

图 2-5 沙剪

（三）皮尺、直尺

立体裁剪虽不经常需要测量尺寸，但是对于初学者来说，有基础的数据作为参考能方便他们学习和实践。皮尺主要用来测量胸围、腰围、袖窿弧线等直尺无法测量的弯曲的曲线。直尺主要用于立裁后的拓板以及样片修整，如图 2-6 所示。

（四）大头针、珠针

立体裁剪的专用大头针是用来固定布料和人台、布料和布料的工具，其针尾没有小珠子的，俗称大头针，针尾有小珠子的，俗称珠针。针身细长，通常在 3cm 左右，便于刺透多层布料，如图 2-7 所示。

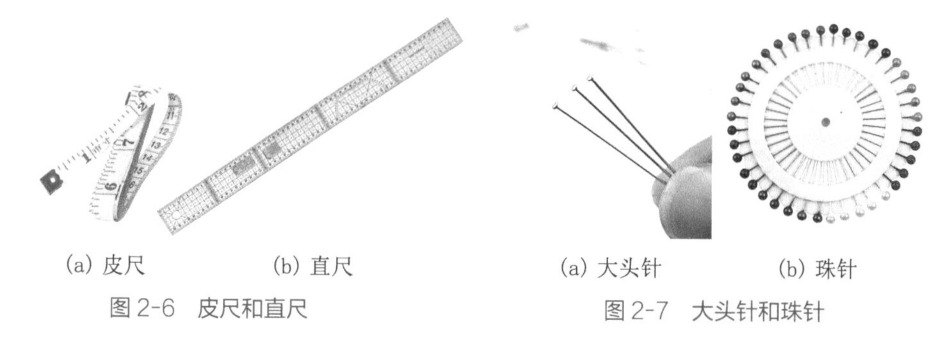

(a) 皮尺　(b) 直尺

图 2-6 皮尺和直尺

(a) 大头针　(b) 珠针

图 2-7 大头针和珠针

（五）标记带

标记带用来标示人台基本结构的基准线以及服装的轮廓线，一般宽为 2.5～3cm，颜色有多种，如图 2-8 所示。

（六）铅笔、水消笔、彩色笔

立体裁剪时，常用铅笔来做点影标记。对于复杂的款式，可以选择彩色笔，通过不同颜色的点影进行结构区分。水消笔的特点在于，做好标记以后在高温熨烫下，标记点会消失，一般多用于成衣布料的立体裁剪，如图 2-9 所示。

图 2-8　标记带

图 2-9　水消笔

（七）针插

针插用来插大头针，内侧有皮筋，可以套在手上使用，如图 2-10 所示。

（八）坯布

根据纱线密度的不同，坯布有很多种类。在立体裁剪时，可以根据款式的挺括程度以及柔软程度来选择相应厚度的坯布，如图 2-11 所示。

图 2-10　针插

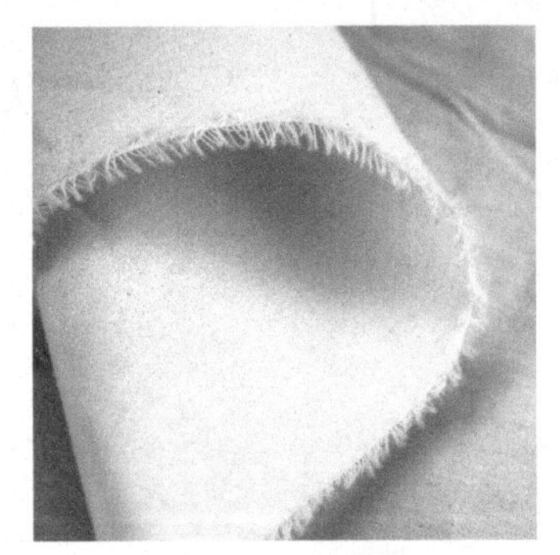

图 2-11　坯布

（九）其他工具

除以上的基本工具外，齿状滚轮、画粉、锥子、拷贝纸等，在进行纸样拷贝以及放缝时会用到。

第二节　立体裁剪手臂的制作

一、手臂结构图

在制作手臂模型前，我们先了解一下手臂模型的平面展开图，如图 2-12 所示。

二、布手臂制作步骤

（1）根据手臂结构图裁剪出对应的样片及挡板，如图 2-13 所示。

（2）将大袖片与小袖片的前袖线缝合，如图 2-14 所示。

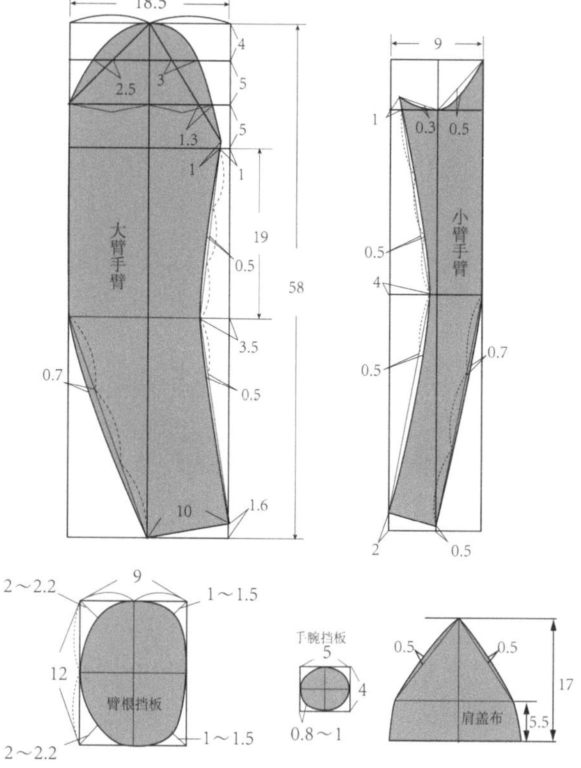

图 2-12　手臂模型平面展开图（单位：cm）

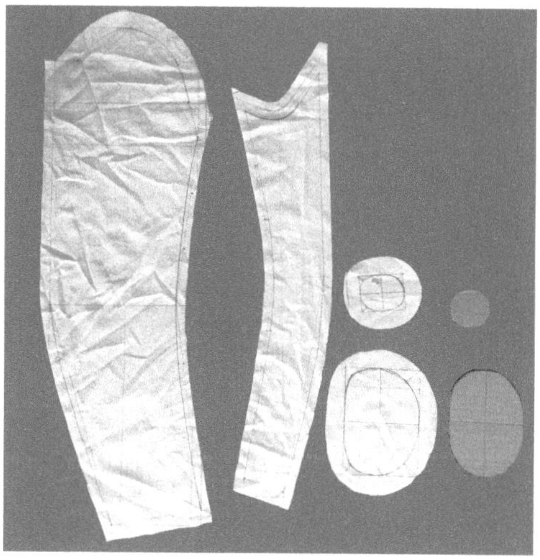

图 2-13　样片及档板示意

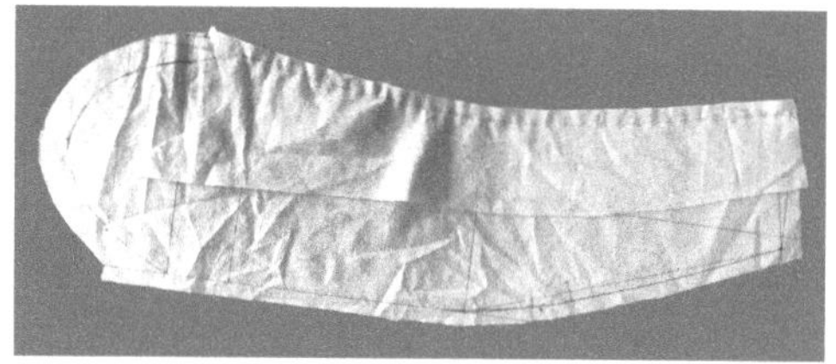

图 2-14　缝合大小袖片的前袖线

（3）确定大袖片与小袖片的缩缝量。将大小袖片袖底的缝长度进行对比，用大头针固定并确定缩缝量，如图 2-15 所示。

（4）拼合大小袖片，在袖肘部位打剪刀口，熨烫好缝份，如图 2-16 所示。

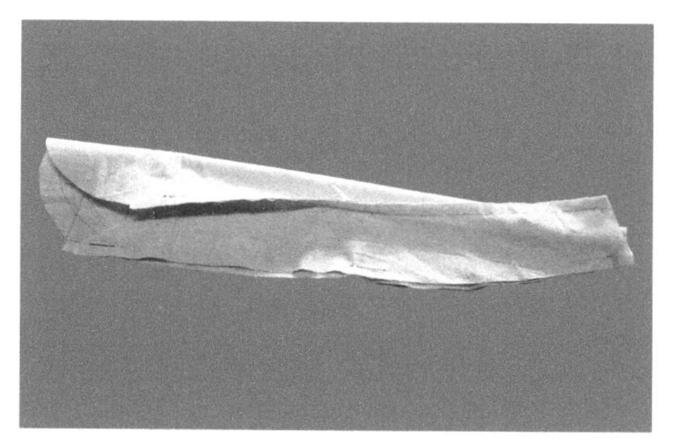

图 2-15　大袖片与小袖片的缩缝量

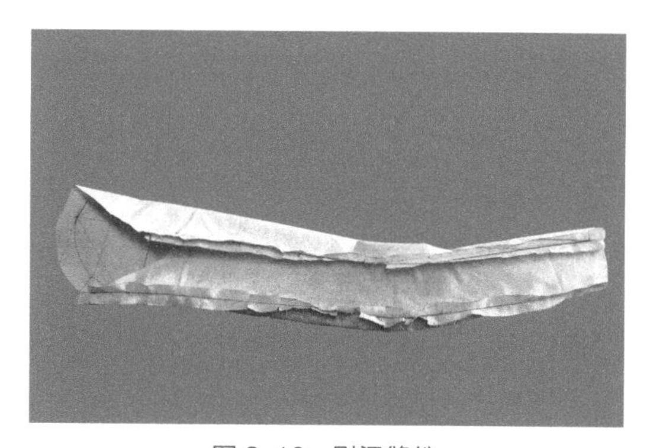

图 2-16　熨烫缝份

（5）缝合肩盖布与布手臂，如图 2-17 所示。

（6）将两块肩盖布相对，沿净样线缝合起来，如图 2-18 所示。

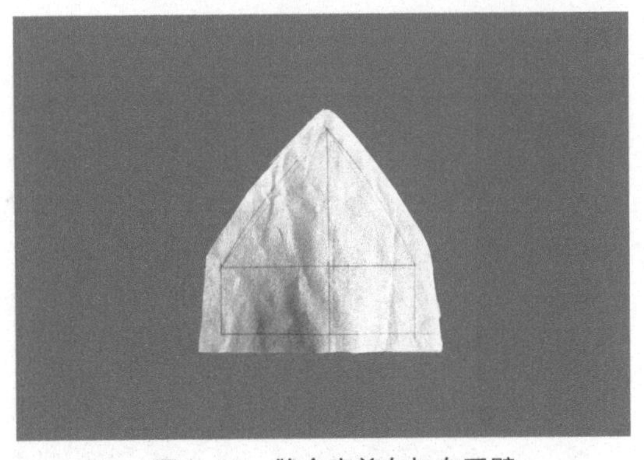

图 2-17　缝合肩盖布与布手臂

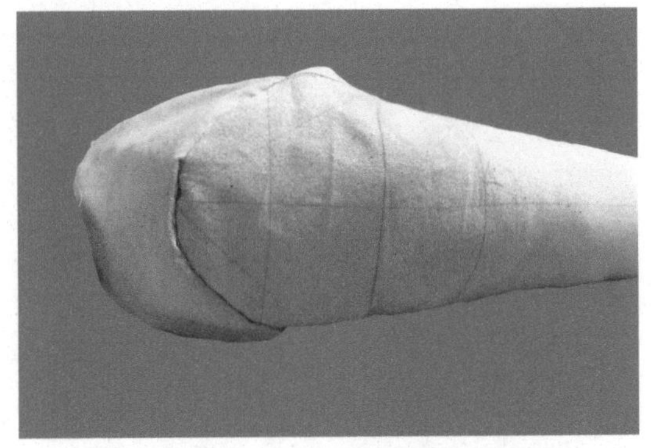

图 2-18　缝合肩盖布

（7）将填充物匀称地填充在布手臂里面，注意调整好手臂的粗细（上粗下细），如图 2-19 所示。

（8）将臂根挡板布沿距离净样线的 0.5～1cm 处缝一圈并进行抽缩处理，如图 2-20 所示。

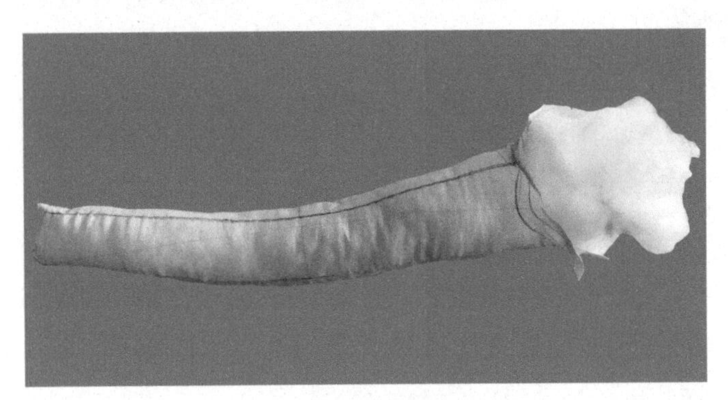

图 2-19　填充手臂

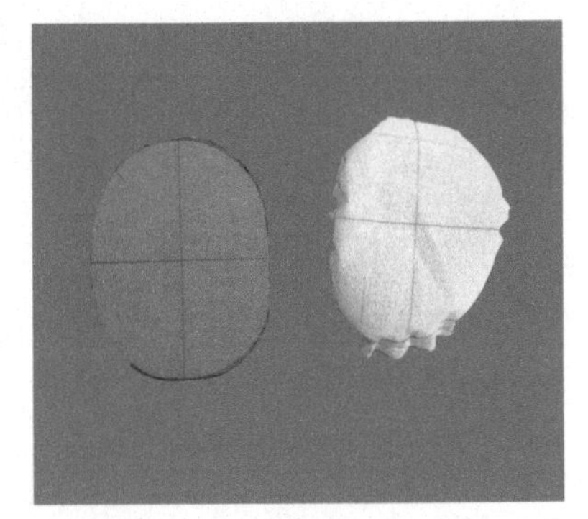

图 2-20　抽缩臂根挡板布

（9）将臂根挡板硬纸板固定在布片内，如图 2-21 所示。手腕挡板也按照同样的处理方法进行操作，如图 2-22 所示。

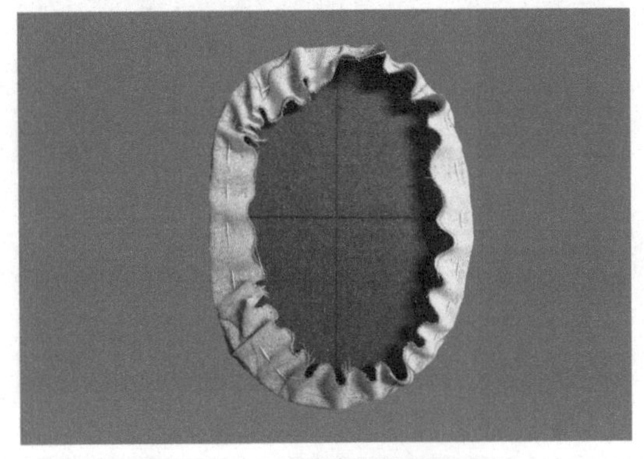

图 2-21　固定臂根挡板硬纸板

图 2-22　固定手腕挡板

（10）首先将手腕挡板与布手臂固定，如图 2-23 所示，接着用藏针法将两者进行缝合，如图 2-24 所示。

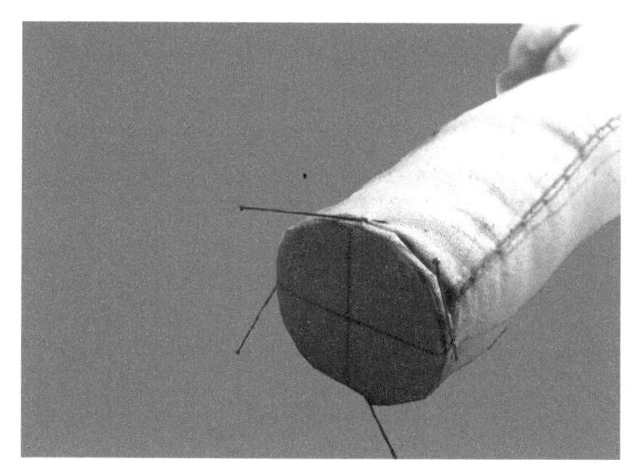

图 2-23　固定手腕挡板与布手臂

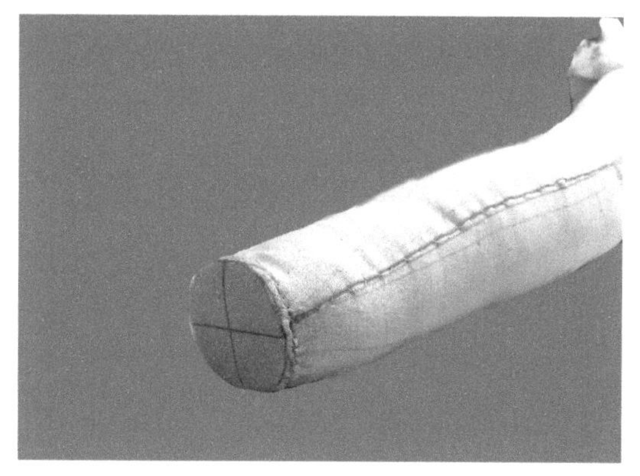

图 2-24　缝合手腕挡板

（11）缝合臂根挡板与布手臂，首先将臂根挡板与布手臂固定，如图 2-25 所示，接着用藏针法将两者进行缝合，如图 2-26 所示。

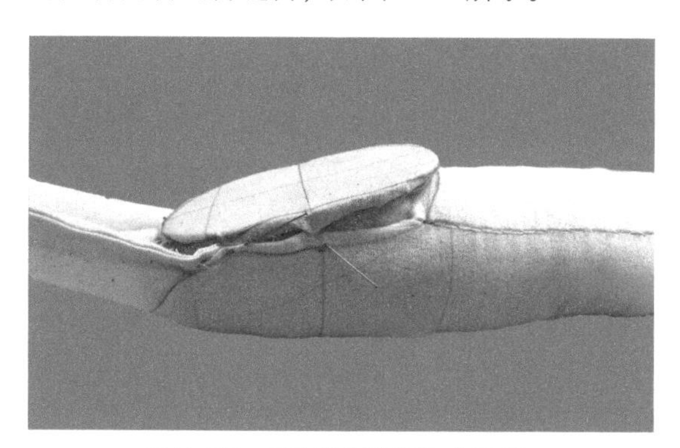

图 2-25　固定臂根挡板与布手臂

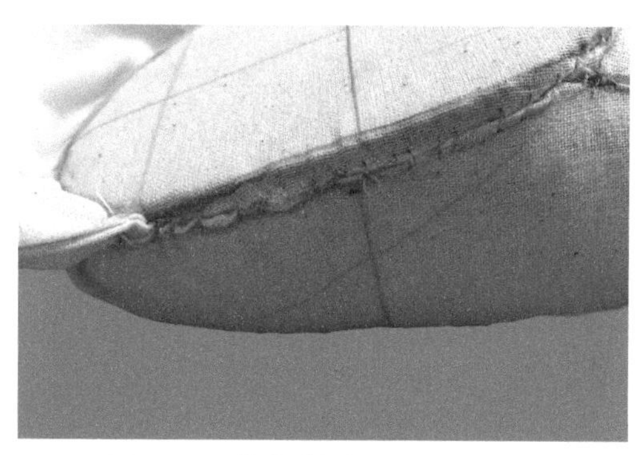

图 2-26　缝合臂根挡板与布手臂

（12）完成布手臂的制作，如图 2-27 所示。

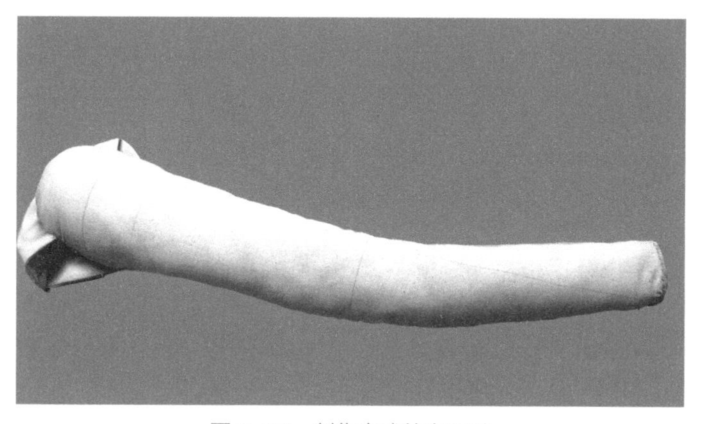

图 2-27　制作完成的布手臂

第三节　人台的贴线与补齐

一、人台的贴线

人台的贴线就是人台上的基准线，可在此进行贴线标记。将人台的重要部位或必要的结构线，在人台上用标记带标记出来，这些标记带是进行立体裁剪操作时必不可少的。在实际的操作过程中，很少会用尺子去测量，大多数都是通过人眼观察来确定人台的基准线，从而确定服装款式中各部位的尺寸以及造型形态，因此人台基准线的标记尤为重要。

标记基准线，有利于设计者在立体裁剪操作时，把握作品的整体平衡，对了解人体模型的立体构造起到较大的帮助作用。人台最基本的标记带包括胸围线、腰围线、臀围线、袖窿弧线、肩线、领围线等。

人台标记带贴线步骤如下。

（1）标定前中心线。从领围前中心点向下拉一条细绳，细绳下端系一重物，以确保细绳与水平面垂直，沿垂线用珠针做好标记，如图 2-28 所示。

（2）贴前中心线。沿珠针贴上标记带，形成前中心线，如图 2-29 所示。

（3）标定后中心线。从领围后中心点向下拉一条细绳，细绳下端系一重物，以确保细绳与水平面垂直，沿垂线用珠针做好标记，如图 2-30 所示。

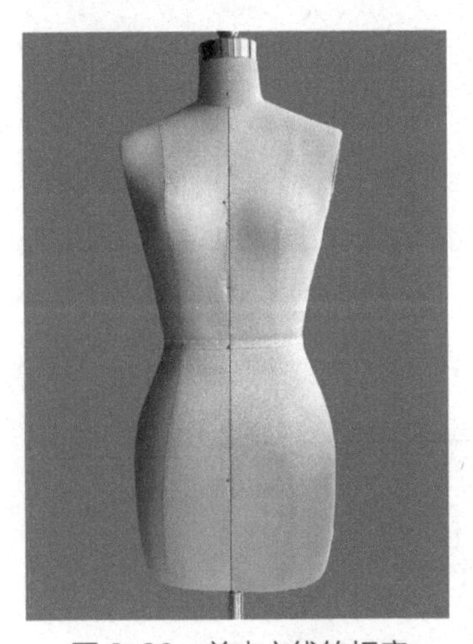

图 2-28　前中心线的标定

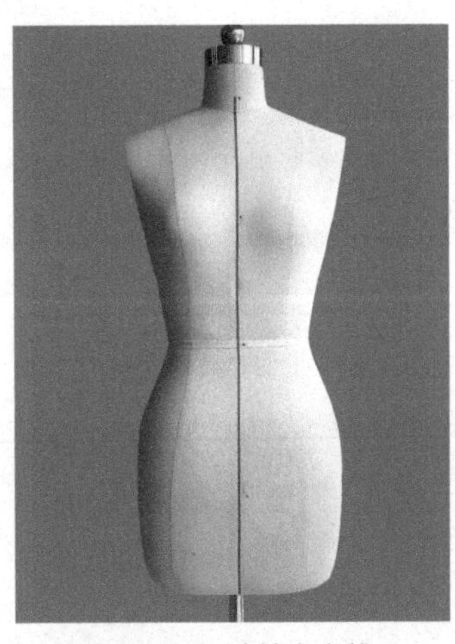

图 2-29　贴前中心线

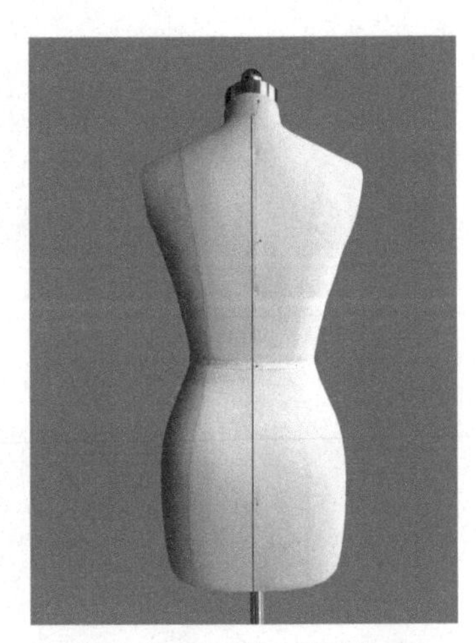

图 2-30　后中心线的标定

（4）贴后中心线。沿珠针贴上标记带，形成后中心线，如图 2-31 所示。

（5）确定领围线。从后颈点过侧颈点至前颈点，用标记带弧线连接，注意保持弧线的顺畅，如图 2-32 所示。领围线上距后颈点 3cm 的一小段要与后中心线保持垂直，如图 2-33 所示。

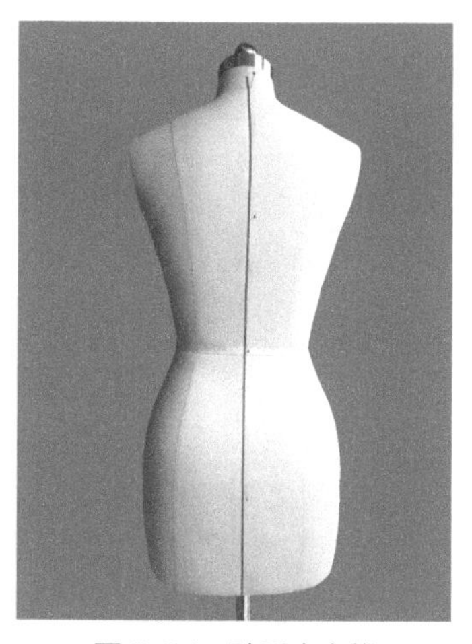

图 2-31　贴后中心线

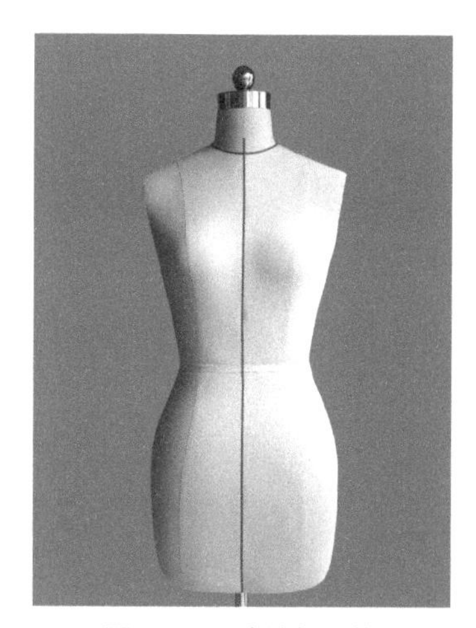

图 2-32　确认领围线

图 2-33　距后颈点 3cm 的一小段与后中心线垂直

（6）确定胸围线。先确定 BP 点的位置，然后在同一水平位置绕人台一周确定胸围线，即胸部最丰满位置的水平线，做好标记并贴上标记带，如图 2-34 所示。

（7）确定腰围线。在腰部最细的地方确定腰围线，可以从人台正侧面找到腰部最低点，以此为起点水平围绕人台一周做标记，并贴上标记带，如图 2-35 所示。

（8）确定臀围线。在臀部最凸的地方确定臀围线，可以从人台正后面找到臀部最高点，以此为起点水平围绕人台一周做标记，并贴上标记带。也可以从腰围线向下量取 18cm，确定臀围线位置，如图 2-36 所示。

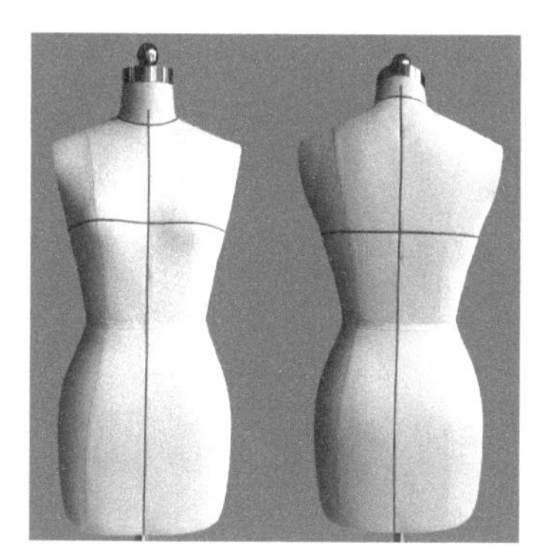

图 2-34　确定胸围线

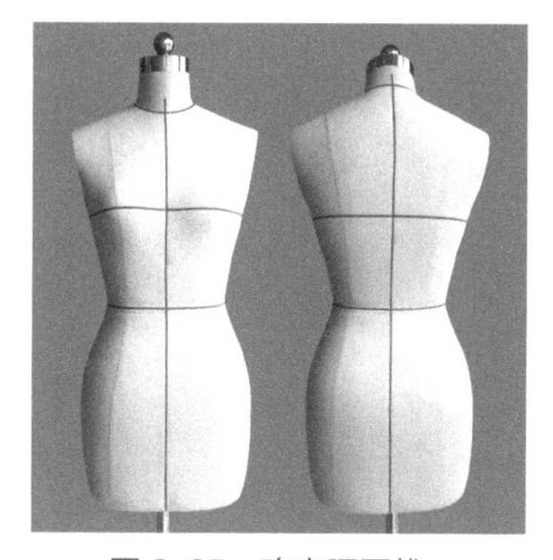

图 2-35　确定腰围线

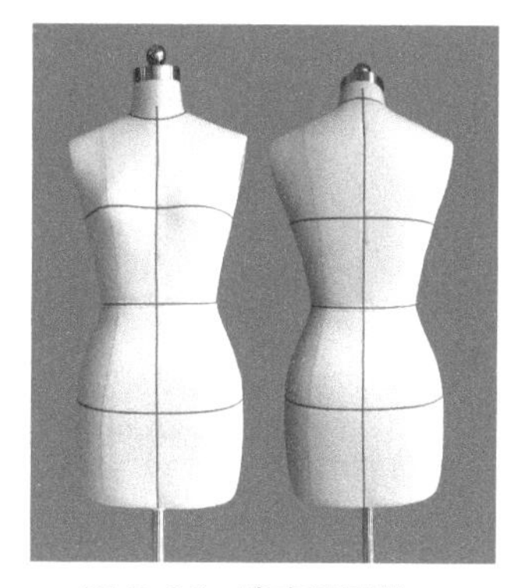

图 2-36　确定臀围线

（9）确定肩线。确定侧颈点以及肩端点，用标记带连接两点就是肩线，如图 2-37 所示。

（10）确定袖窿弧线。袖窿弧线经过肩端点、前腋点、后腋点、侧缝最高点。注意，前后袖窿弧线弯曲不一致，前袖窿弧线底部稍微弯曲一些，后袖窿弧线底部曲线稍微平坦些，如图 2-38 所示。切记不要把人台挡板当作袖窿。

（11）确定侧缝线。在胸围线 1/2 侧面处向后偏移 1cm，腰围线和臀围线 1/2 侧面处稍向后偏移 1.5～2cm，找到侧缝线并贴上标记带，如图 2-39 所示。

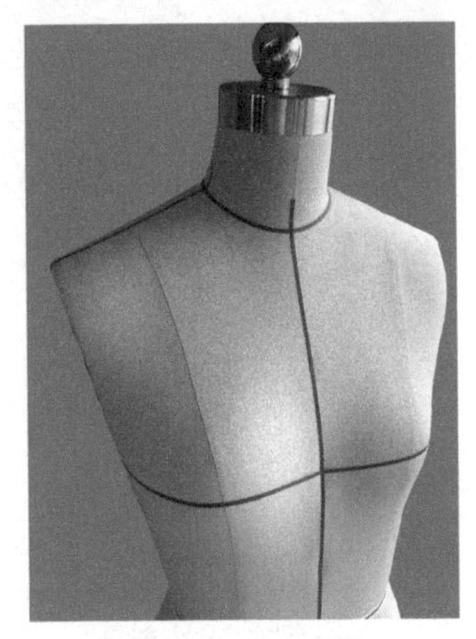

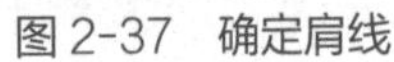
图 2-37 确定肩线

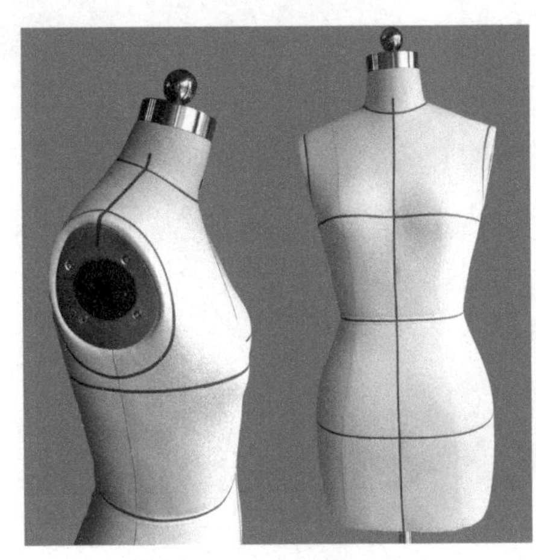

图 2-38 确定袖窿弧线

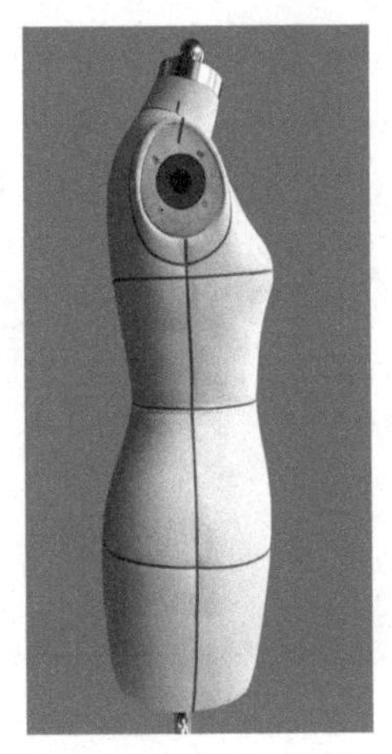

图 2-39 确定侧缝线

（12）确定前公主线。从 1/2 肩线处过 BP 点、腰围线、臀围线至下摆。前公主线的标记原则是突出胸部，使腰部显得纤细，腹部显得略微隆起，如图 2-40 所示。

（13）确定后公主线。从 1/2 肩线处过肩胛骨部位、腰围线、臀围线至下摆。由于后背没有前胸凸起程度大，所以后公主线会比较圆顺，主要侧重在臀部微隆起，如图 2-41 所示。

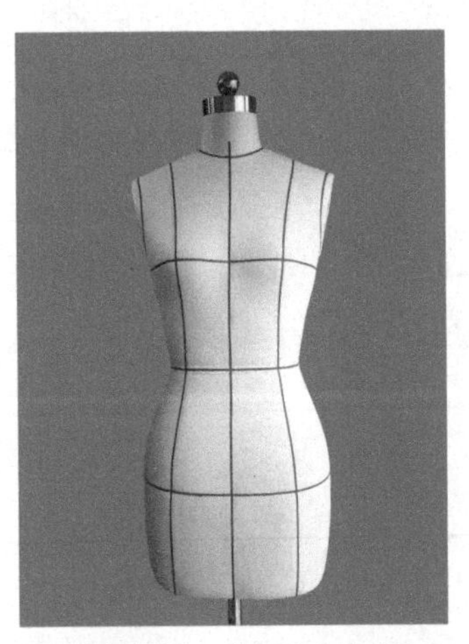

图 2-40 确定前公主线

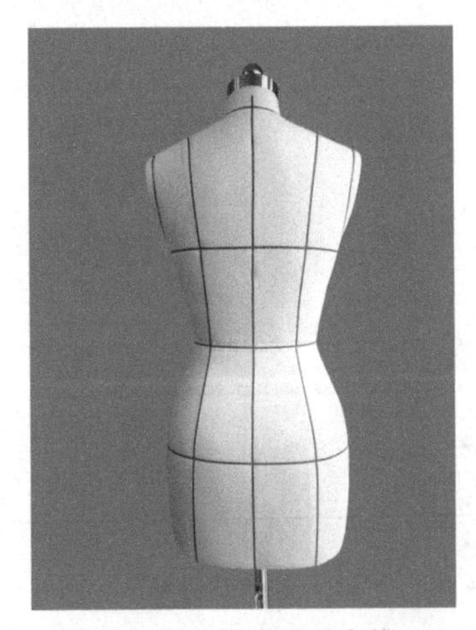

图 2-41 确定后公主线

二、人台的补齐

在进行具体的立体裁剪时，我们可根据着装者的实际身材对人体模型进行必要的修正和补齐，从而使立体裁剪后的服装更符合着装者的需求。常见的修正、补齐形式有以下几种。

（一）胸部

可直接选用市场上购买的胸垫或海绵将其修剪成椭圆形贴附在胸部，在修剪时胸垫的边缘成渐渐变薄的形态，注意不要有明显的落差，如图 2-42 所示。

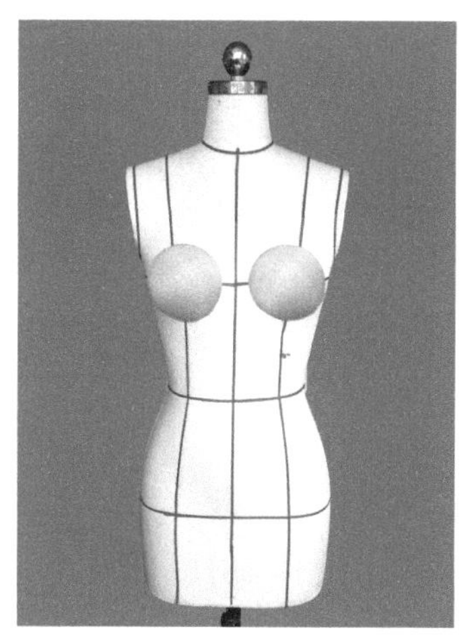

图 2-42 胸部补齐

（二）肩部

肩部的补齐和胸部类似，可直接购买垫肩或用海绵将其修剪成型贴附在肩部，以达到平肩效果，如图 2-43 所示。

（三）腰部

腰部的修正要注意它的厚度，不要出现明显的断层现象，如图 2-44 所示。

（四）肩胛骨

肩胛骨位置的补齐需要将材料修剪成三角形状，如图 2-45 所示。

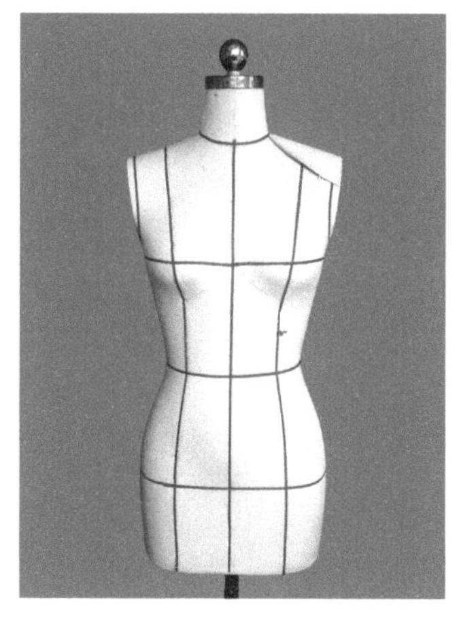

图 2-43 肩部补齐

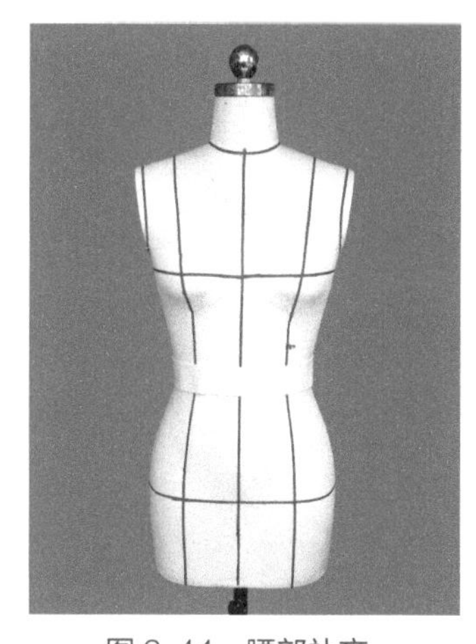

图 2-44 腰部补齐

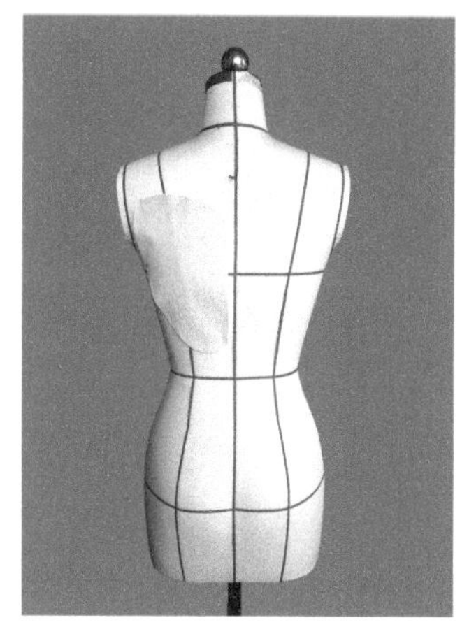

图 2-45 肩胛骨补齐

（五）胯部

出于人体体型或造型的需要，可以在胯部进行添加或补齐，同样也要注意曲线的过渡要自然圆顺，如图 2-46 所示。

（六）肩背部

肩背部补齐主要是沿着斜方肌从肩部至背部加厚，如图 2-47 所示。

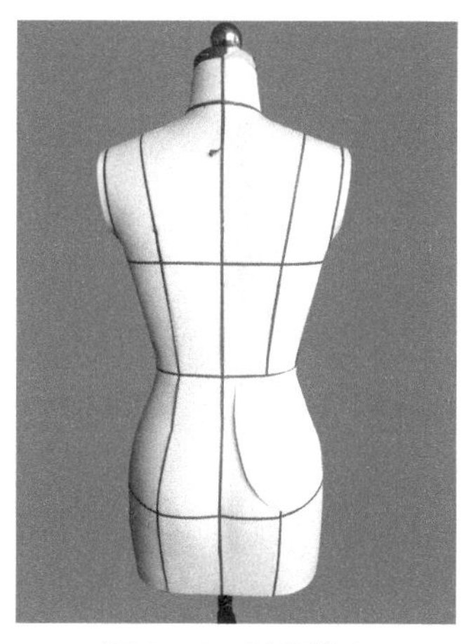

图 2-46 胯部补齐

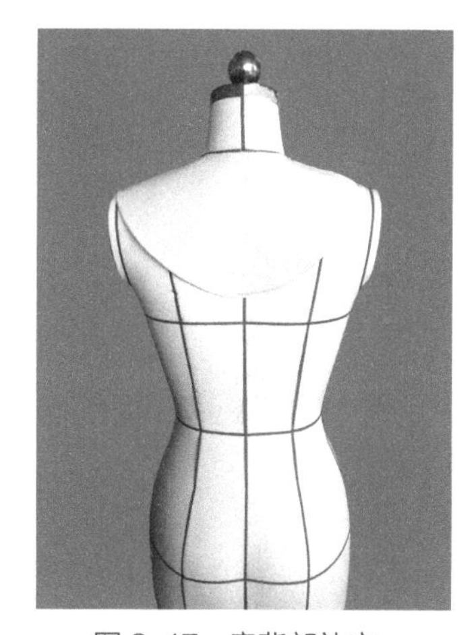

图 2-47 肩背部补齐

第四节 大头针的基础针法

针法的正确使用是立体裁剪中必须掌握的技法之一，若针法使用不当，会使衣服的造型变形、走样或者因无法别住关键部位影响最终的制作效果。大头针的基础针法有以下几种。

一、固定针法

在立体裁剪中，最基础的针法就是固定针法，也就是将布料固定在人台上。固定针法可以分为单针固定和双针固定。

（一）单针固定

单针固定是立体裁剪操作过程中使用得最多的针法之一。值得注意的是，单针固定时，大头针的倾斜方向应与布料方向相反，这样才能有效地固定住布料，如图 2-48 所示。

（二）双针固定

常用的双针固定法是在同一个点上左针向左，右针向右，形成同点交叉形状。双针固定法一般用于固定布料，与单针固定相比，双针固定更牢固，布料不易滑动或松动。例如在加放松量时，双针固定可使松量更稳固，如图 2-49 所示。

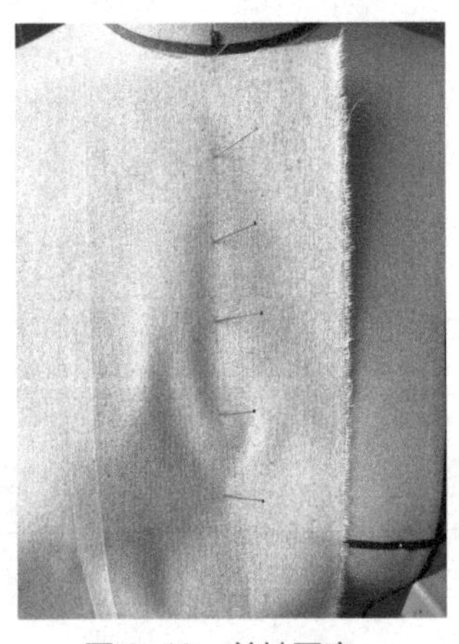

图 2-48　单针固定

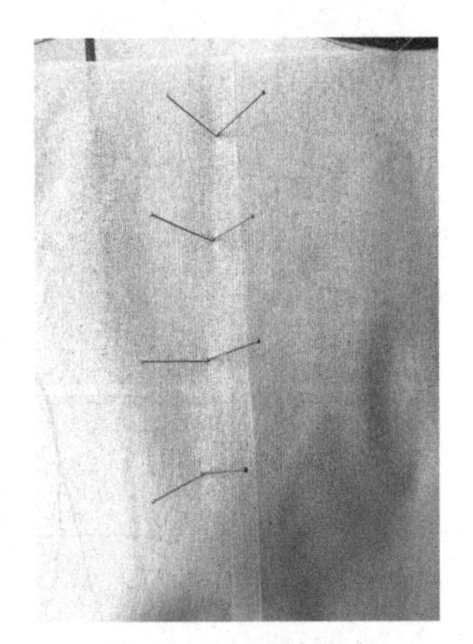

图 2-49　双针固定

二、连接针法

在立体裁剪中经常会出现两个或两个以上的裁片需要连接，这就需要用到连接针法，常用的连接针法有以下几种。

（一）捏合别针法

捏合别针法是将两块样片用手指尖掐起捏合，并用大头针固定，针的位置一般是最终缝合的位置。这种针法常用于调整、固定省道，如图 2-50 所示。

（二）叠缝别针法

叠缝别针法是将一块布料折进去 1cm 缝份并压在另一片近样线处，用大头针沿上层止口处，将上下三层布料固定在一起，大头针的间距一般为 2～3cm，别针时应注意大头针排列方向及间距的美观和整齐。值得注意的是，一定要从上层止口处开始起针进行别合固定，方向不能错，如图 2-51 所示。

图 2-50　捏合别针法

图 2-51　叠缝别针法

（三）搭缝别针法

搭缝别针法是将一块布料直接搭到另外一块布料上，用大头针固定，如图 2-52 所示。

（四）藏针别针法

藏针别针法是将一块布料折进去 1cm 缝份并压在另一片近样线处，将大头针沿折痕插入，穿过另外一块布料再回到第一块布料。这种针法从正面只看到针尾，如图 2-53 所示。

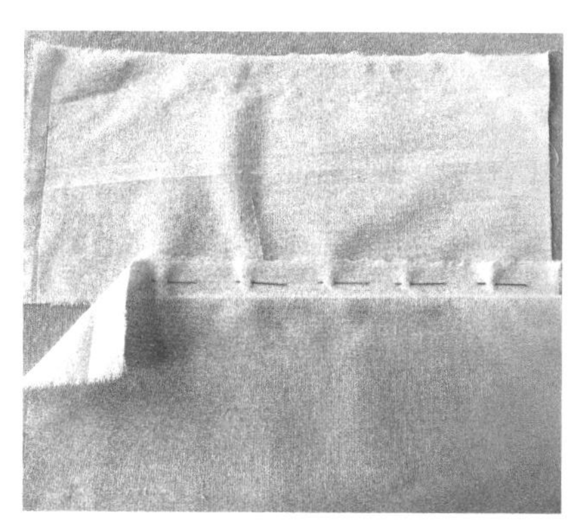

图 2-52　搭缝别针法

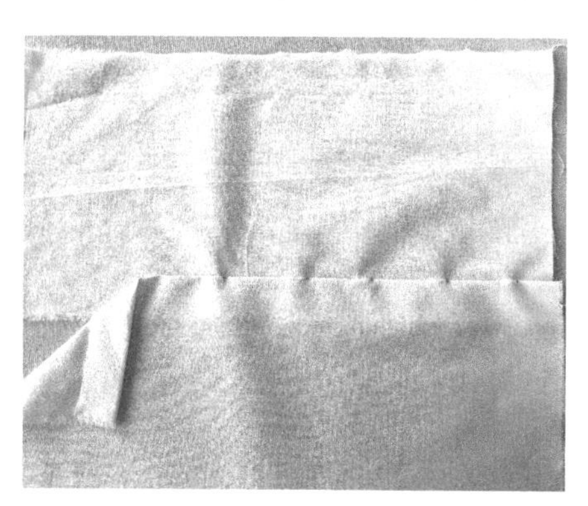

图 2-53　藏针别针法

第三章
衣身原型的立体裁剪与省道变化设计

所谓衣身原型是通过收省的方式，使服装与人体或人体模型合体的平面版型。在平面裁剪中，衣身原型是服装制作的开始，立体裁剪也不例外。本章通过文化式女装原型帮助大家了解省道的形成、省道变化原理，以及省道变化款式的立体裁剪设计。

第一节　衣身原型的立体裁剪

一、原型衣的结构

原型，也称之为服装的基本型，它是立体裁剪款式变化的基础。根据地域不同，可分为美式原型、英式原型、日本文化式原型等，一般常用的是日本文化式原型。原型衣符合基本人体活动量和正常呼吸量，它的结构仅指腰节以上的半身结构，即领围线、胸围线、腰围线、袖窿弧线、袖窿省、腰省等结构。

二、原型衣的立体裁剪步骤

（一）采样

1. 布样长度

前片：侧颈点至前腰围线加 8～12cm。

后片：侧颈点至后腰围线加 8～12cm。

2. 布样宽度

前片：1/4 胸围加 8～12cm。

后片：1/4 胸围加 8～12cm。

（二）布样化样

1. 前片

从右至左量取 5cm，从上至下做一条垂直线即前中心线。在前中心线上量取 28cm 做一条水平线为胸围线（BL），如图 3-1 所示。

2. 后片

从左至右量取5cm，从上至下做一条垂直线即后中心线。在后中心线上量取28cm做一条水平线为胸围线（BL），如图3-2所示。

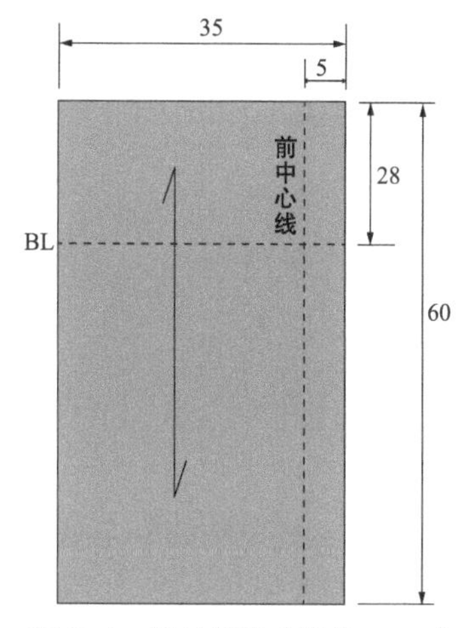

图3-1　前片化样（单位：cm）

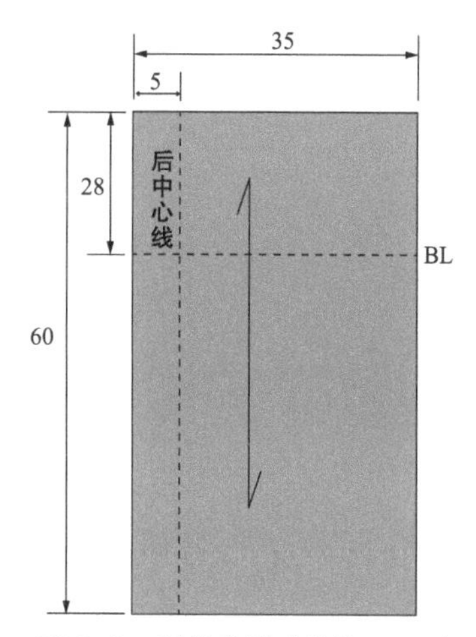

图3-2　后片化样（单位：cm）

（三）前衣片的立体裁剪步骤

（1）固定白坯布。将事先准备好的白坯布固定在人台上，使白坯布上的前中心线、胸围线与人台的前中心线、胸围线对齐，用双针在颈点、胸围线、腰围线上固定，如图3-3所示。

（2）固定胸围线。将白坯布上的胸围线与人台的胸围线对齐，抚平胸围线，在侧缝线与胸围线交叉的地方用双针固定，如图3-4所示。

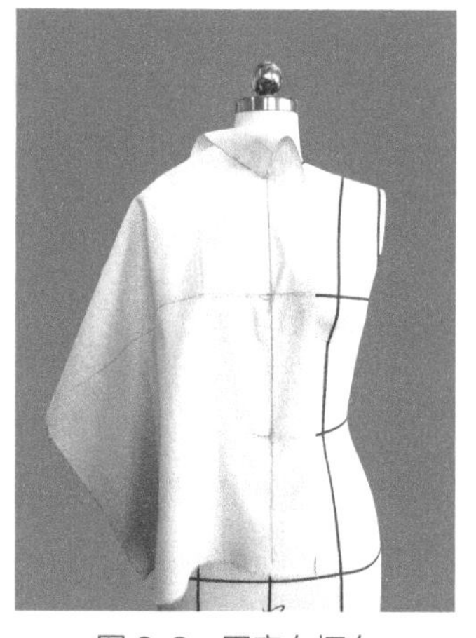
图3-3　固定白坯布

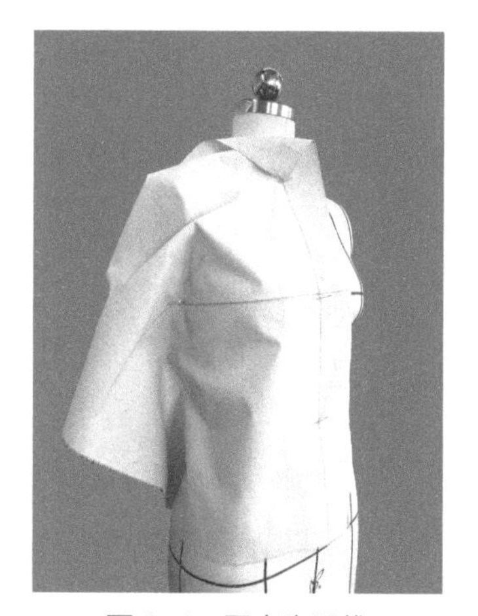
图3-4　固定胸围线

（3）抚平领围线。沿前领围的标记带预留1～2cm进行修剪。一边抚平领围线，一边打剪刀口，使其服帖、圆顺，如图3-5所示。

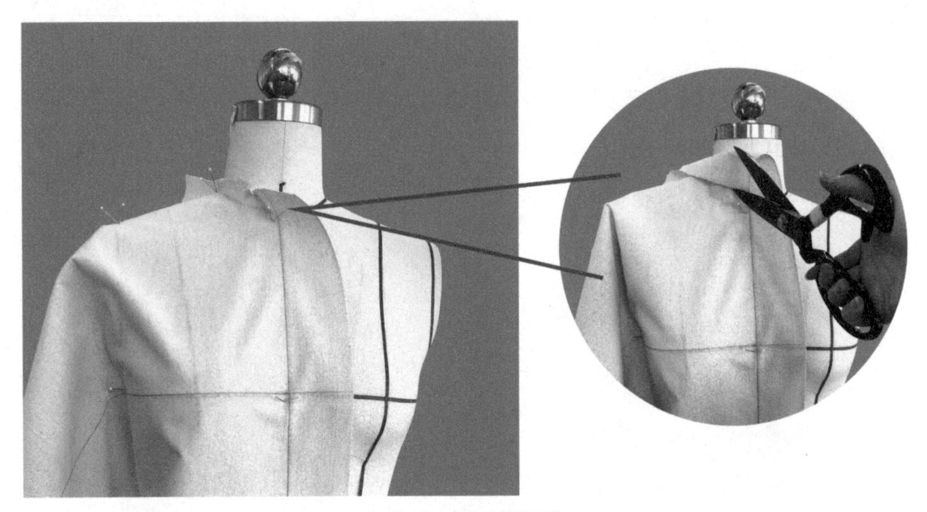

图 3-5 抚平领围线

（4）抚平肩部。直接抚平肩部，将肩部多余的量推向袖窿，在肩端点处用双针固定，如图 3-6 所示。

（5）确定袖窿省。将胸围线上部与肩端点之间的余量捏成袖窿省，并用双针固定在前袖窿弧线的 1/3 处，如图 3-7 所示。需要注意的是，省尖点需指向 BP 点。

（6）抚平侧缝线。将前衣片的侧缝线抚平，边打剪刀口边固定，如图 3-8 所示。

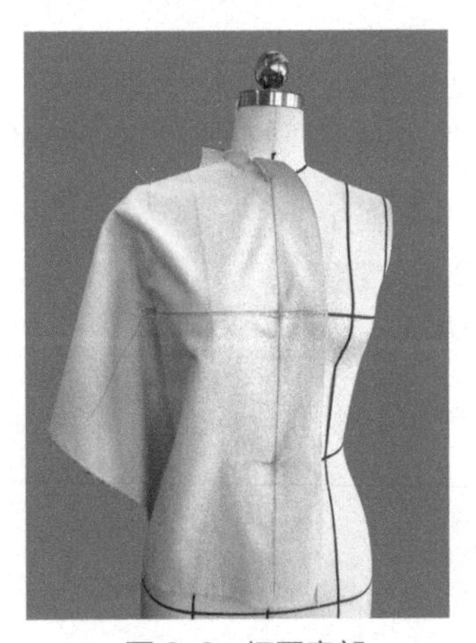

图 3-6 抚平肩部

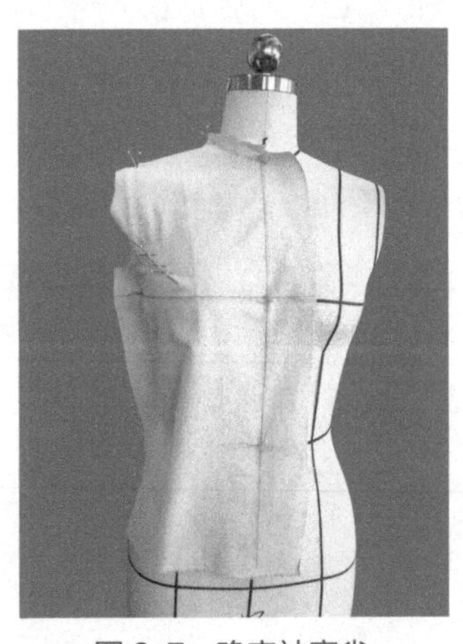

图 3-7 确定袖窿省

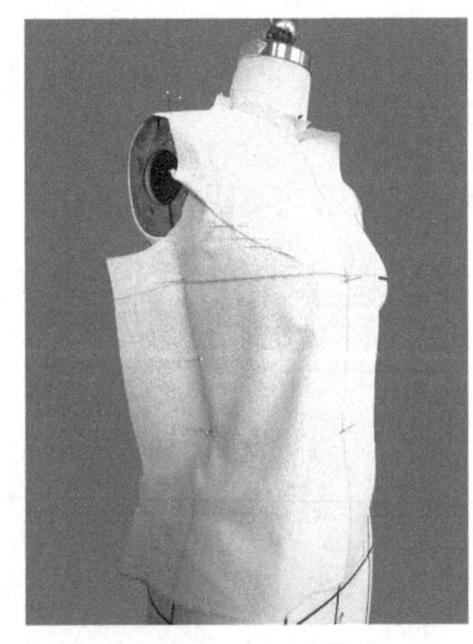

图 3-8 抚平侧缝线

（7）确定腰省。将侧缝线与前中心线之间的余量捏成腰省并固定，腰省的位置一般沿前公主线捏合固定，同时抚平腰围线，如图 3-9 所示。

（四）后片的立体裁剪步骤

（1）固定白坯布。将事先准备好的白坯布固定在人台上，使白坯布上的后中心线、胸围线与人台的后中心线、胸围线对齐，用双针在领围线、胸围线、腰围线上固定，如图 3-10 所示。

（2）固定胸围线。将白坯布上的胸围线与人台的胸围线对齐，在侧缝线与胸围线交叉处用双针固定，如图 3-11 所示。需要注意的是，后片与前片不同，胸围线上会有一定的松量。

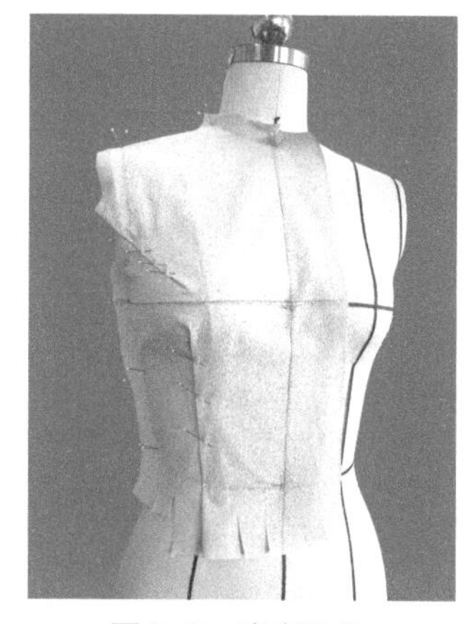

图 3-9　确定腰省

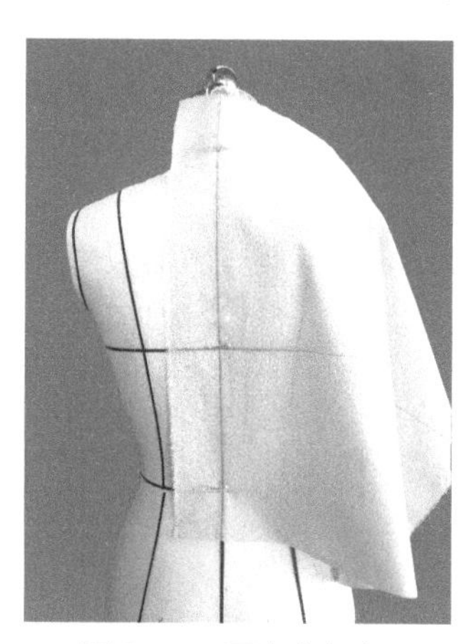

图 3-10　固定白坯布

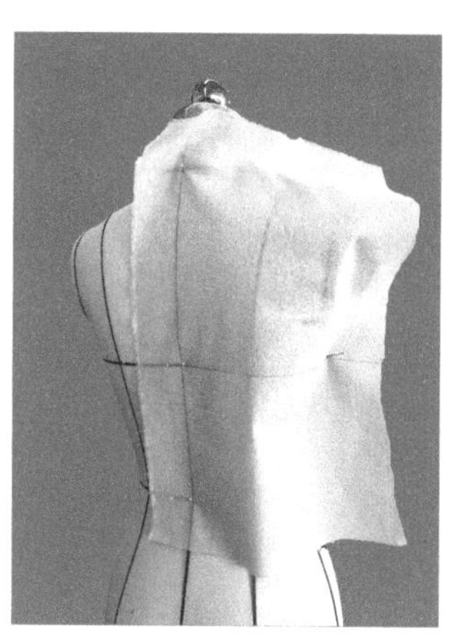

图 3-11　固定胸围线

（3）抚平领围线。沿后领围的标记带预留 1～2cm 进行修剪。一边抚平领围线，一边打剪刀口，使其服帖、圆顺。

（4）抚平肩部。直接抚平肩部，在肩端点用双针固定，同时抚平后袖窿弧线，如图 3-12 所示。因为人台后背平缓没有胸高点，因此肩部与袖窿之间没有太多的松量。

（5）抚平侧缝线。将前衣片的侧缝线抚平，边打剪刀口边固定。

（6）确定后腰省。将侧缝线与后中心线之间的余量捏成腰省并固定，腰省的位置一般沿后公主线捏合固定，同时抚平腰围线，如图 3-13 所示。

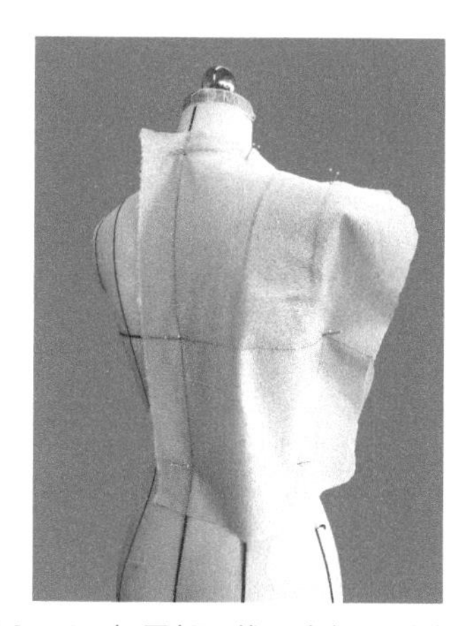

图 3-12　抚平领围线、肩部、侧缝线

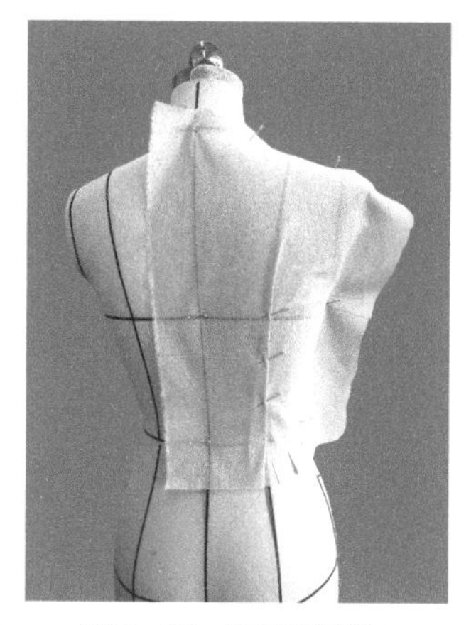

图 3-13　确定后腰省

（五）点影

沿人台标记带进行点影取样，关键部位如腰省、袖窿省的省尖点也要进行点影标记。交叉的点位可以用“十”字或“T”字标记，如图 3-14 所示。

（六）样片修整

将白坯布从人台上取下，将点影的标记点进行化样修整，如图 3-15 所示，特别是领围弧线、袖窿弧线。然后，量取前后衣片的肩线、侧缝线长度，确保两者长度相等以免无法准确别合。

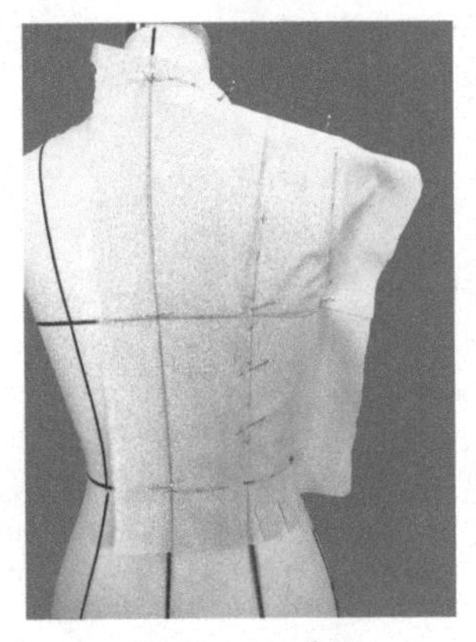

图 3-14　点影

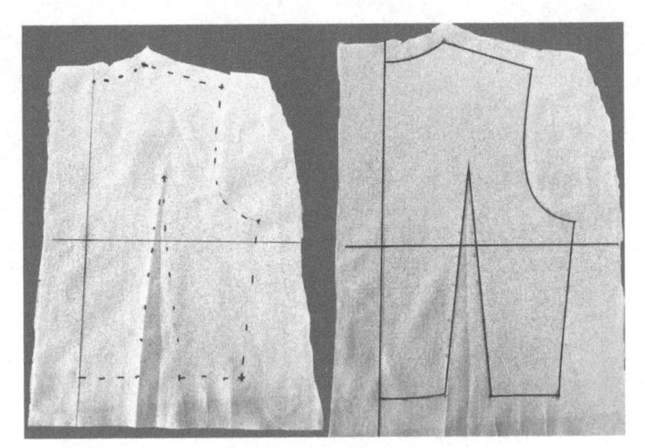

图 3-15　样片修整

（七）完成原型衣立体裁剪

将修整好的白坯布别合在人台上进行审视，观察整体效果，如图 3-16 所示。

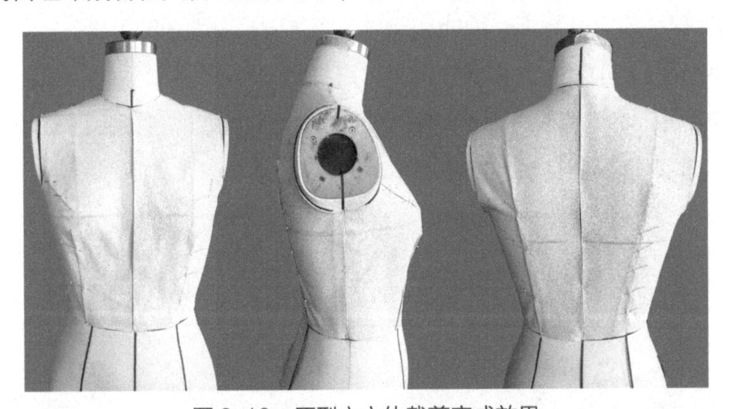

图 3-16　原型衣立体裁剪完成效果

第二节　衣身原型的省道转移

省道是在服装制作过程中，将布料余量进行平整处理的一种形式。二维的平面布料置于三维的人体上时，由于人体结构存在凹凸不平的围度落差以及服装的宽松程度不同，布料覆盖于人体上时会出现许多松散量，人们把这些松散量以集成形式组合起来将其称为省道。省道的产生使服装从传统的平面造型走向立体造型。省道可以根据人体结构或款式需求进行转移，以原型女上衣为例，省道可以以 BP 点为中心点，围绕 BP 点进行 360° 的转移。在立体裁剪原型设计中，一般常见的省道有领口省、肩省、袖窿省、侧缝省（腋下省）、腰省以及中心省，如图3-17所示。

一、领口省

（一）采样

1. 布样长度

侧颈点至前腰围线加8～12cm。

2. 布样宽度

以胸围线为基准，从侧缝处至前中心线加8～12cm。

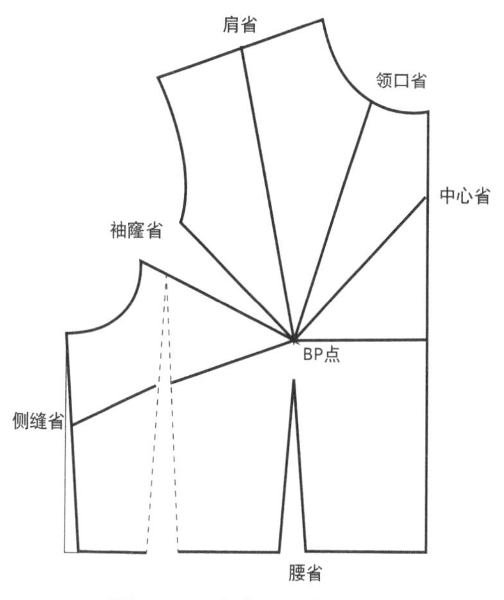

图3-17　衣身原型中的省道

（二）布样化样

从右至左量取5cm，从上至下做一条垂直线即前中心线。在前中心线上量取28cm做一条水平线为胸围线（BL），如图3-18所示。

（三）具体立体裁剪步骤

（1）固定白坯布。将事先准备好的白坯布固定在人台上，使白坯布上的前中心线、胸围线与人台的前中心线、胸围线对齐，用双针在颈点、胸围线、腰围线上固定，如图3-19所示。

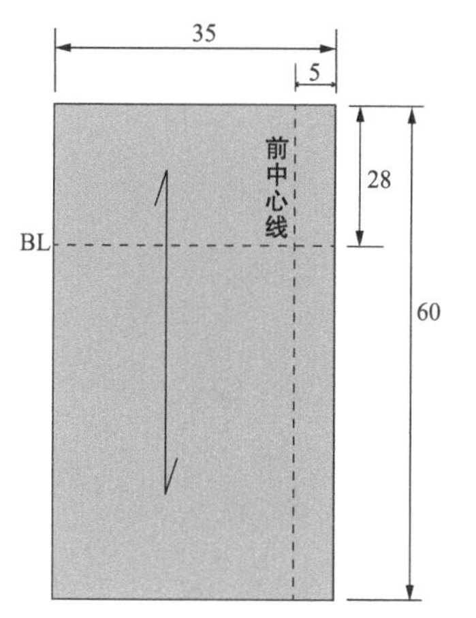

图3-18　布样化样（单位：cm）

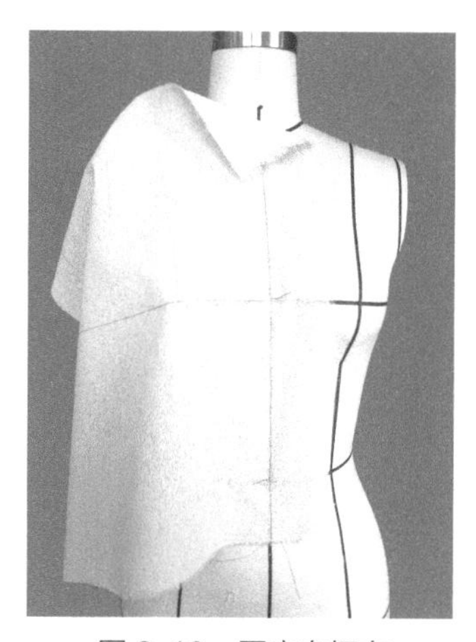
图3-19　固定白坯布

（2）抚平腰围线。抚平腰围线，将腰围线上多余的松量进行转移。一定要一边打剪刀口一边抚平，不然无法做到平整，如图3-20所示。

（3）抚平侧缝线、袖窿线、肩线。顺势由下向上抚平侧缝线，继续将省道向上转移，固定好袖窿腋下点。接着抚平袖窿线，在肩端点处用双针固定，继续抚平肩线，在侧颈点处用双针固定，此时省道转移到领围线上，如图 3-21 所示。

（4）固定领口省。将领口省两侧用双针交叉固定，如图 3-22 所示。

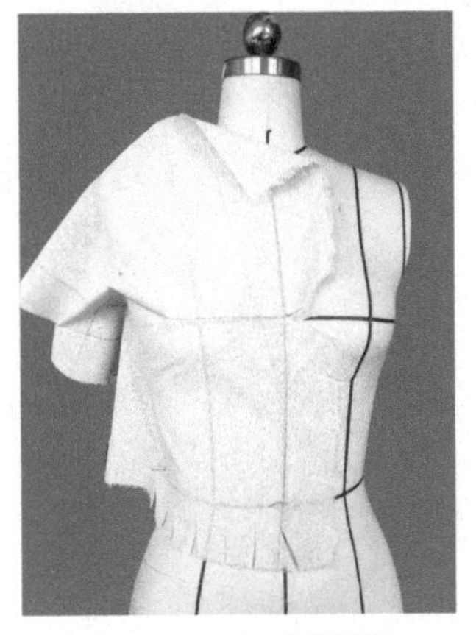

图 3-20　抚平腰围线

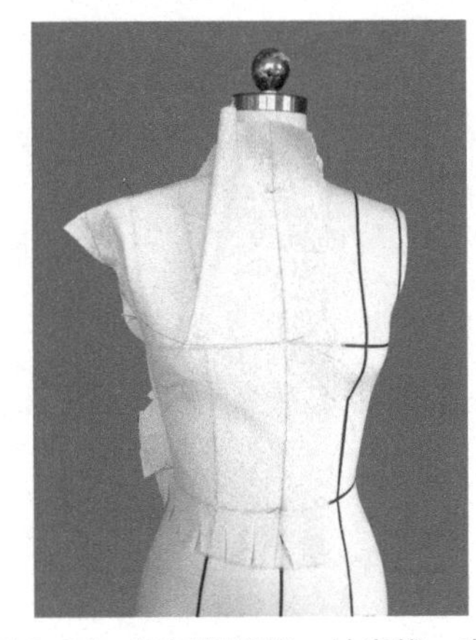

图 3-21　抚平侧缝线、袖窿线、肩线

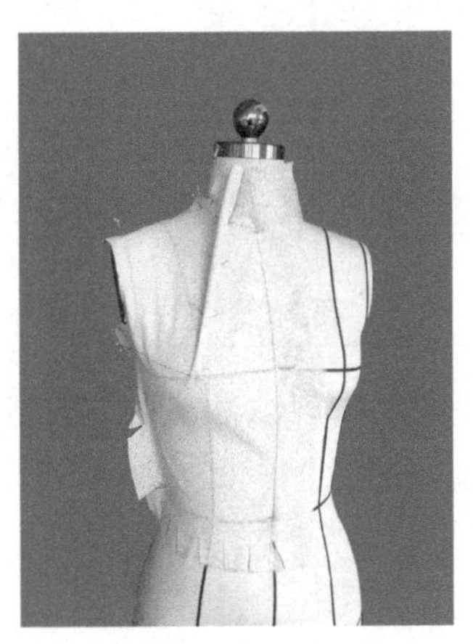

图 3-22　固定领口省

（5）点影。沿标记带进行点影，如图 3-23 所示。

（6）样片修剪。将白坯布从人台上取下，用尺子将点影进行化样修整，如图 3-24 所示。

（7）将修整好的白坯布别合在人台上进行审视，观察整体效果，如图 3-25 所示。

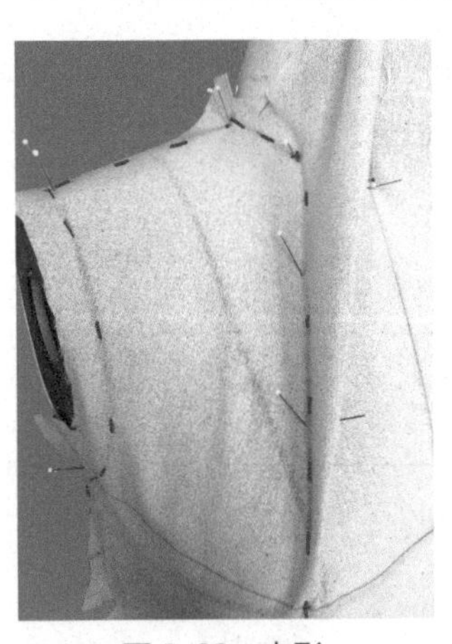

图 3-23　点影

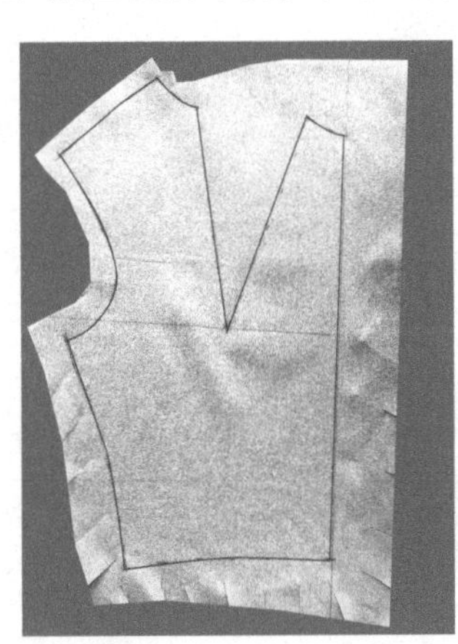

图 3-24　样片修剪

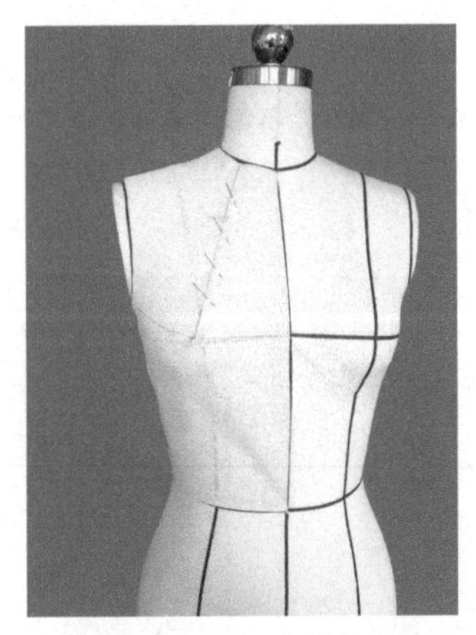

图 3-25　领口省制作完成

二、肩省

（一）采样

1. 布样长度

侧颈点至前腰围线加 8～12cm。

2. 布样宽度

以胸围线为基准，从侧缝处至前中心线加 8～12cm。

（二）布样化样

从右至左量取 5cm，从上至下做一条垂直线即前中心线。在前中心线上量取 28cm 做一条水平线为胸围线（BL），如图 3-26 所示。

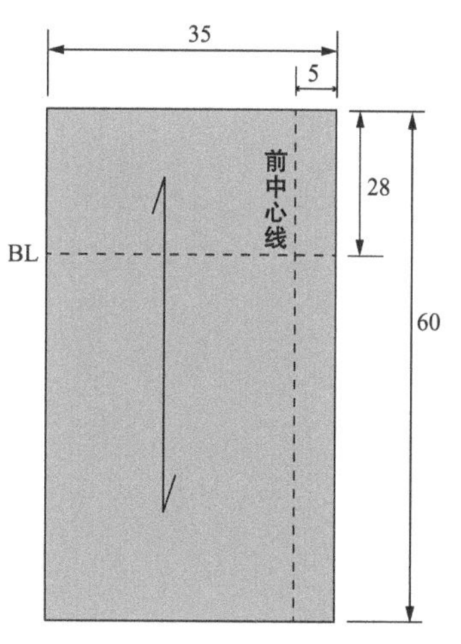

图 3-26　布样化样
（单位：cm）

（三）具体立体裁剪步骤

（1）固定白坯布。将事先准备好的白坯布固定在人台上，使白坯布上的前中心线、胸围线与人台的前中心线、胸围线对齐，用双针在颈点、胸围线、腰围线上固定，如图 3-27 所示。

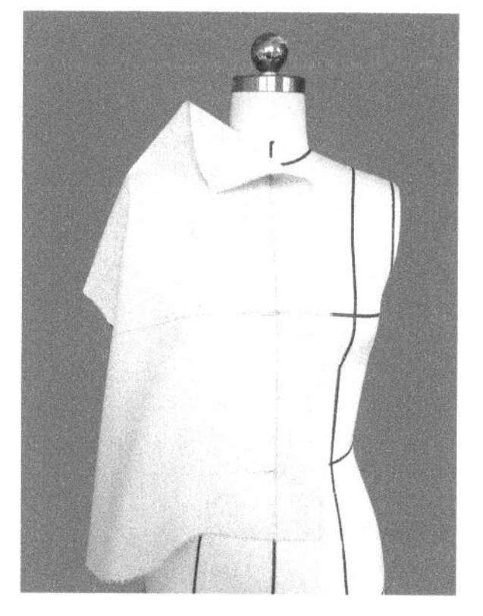
图 3-27　固定白坯布

（2）抚平腰围线、侧缝线。抚平腰围线，将腰围线上多余的松量进行转移。一定要边打剪刀口边抚平，不然无法做到平整。接着抚平侧缝线，顺势由下向上抚平侧缝线，继续将省道向上转移，固定好袖窿腋下点，如图 3-28 所示。

（3）抚平袖窿线。抚平袖窿线，在肩端点处用双针固定，同时边打剪刀口边抚平领围线，在侧领点处用双针固定，将省道转移并集中在肩部，如图 3-29 所示。

（4）固定肩省。将肩省两侧用双针交叉固定，如图 3-30 所示。

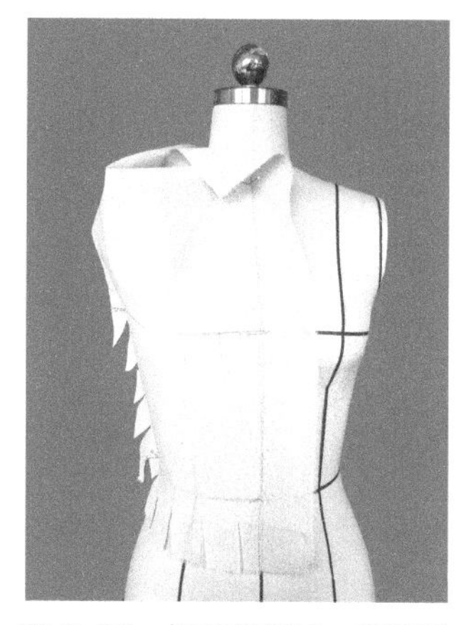
图 3-28　抚平腰围线、侧缝线

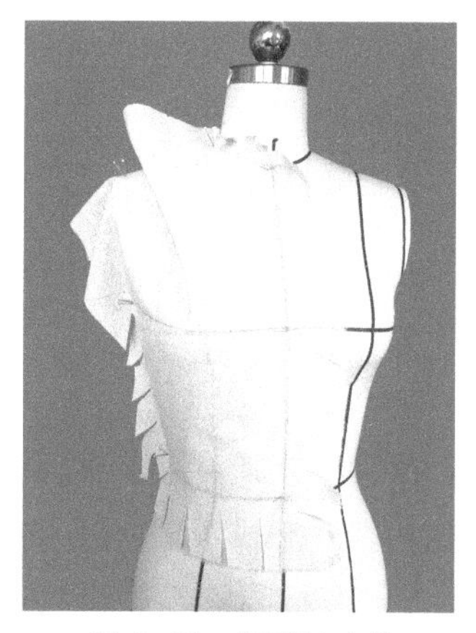
图 3-29　抚平袖窿线

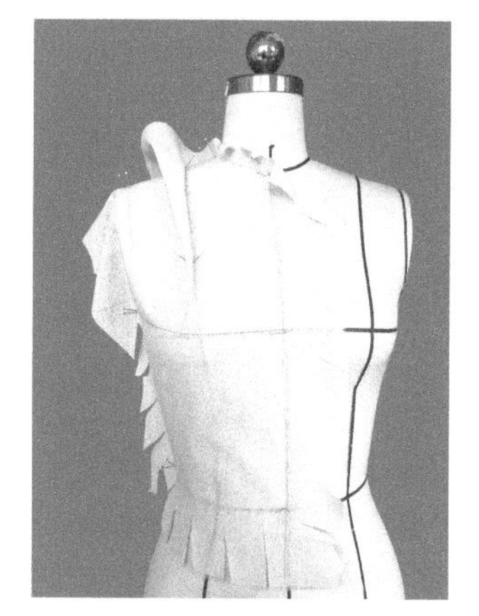
图 3-30　固定肩省

（5）点影。沿标记带进行点影，如图 3-31 所示。

（6）样片修剪。将白坯布从人台上取下，用尺子将点影进行化样修整，如图 3-32 所示。

（7）将修整好的白坯布别合在人台上进行审视，观察整体效果，如图 3-33 所示。

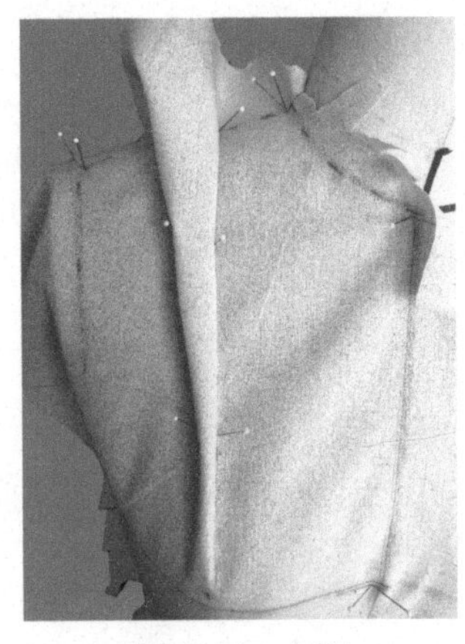

图 3-31　点影

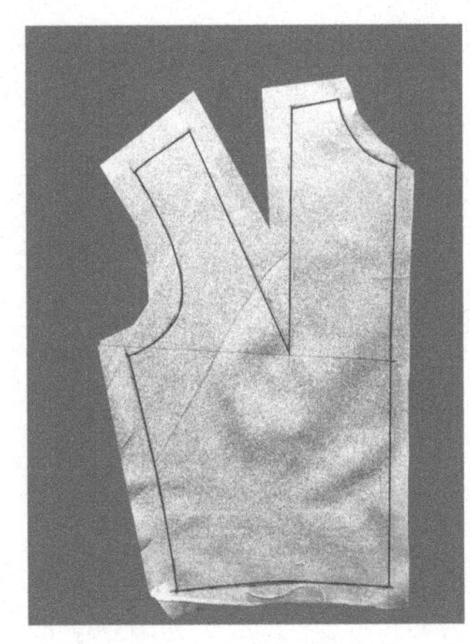

图 3-32　样片修剪

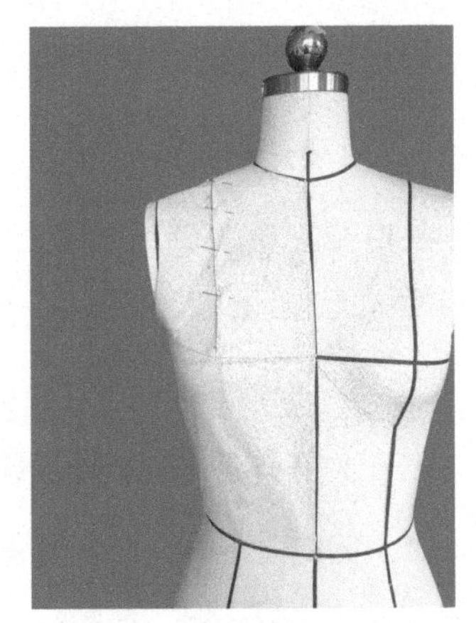

图 3-33　肩省制作完成

三、袖窿省

（一）采样

1. 布样长度

侧颈点至前腰围线加 8～12cm。

2. 布样宽度

以胸围线为基准，从侧缝处至前中心线加 8～12cm。

（二）布样化样

从右至左量取 5cm，从上至下做一条垂直线即前中心线。在前中心线上量取 28cm 做一条水平线为胸围线（BL），如图 3-34 所示。

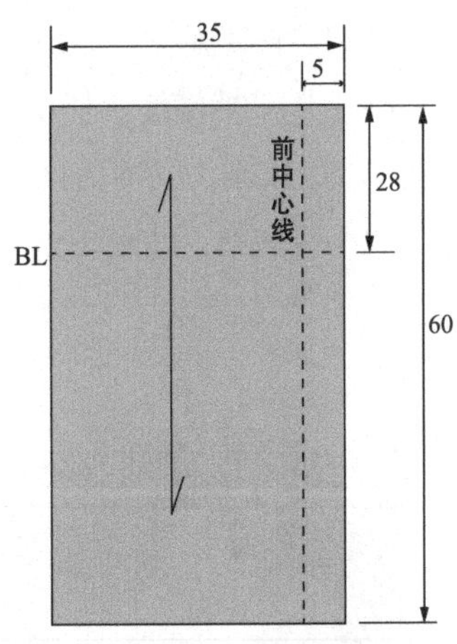

图 3-34　布样化样（单位：cm）

（三）具体立体裁剪步骤

（1）固定白坯布。将事先准备好的白坯布固定在人台上，使白坯布上的前中心线、胸围线与人台的前中心线、胸围线对齐，用双针在颈点、胸围线、腰围线上固定，如图 3-35 所示。

（2）抚平领围线、肩线。边打剪刀口边抚平领围线，在侧领点处固定，顺势抚平肩线，在肩端点处固定，将省道向袖窿转移，如图 3-36 所示。

（3）抚平腰围线、侧缝线。边打剪刀口边抚平腰围线，同时抚平侧缝线后，继续将省道向上转移，固定好袖窿腋下点，如图 3-37 所示。

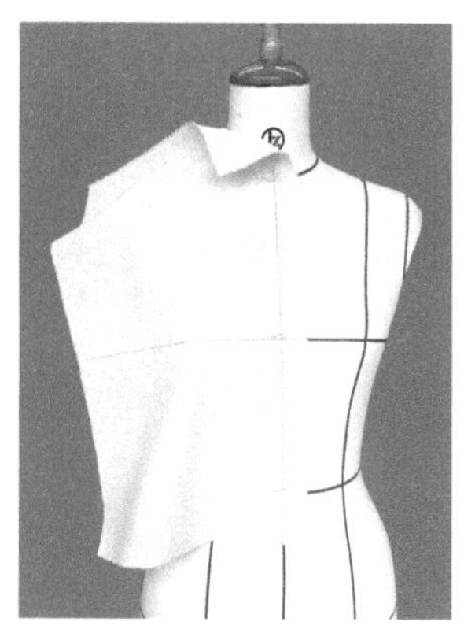

图 3-35　固定白坯布

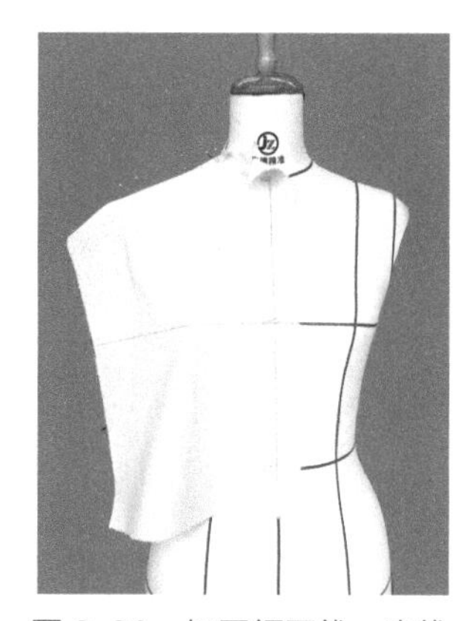

图 3-36　抚平领围线、肩线

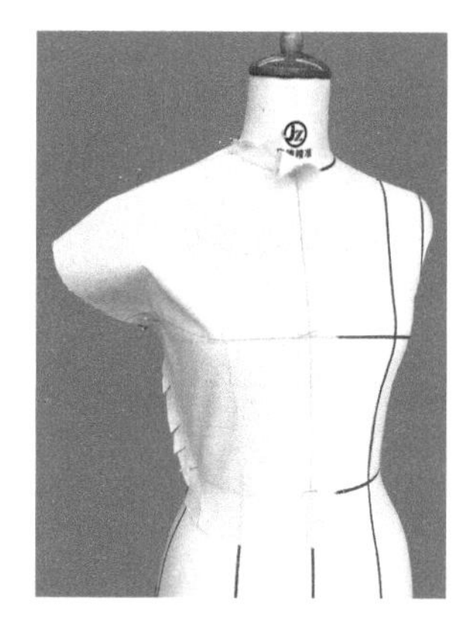

图 3-37　抚平腰围线、侧缝线

（4）固定袖窿省。将袖窿省两侧用双针交叉固定，如图 3-38 所示。

（5）点影。沿标记带进行点影，如图 3-39 所示。

（6）样片修剪。将白坯布从人台上取下，用尺子将点影进行化样修整，如图 3-40 所示。

（7）将修整好的白坯布别合在人台上进行审视，观察整体效果，如图 3-41 所示。

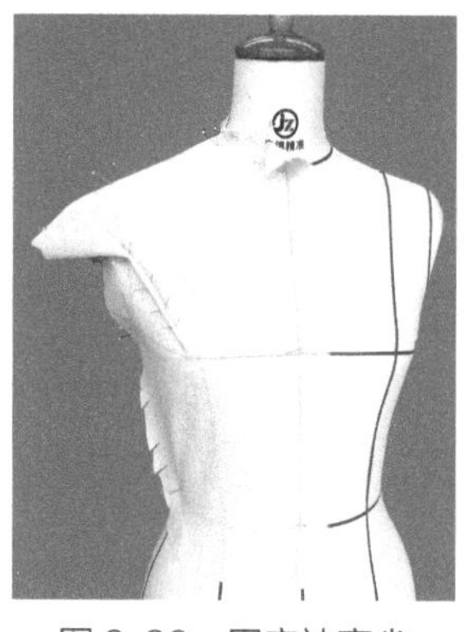

图 3-38　固定袖窿省

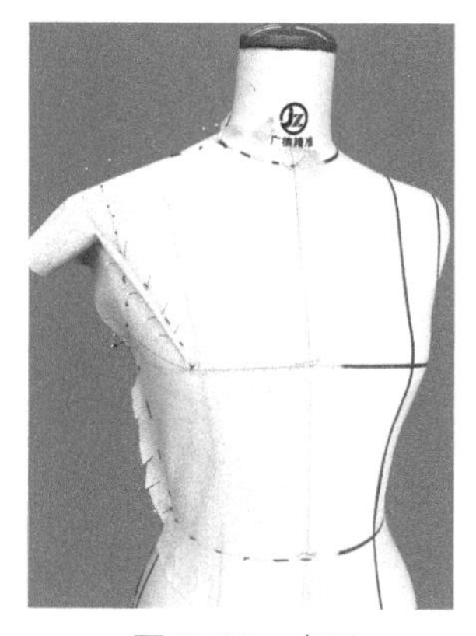

图 3-39　点影

图 3-40　样片修剪

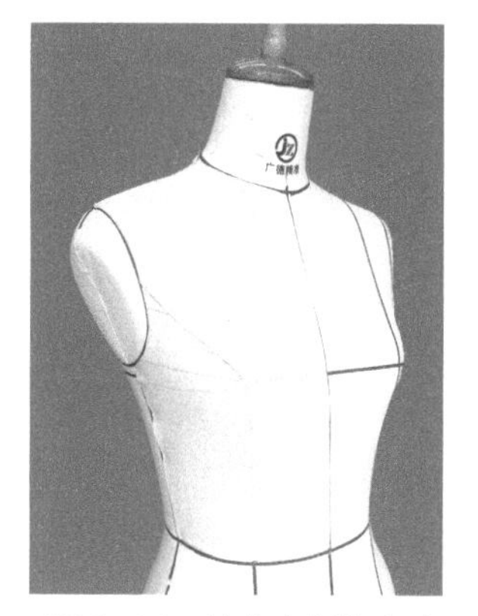

图 3-41　袖窿省制作完成

四、侧缝省

（一）采样

1. 布样长度

侧颈点至前腰围线加 8～12cm。

2. 布样宽度

以胸围线为基准，从侧缝处至前中心线加 8～12cm。

（二）布样化样

从右至左量取 5cm，从上至下做一条垂直线即前中心线。在前中心线上量取 28cm 做一条水平线为胸围线（BL），如图 3-42 所示。

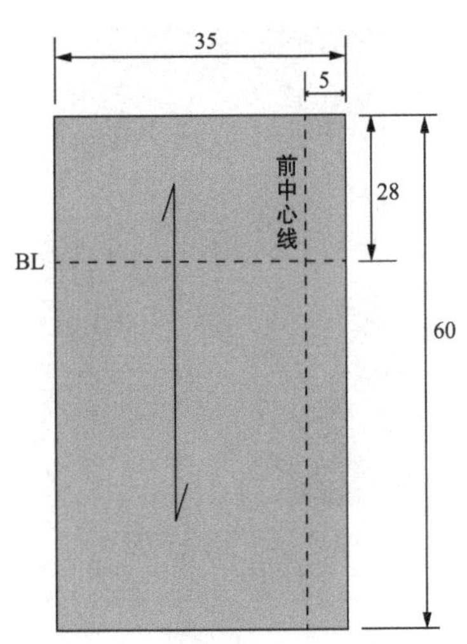

图 3-42　布样化样（单位：cm）

（三）具体立体裁剪步骤

（1）固定白坯布。将事先准备好的白坯布固定在人台上，使白坯布上的前中心线、胸围线与人台的前中心线、胸围线对齐，用双针在颈点、胸围线、腰围线上固定，如图 3-43 所示。

（2）抚平领围线、肩线。边打剪刀口边抚平领围线，在侧领点处固定，顺势抚平肩线，在肩端点固定，将省道向袖窿转移，如图 3-44 所示。

（3）抚平袖窿弧线、腰围线。在肩端点处向下抚平袖窿弧线，因为袖窿处弧线较弯曲，需要多打几个剪刀口进行抚平。接着抚平腰围线，将省道转移到侧缝线上，如图 3-45 所示。

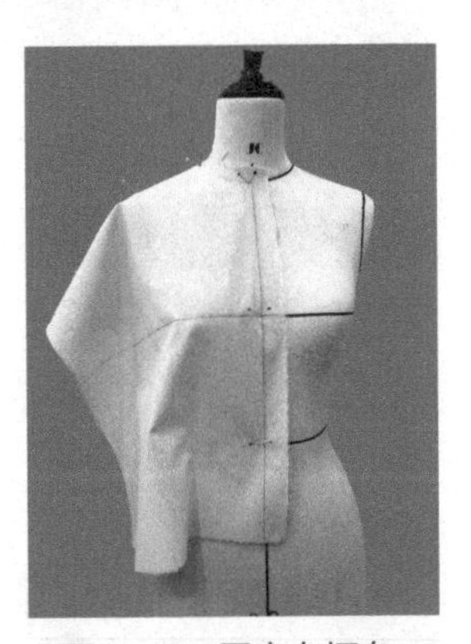
图 3-43　固定白坯布

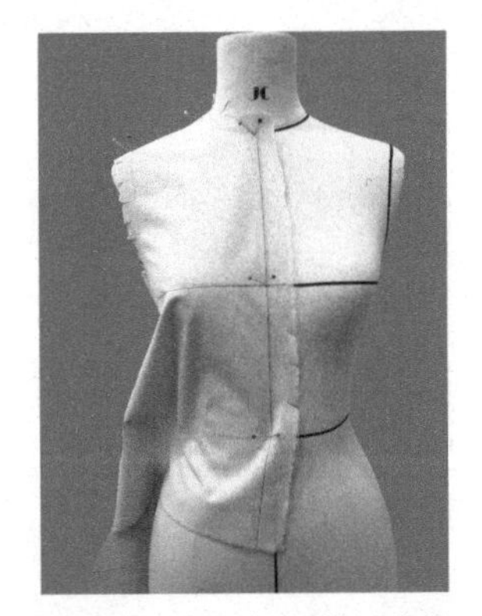
图 3-44　抚平领围线、肩线

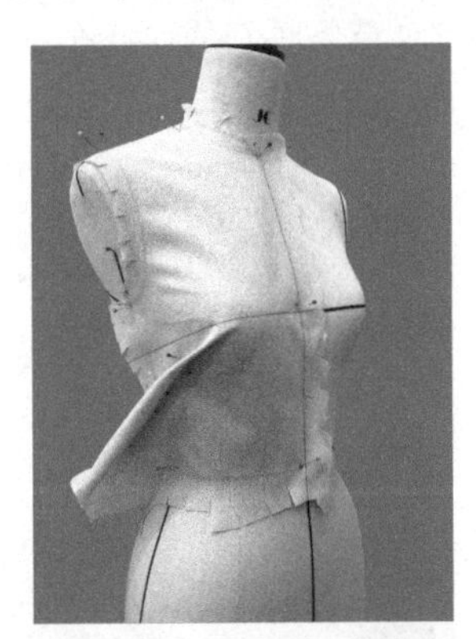
图 3-45　抚平袖窿弧线、腰围线

（4）固定侧缝省。将侧缝省两侧用双针交叉固定，如图 3-46 所示。

（5）点影。沿标记带进行点影，如图 3-47 所示。

（6）样片修剪。将白坯布从人台上取下，用尺子将点影进行化样修整，如图 3-48 所示。

（7）将修整好的白坯布别合在人台上进行审视，观察整体效果，如图 3-49 所示。

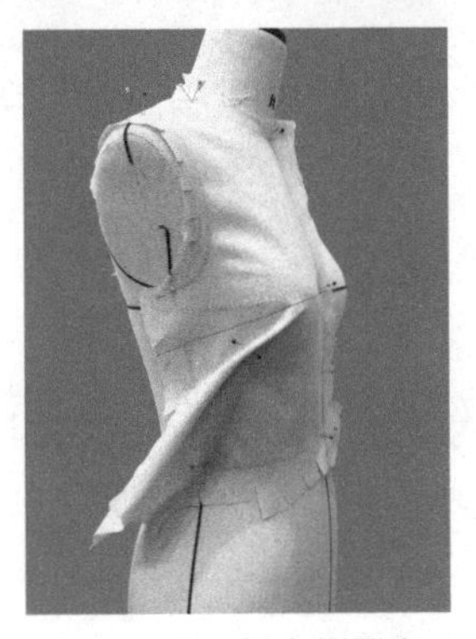
图 3-46　固定侧缝省

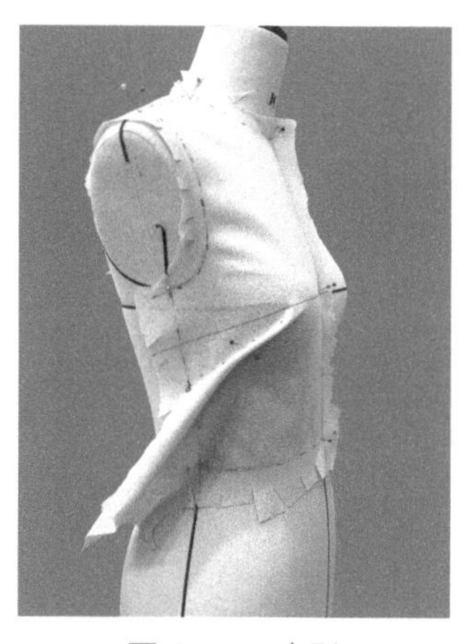

图 3-47　点影

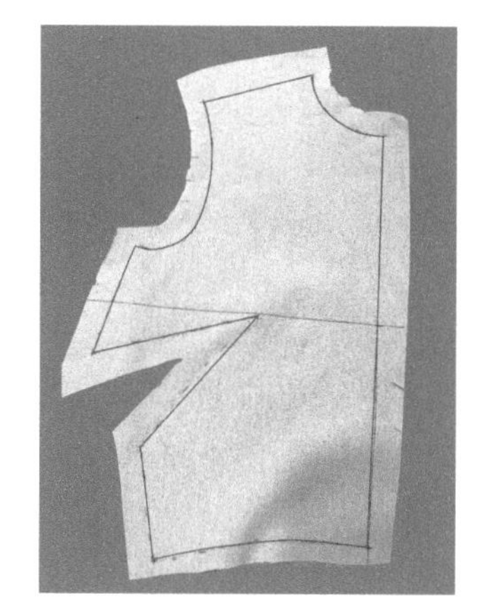
图 3-48　样片修剪

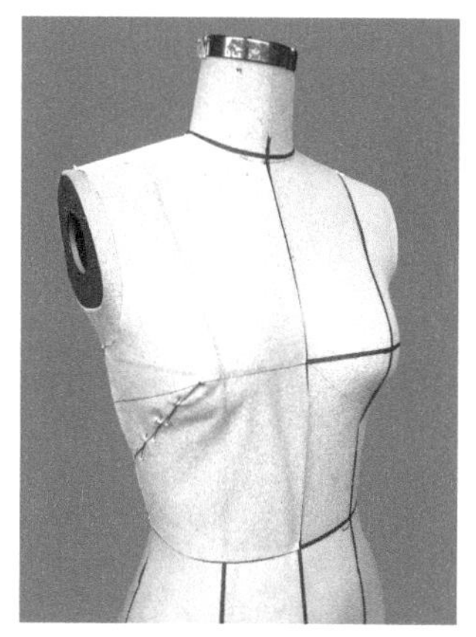
图 3-49　侧缝省制作完成

五、腰省

（一）采样

1. 布样长度

侧颈点至前腰围线加 8～12cm。

2. 布样宽度

以胸围线为基准，从侧缝处至前中心线加 8～12cm。

（二）布样化样

从右至左量取 5cm，从上至下做一条垂直线即前中心线。在前中心线上量取 28cm 做一条水平线为胸围线（BL），如图 3-50 所示。

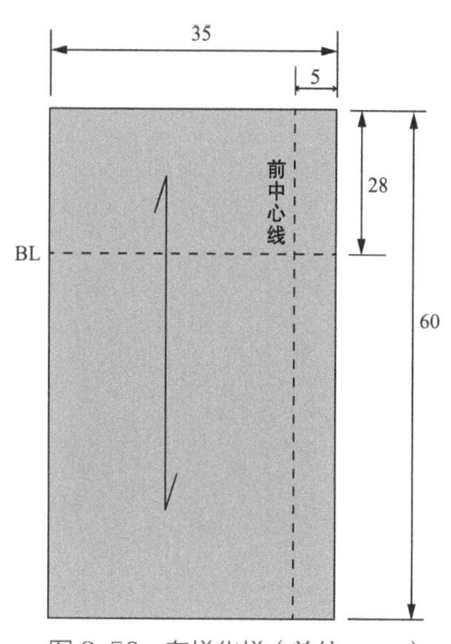

图 3-50　布样化样（单位：cm）

（三）具体立体裁剪步骤

（1）固定白坯布。将事先准备好的白坯布固定在人台上，使白坯布上的前中心线、胸围线与人台的前中心线、胸围线对齐，用双针在颈点、胸围线、腰围线上固定，如图 3-51 所示。

（2）抚平领围线、肩线。边打剪刀口边抚平领围线，在侧领点处固定，顺势抚平肩线，在肩端点处固定，将省道向下转移，如图 3-52 所示。

（3）抚平袖窿弧线。在肩端点处向下抚平袖窿弧线，因为袖窿处弧线较弯曲，需要多打几个剪刀口进行抚平，如图 3-53 所示。

（4）抚平侧缝线。顺势往下抚平侧缝线，将省道转移到腰围线上，如图 3-54 所示。

（5）固定腰省。将腰省两侧用双针交叉固定，如图 3-55 所示。

（6）点影。沿标记带进行点影，如图 3-56 所示。

（7）样片修剪。将白坯布从人台上取下，用尺子将点影进行化样修整，如图 3-57 所示。

（8）将修整好的白坯布别合在人台上进行审视，观察整体效果，如图 3-58 所示。

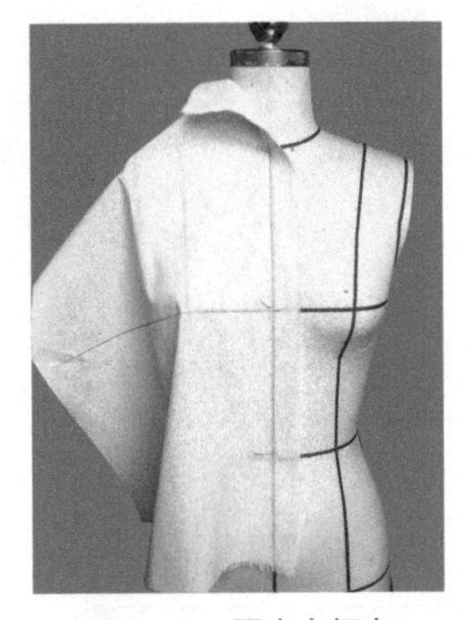

图 3-51　固定白坯布

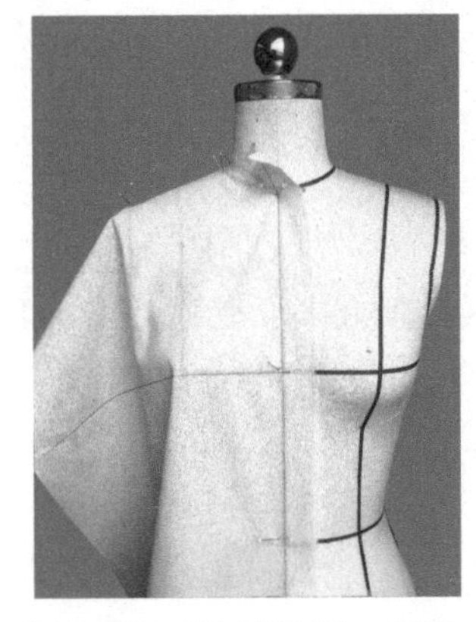

图 3-52　抚平领围线、肩线

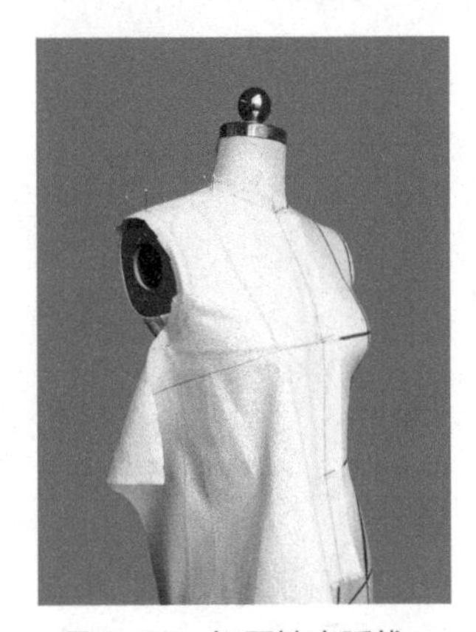

图 3-53　抚平袖窿弧线

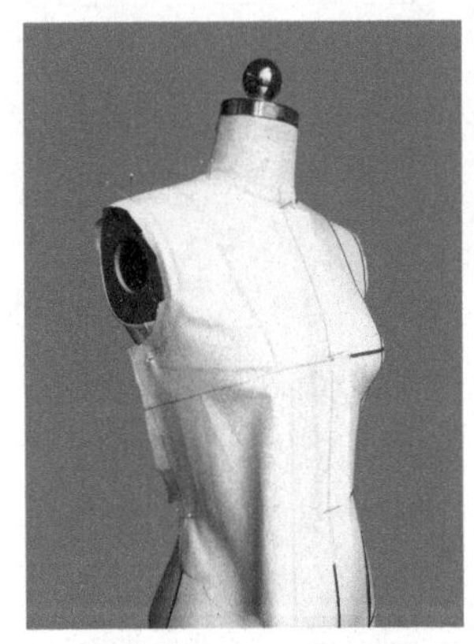

图 3-54　抚平侧缝线

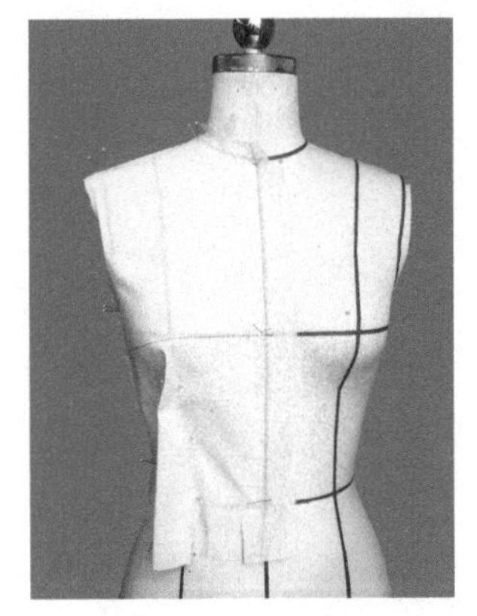

图 3-55　固定腰省

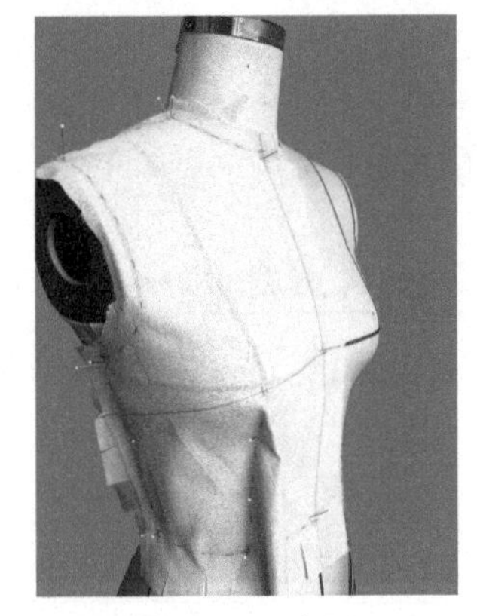

图 3-56　点影

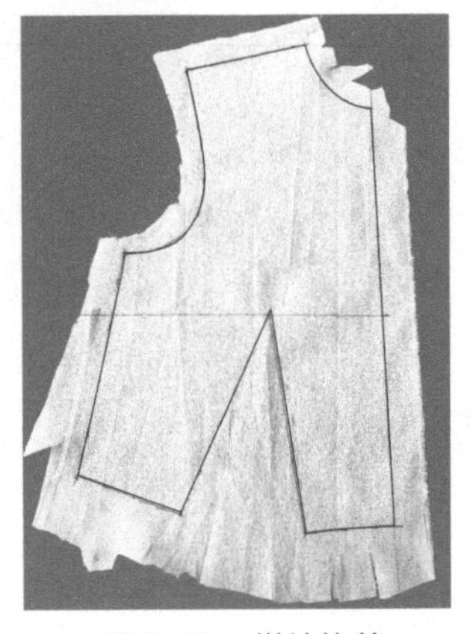

图 3-57　样片修剪

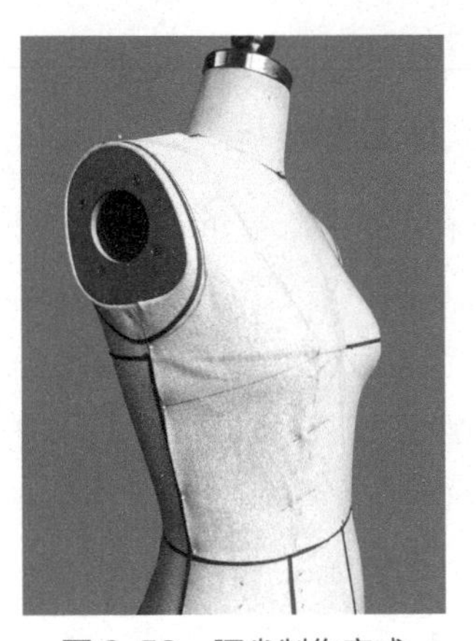

图 3-58　腰省制作完成

六、中心省

（一）采样

1. 布样长度

侧颈点至前腰围线加 8～12cm。

2. 布样宽度

以胸围线为基准，从侧缝处至前中心线加 8～12cm。

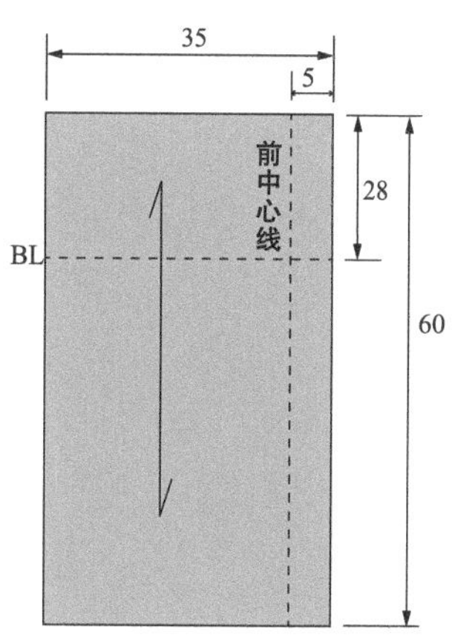

图 3-59　布样化样
（单位：cm）

（二）布样化样

从右至左量取 5cm，从上至下做一条垂直线即前中心线。在前中心线上量取 28cm 做一条水平线为胸围线（BL），如图 3-59 所示。

（三）具体立体裁剪步骤

（1）固定白坯布。将事先准备好的白坯布固定在人台上，使白坯布上的前中心线、胸围线与人台的前中心线、胸围线对齐，用双针在颈点、胸围线、腰围线上固定，如图 3-60 所示。

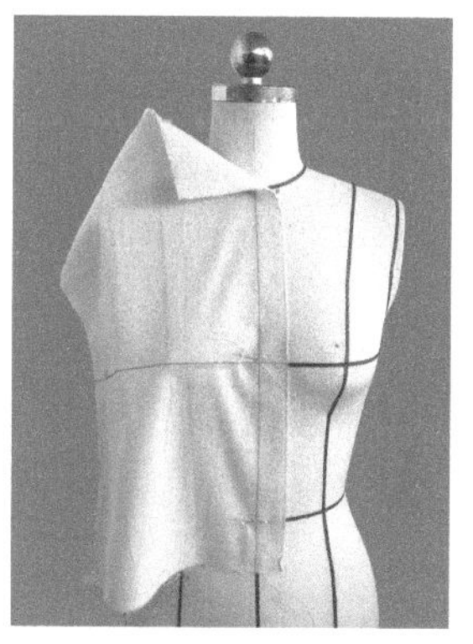
图 3-60　固定白坯布

（2）抚平腰围线、侧缝线。抚平腰围线，将腰围线上多余的松量进行转移。一定要边打剪刀口边抚平，否则很难做到平整。接着顺势由下向上抚平侧缝线，继续将省道向上转移，固定好袖窿腋下点，如图 3-61 所示。

（3）抚平肩线、领围线。在肩端点处用双针固定并抚平肩线，在侧颈点处用双针固定。通过打剪刀口继续将领围线抚平，此时省道转移到前中心线上，如图 3-62 所示。

（4）固定中心省。将中心省两侧用双针交叉固定，如图 3-63 所示。

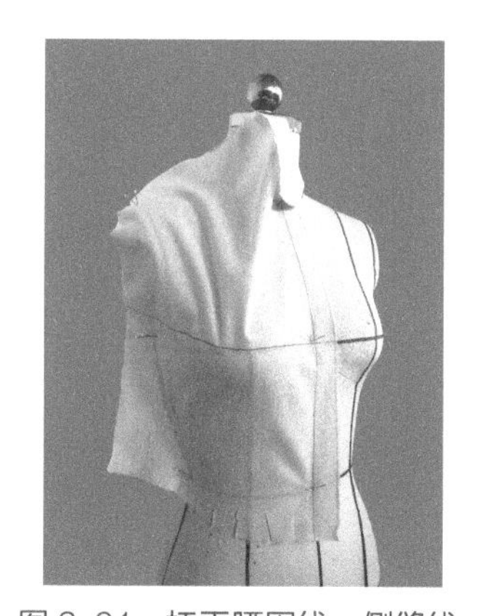
图 3-61　抚平腰围线、侧缝线

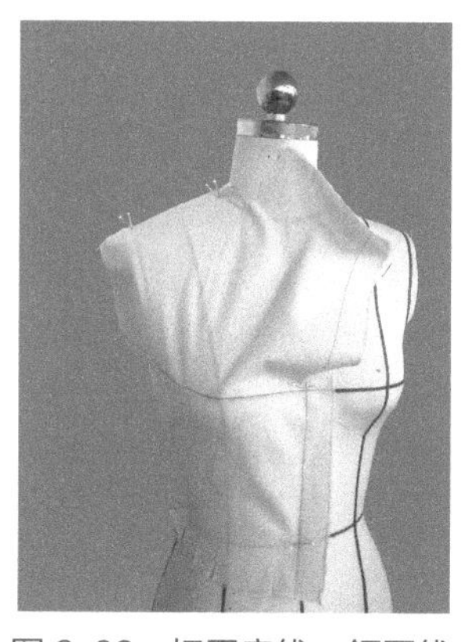
图 3-62　抚平肩线、领围线

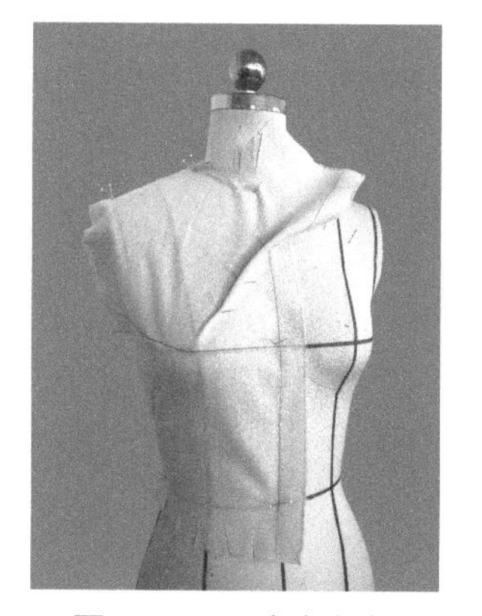
图 3-63　固定中心省

（5）点影。沿标记带进行点影，如图 3-64 所示。

（6）样片修剪。将白坯布从人台上取下，用尺子将点影进行化样修整，如图 3-65 所示。

（7）将修整好的白坯布别合在人台上进行审视，观察整体效果，如图 3-66 所示。

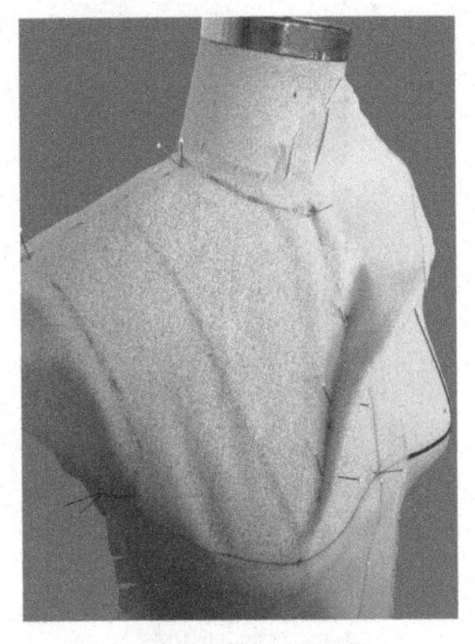

图 3-64　点影

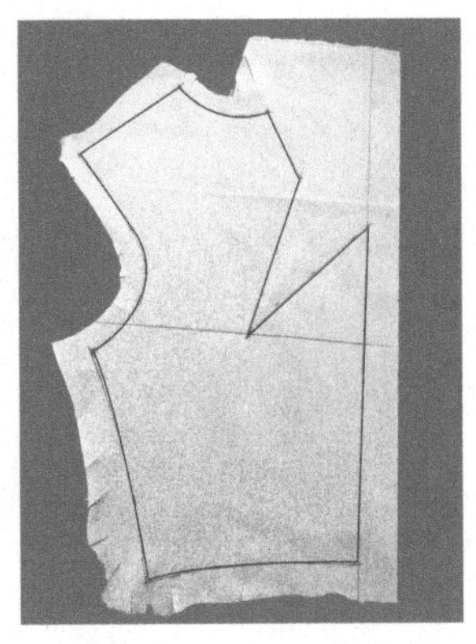

图 3-65　样片修剪

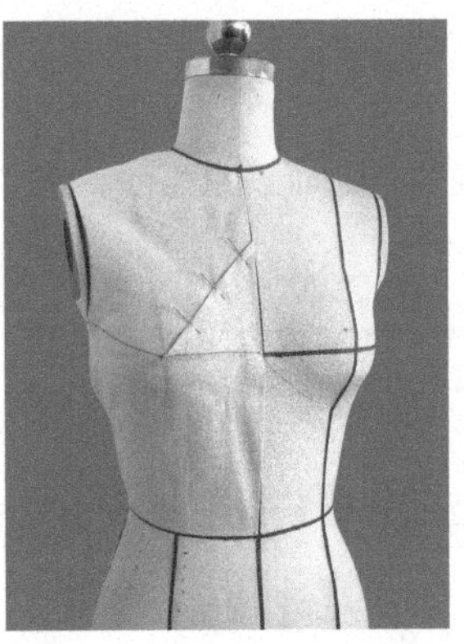

图 3-66　中心省制作完成

第三节　衣身原型的省道变化设计

在当今服装设计中，众多设计师通过精心设计巧妙地将省道转移与款式设计相结合，形成既合体又出彩的设计。本节主要在衣身原型款式的基础上介绍三款省道变化设计，将理论知识与实践相结合。

一、分割省设计

分割省设计比较常见，主要是将肩省与腰省进行变化设计，如图 3-67 所示。

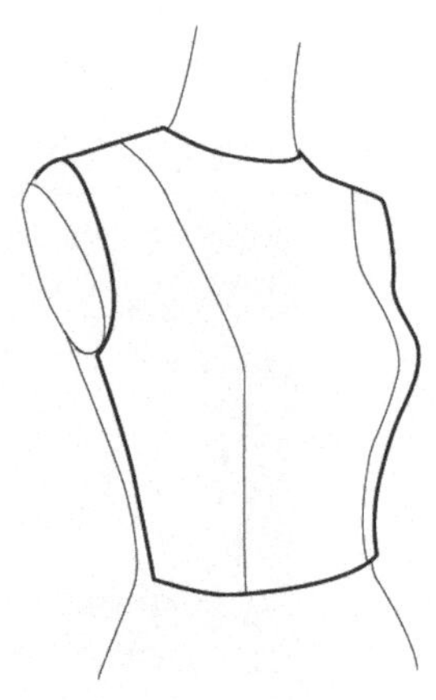

图 3-67　分割省款式

（一）采样

1. 布样长度

（1）左片：侧颈点至前腰围线加 8～12cm。

（2）右片：侧颈点至前腰围线加 8～12cm。

2. 布样宽度

（1）左片：侧缝线至胸围线与分割线交叉点加 8～12cm。

（2）右片：前中心线至分割线加 8～12cm。

（二）布样化样

（1）左片：从左至右量取 5cm，从上至下做一条垂直线即侧缝线。在侧缝线上量取 28cm

做一条水平线为胸围线（BL），如图 3-68 所示。

（2）右片：从右至左量取 5cm，从上至下做一条垂直线即前中心线。在前中心线上量取 28cm 做一条水平线为胸围线（BL），如图 3-69 所示。

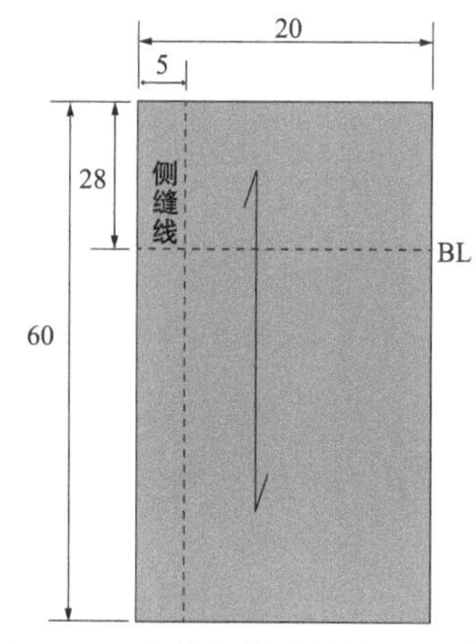

图 3-68 左片化样（单位：cm）

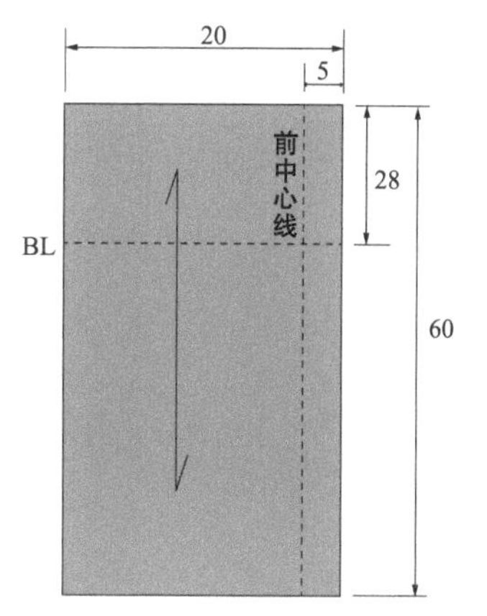

图 3-69 右片化样（单位：cm）

（三）具体操作步骤

（1）贴标记带。根据款式图贴上标记带，如图 3-70 所示。

（2）固定白坯布。将化样后准备好的右片白坯布固定在人台上，使白坯布上的前中心线、胸围线与人台的前中心线、胸围线对齐，用双针在颈点、胸围线、腰围线上固定，如图 3-71 所示。

（3）抚平领围线。边打剪刀口边抚平领围线，在侧颈点处固定，顺势抚平肩线，在肩线与分割线的交叉点处进行固定，如图 3-72 所示。

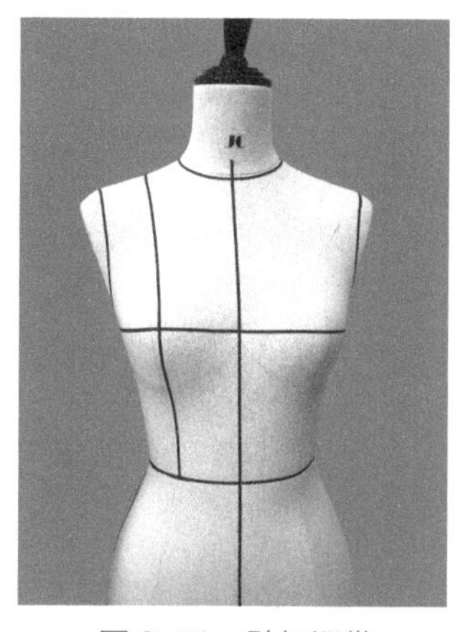
图 3-70 贴标记带

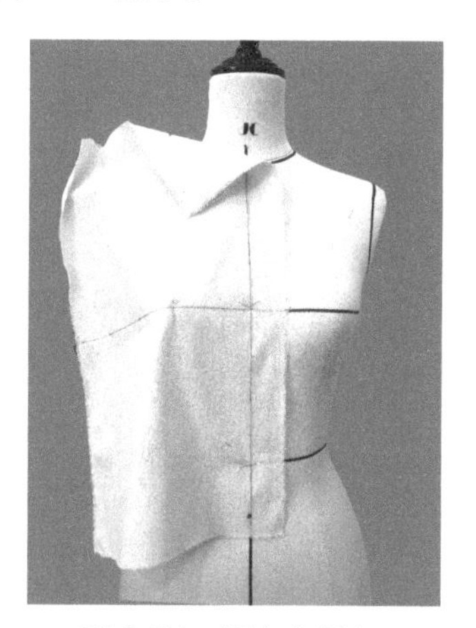
图 3-71 固定白坯布

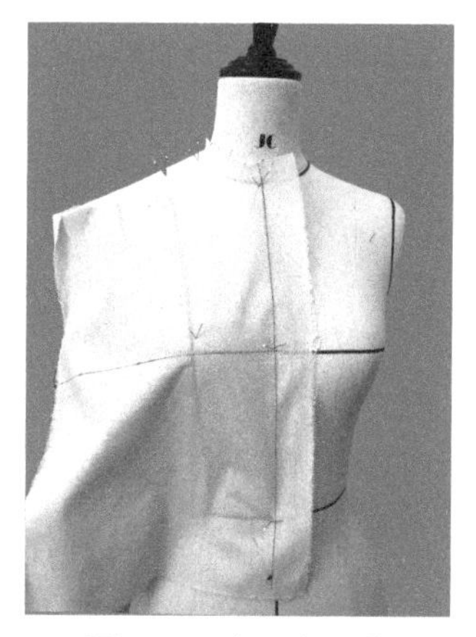
图 3-72 抚平领围线

（4）抚平分割线。顺势由上往下沿分割线进行抚平和固定（图 3-73），在抚平过程中可以适当裁剪掉大块坯布，以免影响抚平效果。需要注意的是，在修剪以及抚平过程中，剪刀口不能超过近样线。

（5）点影。沿标记带进行点影，如图 3-74 所示。

（6）固定白坯布。将化样后准备好的左片白坯布固定在人台上，使白坯布上的侧缝线、胸围线与人台的侧缝线、胸围线对齐，用双针在侧面胸围线、腰围线上固定，如图 3-75 所示。

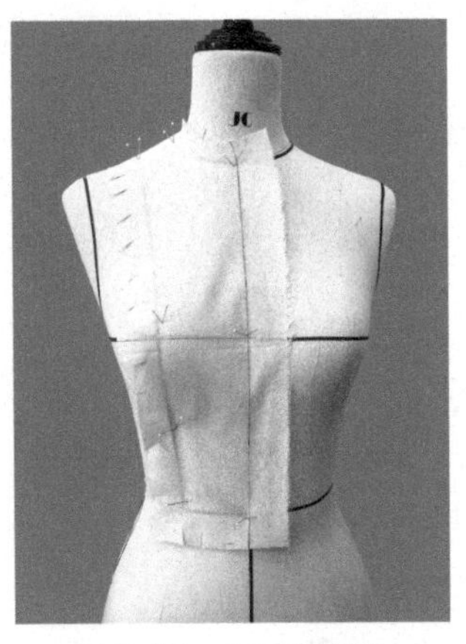

图 3-73　抚平分割线

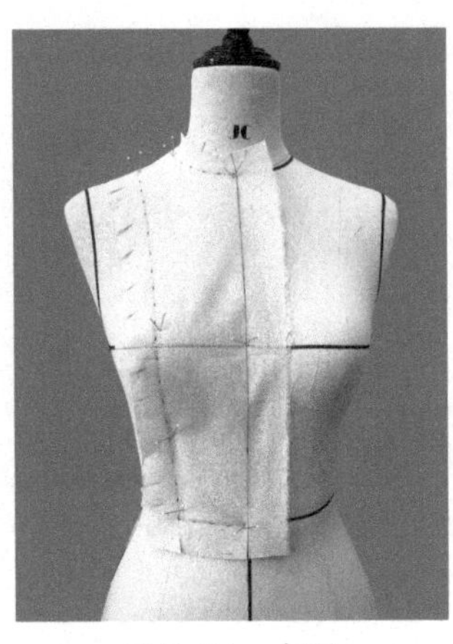

图 3-74　点影

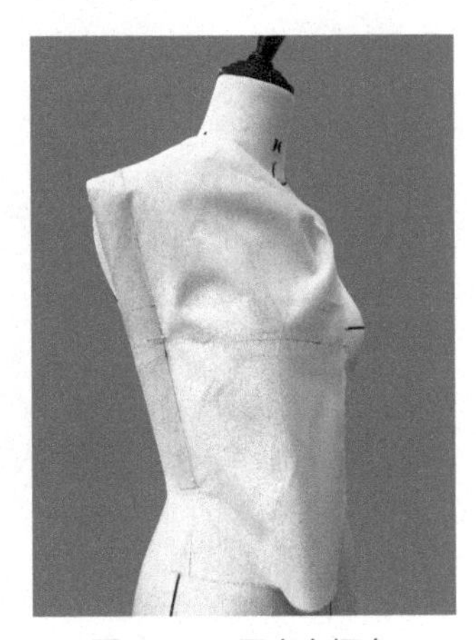

图 3-75　固定白坯布

（7）抚平胸围线。将白坯布上的胸围线与人台的胸围线对齐，抚平胸围线，在分割线与胸围线交叉的地方用双针固定，如图 3-76 所示。

（8）抚平袖窿弧线、肩线。因为袖窿弧线弧度较大，因此需要一边打剪刀口一边抚平，由下往上抚平，在肩端点处固定，由左往右抚平肩线，在分割线与肩线的交叉点处固定，如图 3-77 所示。

（9）抚平分割线。顺势由上往下沿分割线进行抚平和固定（图 3-78），在抚平过程中可以适当裁剪掉大块坯布，以免影响抚平效果。需要注意的是，在修剪以及抚平过程中，剪刀口不能超过近样线。

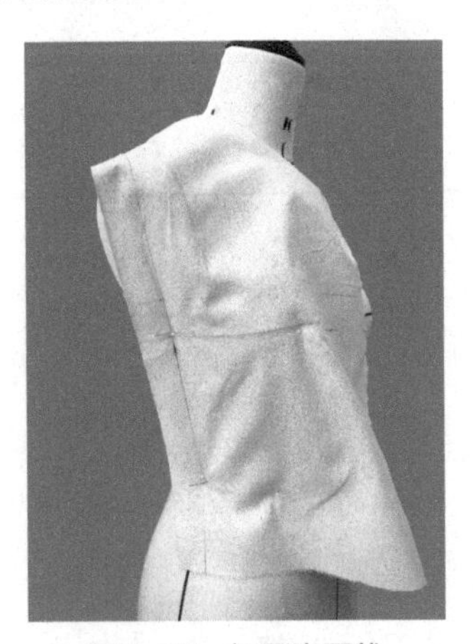

图 3-76　抚平胸围线

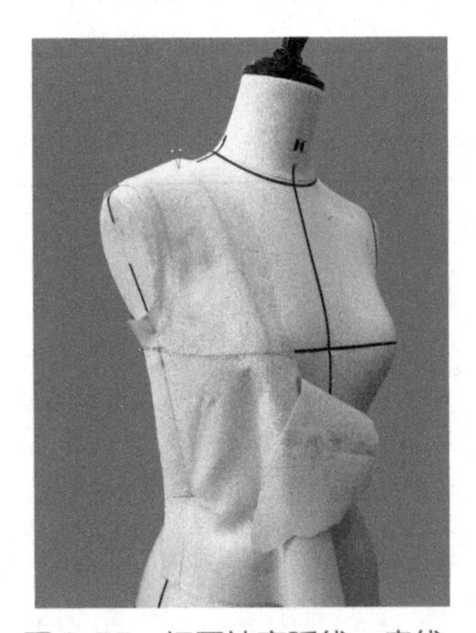

图 3-77　抚平袖窿弧线、肩线

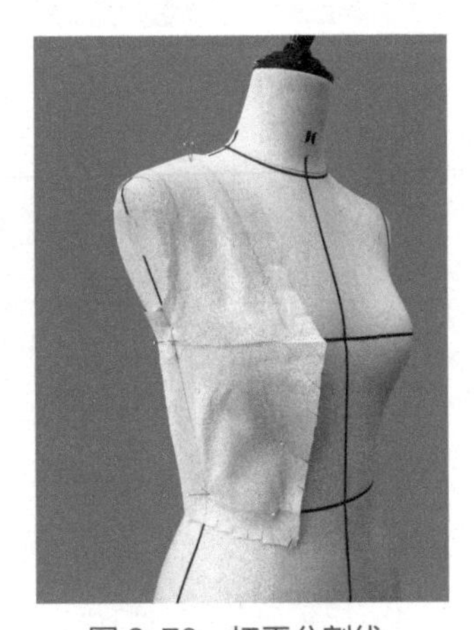

图 3-78　抚平分割线

（10）点影。沿标记带进行点影，如图 3-79 所示。

（11）将点影好的左片与右片白坯布别合在人台上进行审视，观察整体效果，如图 3-80 所示。

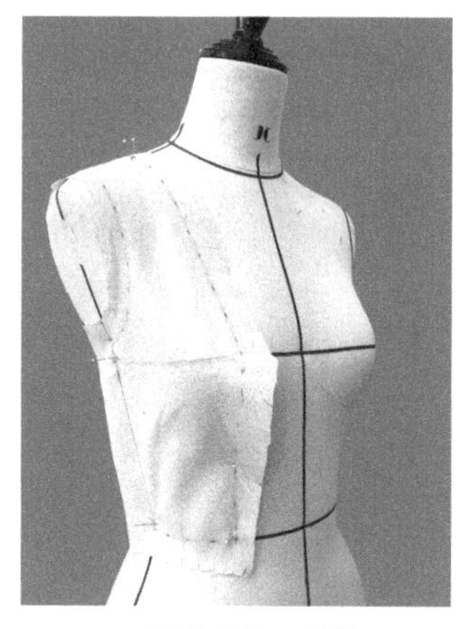

图 3-79　点影

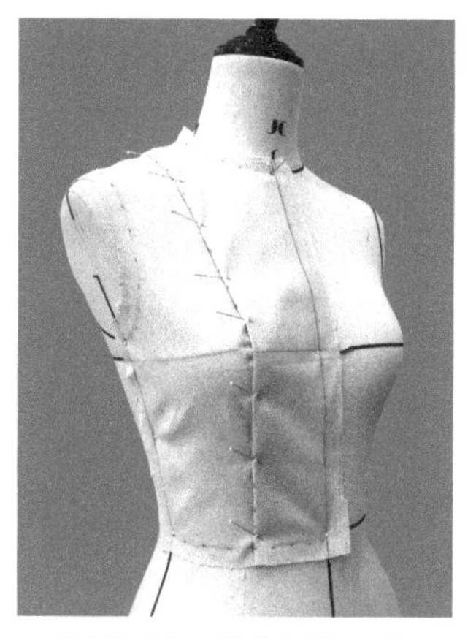

图 3-80　样衣制作完成

二、Y字形省设计

Y 字形省设计是将前衣片上的省转移到腰部，因左片与右片的交错形成 Y 字造型而称为 Y 字形省道，如图 3-81 所示。

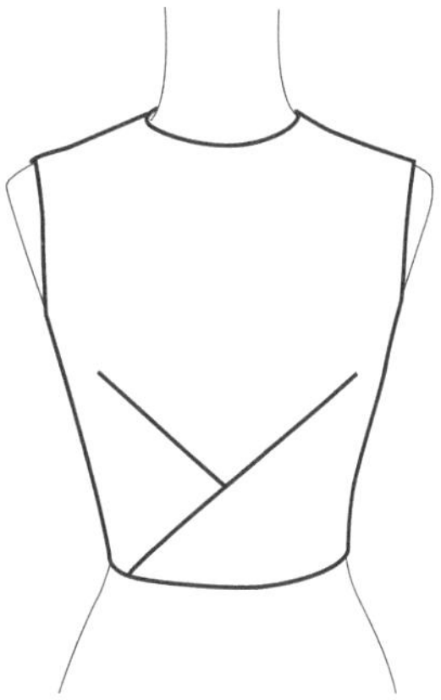

图 3-81　Y 字形省道

（一）采样

1. 布样长度

侧颈点至前腰围线加 8～12cm。

2. 布样宽度

1/2 胸围加 8～12cm。

（二）布样化样

将白坯布对折，折痕即为前中心线，在中心线上自上至下量取 28cm 做一条水平线为胸围线（BL），如图 3-82 所示。

（三）具体操作步骤

（1）贴标记带。根据款式图贴上标记带，如图 3-83 所示。

（2）固定白坯布。将化样后准备好的白坯布固定在人台上，使白坯布上的前中心线、胸围线与人台的前中心线、胸围线对齐，用双针在颈点、胸围线、腰围线上固定，如图 3-84 所示。

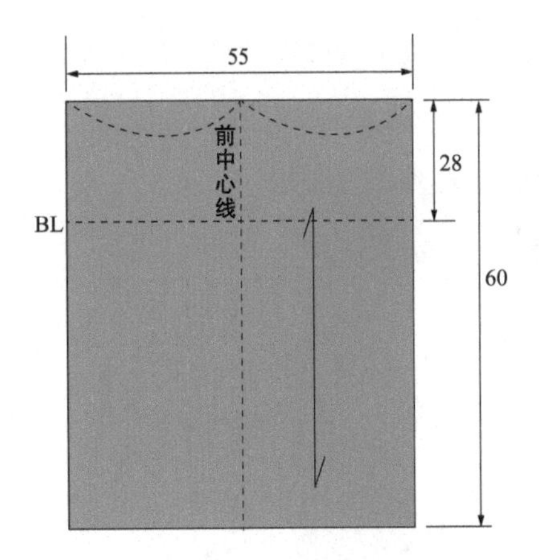

图 3-82　Y 字省化样（单位：cm）

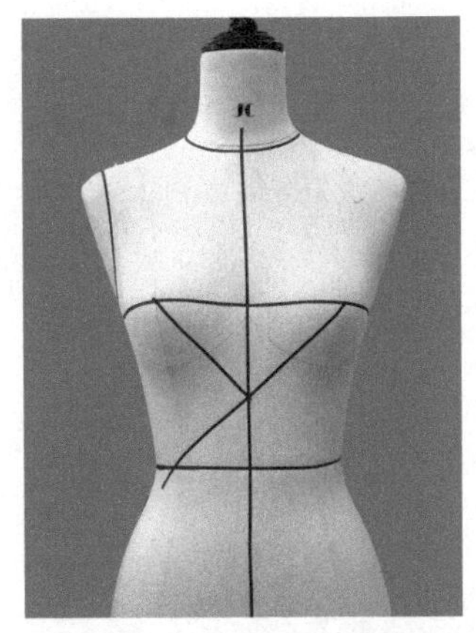
图 3-83　贴标记带

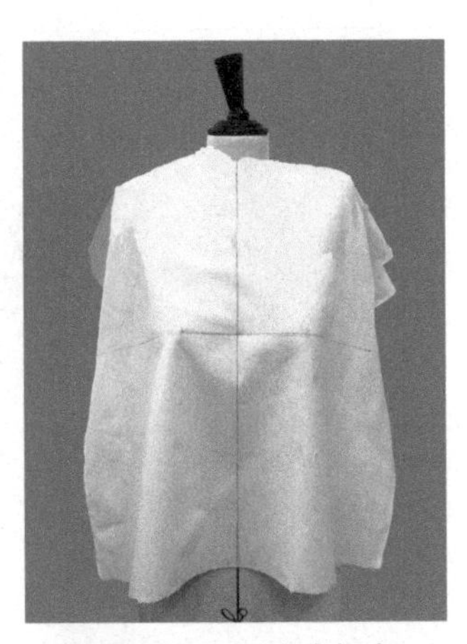
图 3-84　固定白坯布

（3）抚平领围线和两侧肩线。边打剪刀口边抚平领围线，在侧领点处固定，顺势抚平肩线，在肩端点处进行固定，如图 3-85 所示。

（4）抚平袖窿弧线。从肩端点起由上往下边打剪刀口边抚平袖窿弧线，并在腋下固定，如图 3-86 所示。

（5）抚平右侧侧缝线。由上往下抚平侧缝线并固定，如图 3-87 所示。

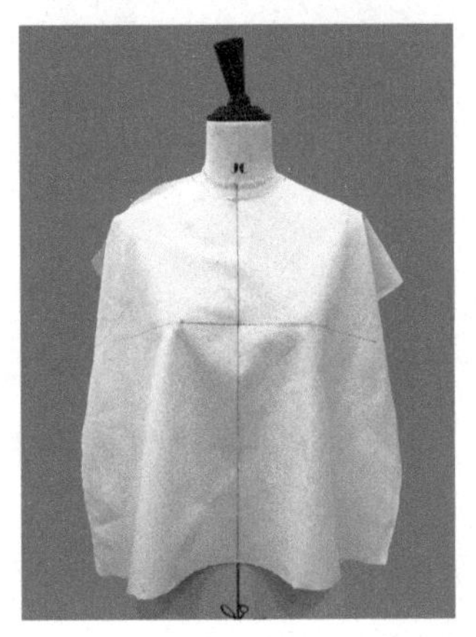
图 3-85　抚平领围线和两侧肩线

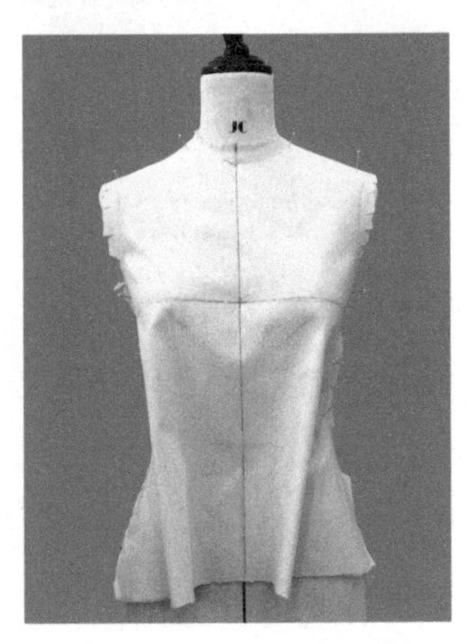
图 3-86　抚平袖窿弧线

（6）抚平腰围线。抚平 Y 字形省右侧腰围，将 Y 字形省与腰围线的交叉点进行固定，此时，右侧所有的省量全部转移到 Y 字形上，在省量两侧进行固定，如图 3-88 所示。

（7）剪开右省道。将集中起来的省道进行裁剪，用剪刀从中间剪开，注意一定不要剪过省尖，在距离省尖 3cm 处停止裁剪，如图 3-89 所示。

（8）抚平左侧侧缝线。由上往下抚平侧缝线并固定，如图 3-90 所示。

（9）抚平腰围线。抚平 Y 字形省左侧腰围线，此时，左侧所有的省量全部转移到 Y 字形上，在省量两侧进行固定，如图 3-91 所示。

（10）剪开左省道。将集中的省道进行裁剪，用剪刀从中间剪开，注意一定不要剪过省尖，在距离省尖 3cm 处停止裁剪，如图 3-92 所示。

（11）点影。沿标记带进行点影取样，如图 3-93 所示。

（12）样片修剪。将白坯布从人台上取下，用尺子将点影进行化样修整，如图 3-94 所示。

（13）将修整好的白坯布别合在人台上进行审视，观察整体效果，如图 3-95 所示。

图 3-87 抚平右侧侧缝线

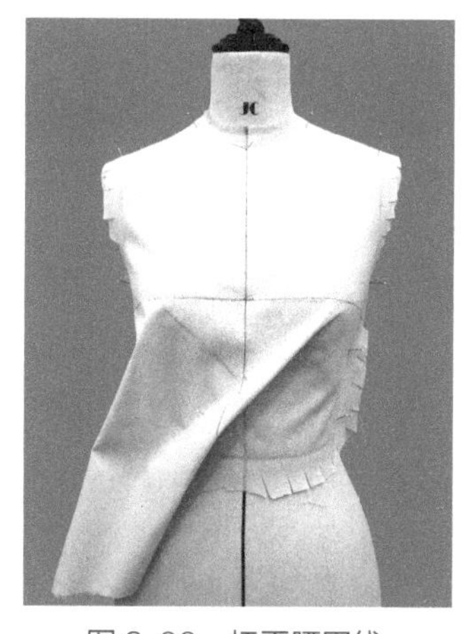
图 3-88 抚平腰围线

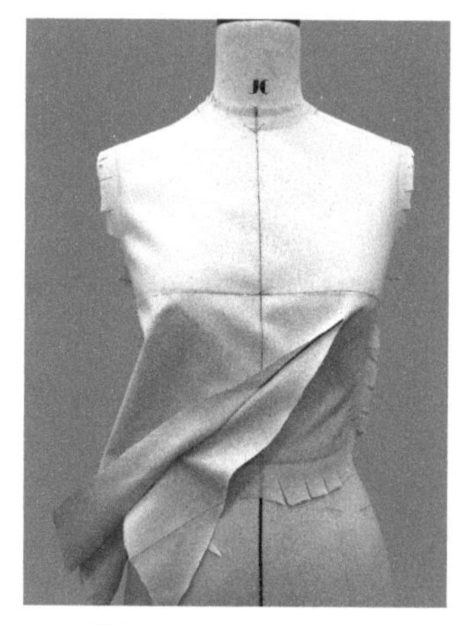
图 3-89 剪开右省道

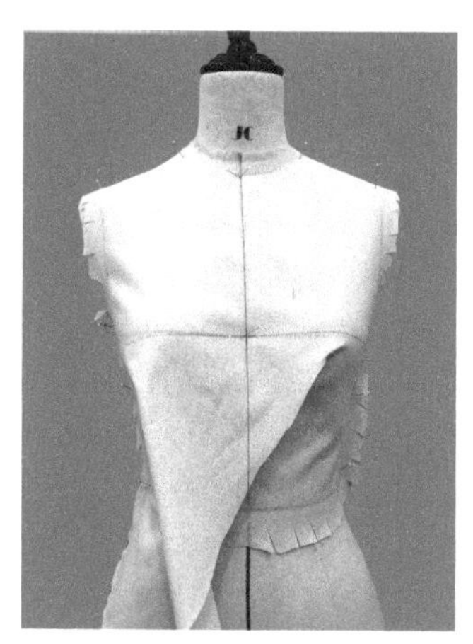
图 3-90 抚平左侧侧缝线

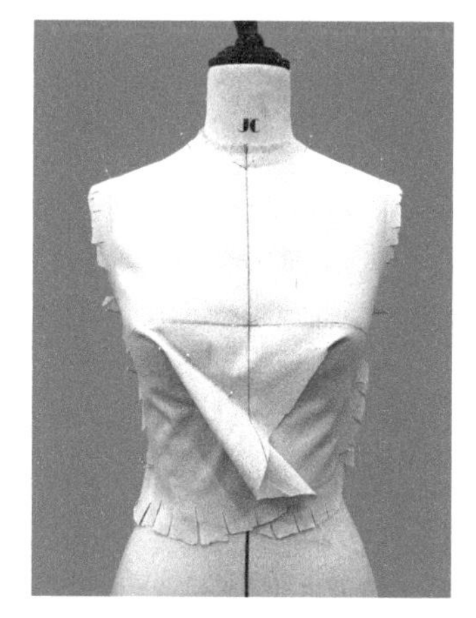
图 3-91 抚平腰围线

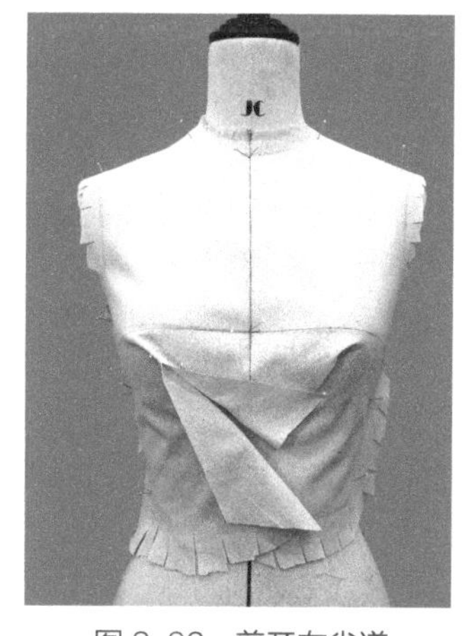
图 3-92 剪开左省道

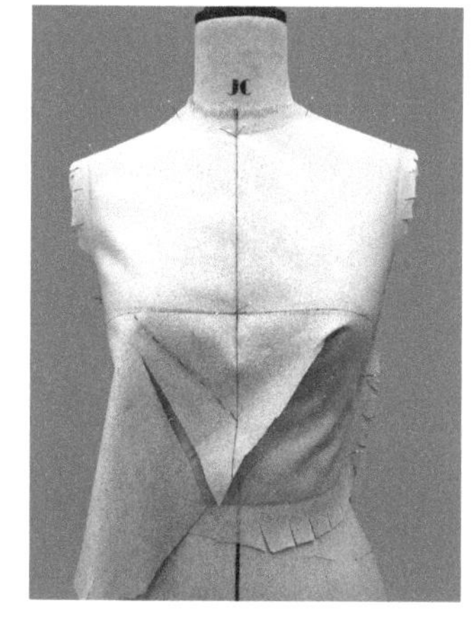
图 3-93 点影

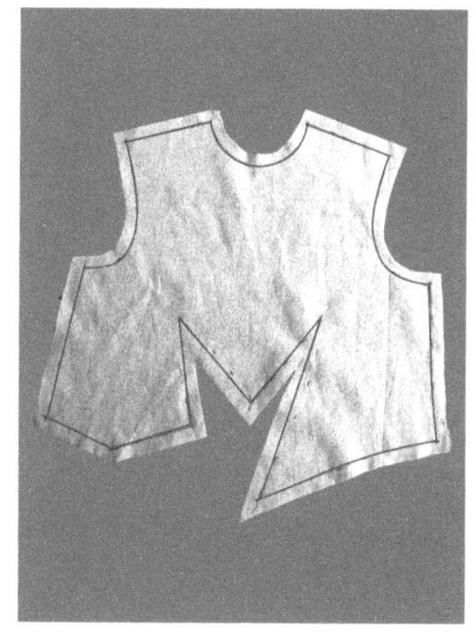
图 3-94 样片修剪

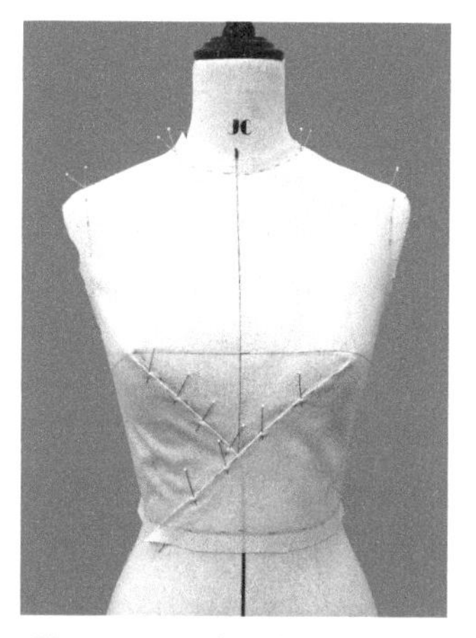
图 3-95 Y 字形省道制作完成

三、分割与转省结合的设计

这种设计手法一般多用于成衣设计以及礼服设计，将分割与转省相结合，使衣服合体的同时又丰富其设计感和层次性。如图 3-96 所示，这种款式较前两款而言难度增加了一些，其原理还是原型立裁以及省道转移。

（一）采样

1. 布样长度

（1）左片（即图 3-97 中②片）：侧颈点至分割线加 8～12cm。

（2）右片（即图 3-97 中①片）：侧颈点至分割线加 8～12cm。

（3）下片（即图 3-97 中③片）：左侧分割线至腰围线加 8～12cm。

图 3-96　分割与转省结合的款式

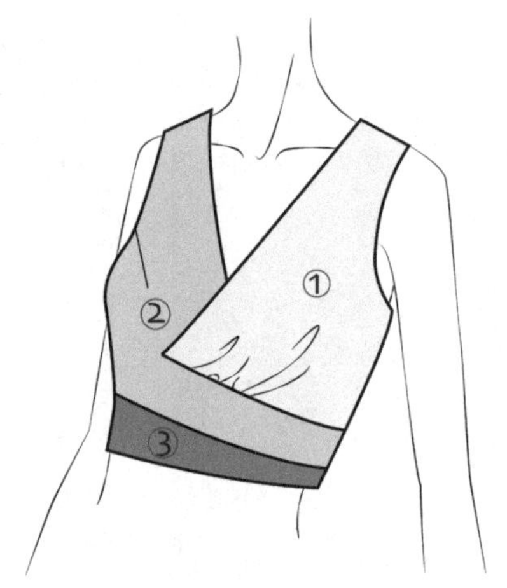

图 3-97　款式采样示意

2. 布样宽度

（1）左片：1/2 胸围加 8～12cm。

（2）右片：分割线尖端点至侧缝线加 8～12cm。

（3）下片：1/2 胸围加 8～12cm。

（二）布样化样

1. 左片

将白坯布对折，折痕即为前中心线，在前中心线上从上往下量取 28cm 做一条水平线为胸围线（BL），如图 3-98 所示。

2. 右片

从左至右量取 12cm，从上至下做一条垂直线即前中心线。在前中心线上量取 28cm 做一条水平线为胸围线（BL），如图 3-99 所示。

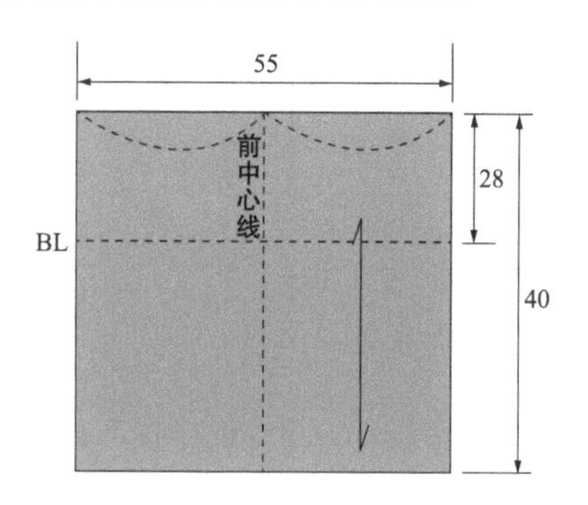

图 3-98　左片化样（单位：cm）

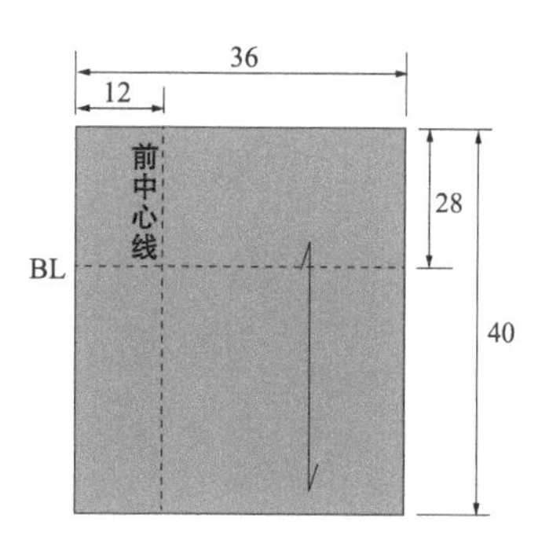

图 3-99　右片化样（单位：cm）

3. 下片

将白坯布对折，折痕即为前中心线，如图 3-100 所示。

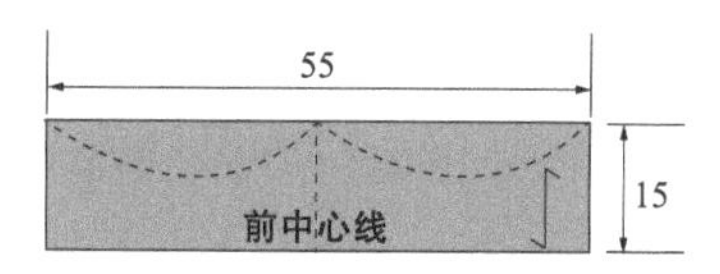

图 3-100　下片化样（单位：cm）

（三）具体操作步骤

（1）贴标记带。根据款式图贴上标记带，如图 3-101 所示。

（2）固定白坯布。将化样后准备好的下片白坯布固定在人台上，使白坯布上的前中心线与人台的前中心线对齐，用双针在分割线与前中心线的交点以及腰围线上固定，如图 3-102 所示。

（3）抚平腰围线。先将底部两侧的腰围线直接抚平，如图 3-103 所示。

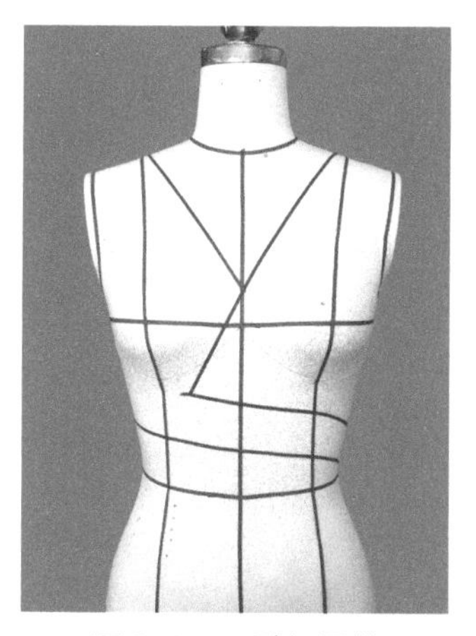

图 3-101　贴标记带

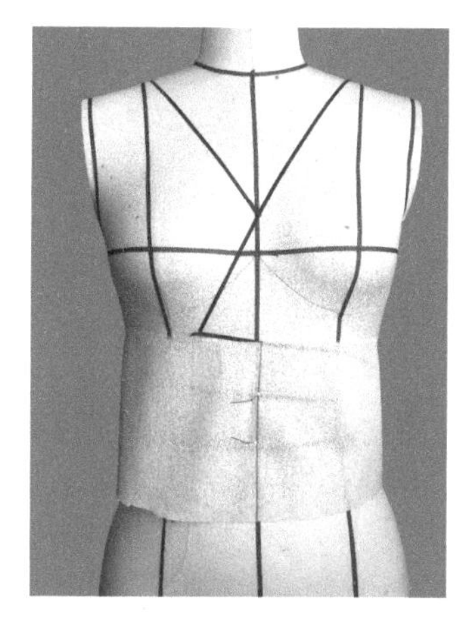

图 3-102　固定白坯布

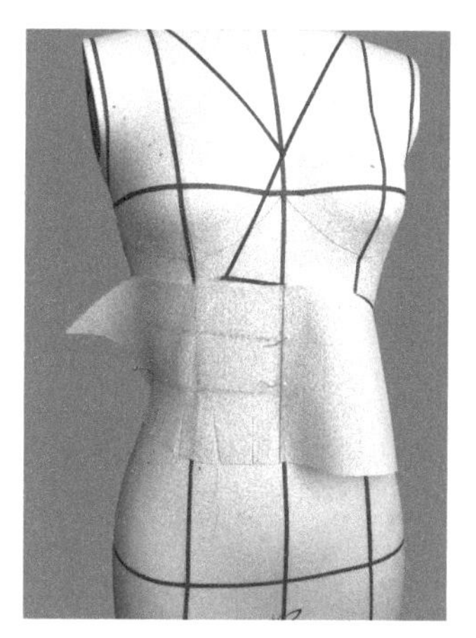

图 3-103　抚平腰围线

（4）抚平侧缝线。在腰围线处由下往上抚平侧缝线，如图 3-104 所示。

（5）点影。沿标记带进行点影，如图 3-105 所示。

（6）固定白坯布。将化样后准备好的左片白坯布固定在人台上，使白坯布上的前中心线、胸围线与人台的前中心线、胸围线对齐，用双针在前中心线以及腰围线上固定，如图 3-106 所示。

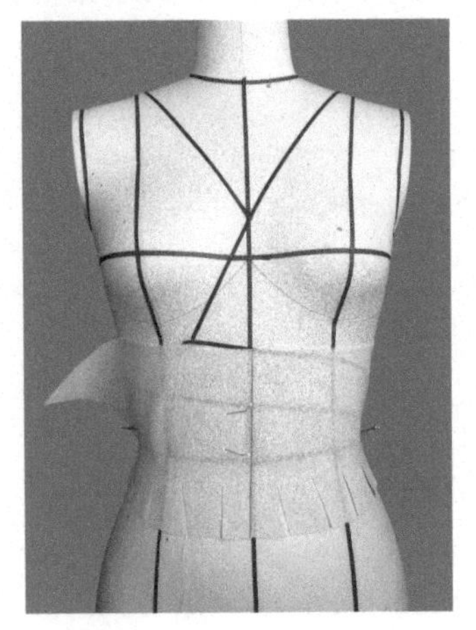

图 3-104　抚平侧缝线

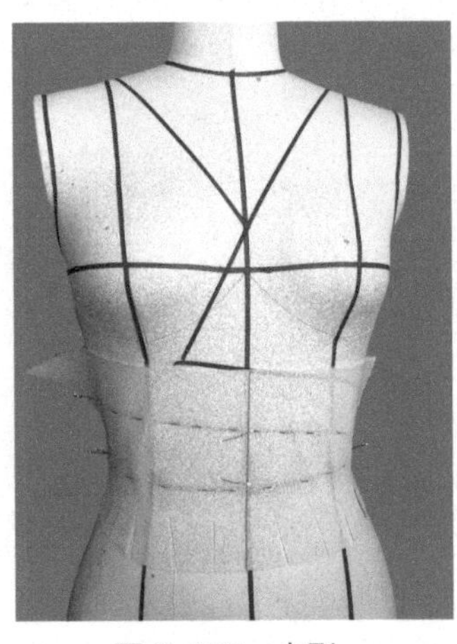

图 3-105　点影

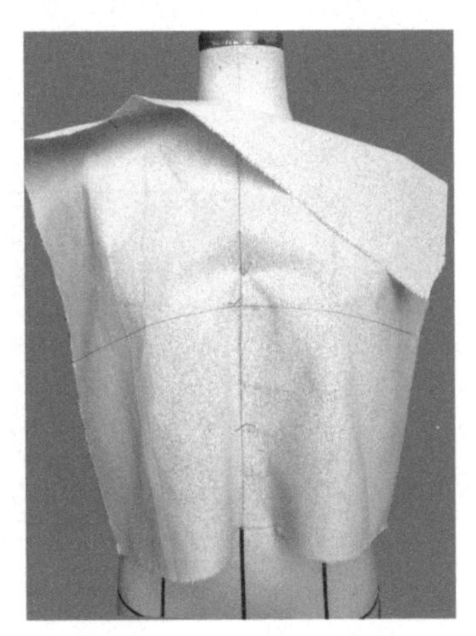

图 3-106　固定白坯布

（7）抚平领围线和肩线。款式为 V 领造型的，只需沿标记将 V 字造型抚平，在肩线上固定，顺势向左抚平肩线，在肩端点处用双针固定，如图 3-107 所示。

（8）抚平右侧侧缝线。根据款式图将左片右侧的侧缝线抚平，同时抚平右侧与右片、下片连接的分割线，如图 3-108 所示。

（9）抚平左侧分割线，将省道向上转移，如图 3-109 所示。

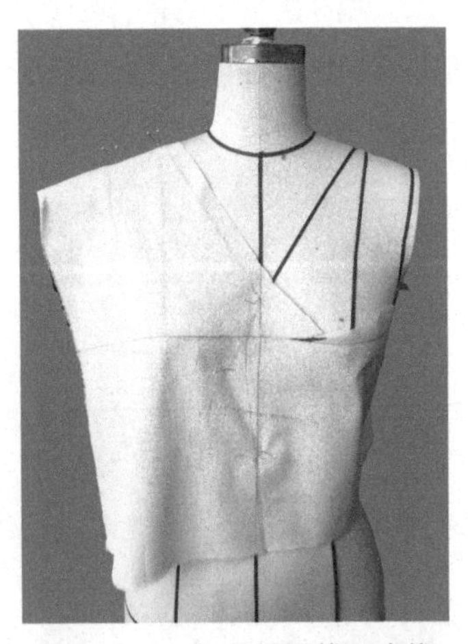

图 3-107　抚平领围线和肩线

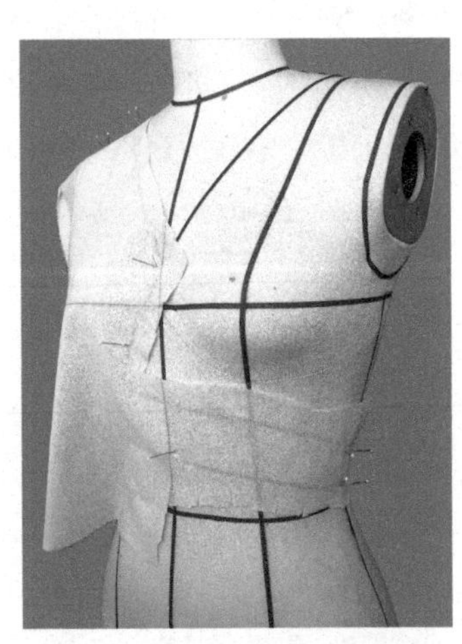

图 3-108　抚平右侧侧缝线

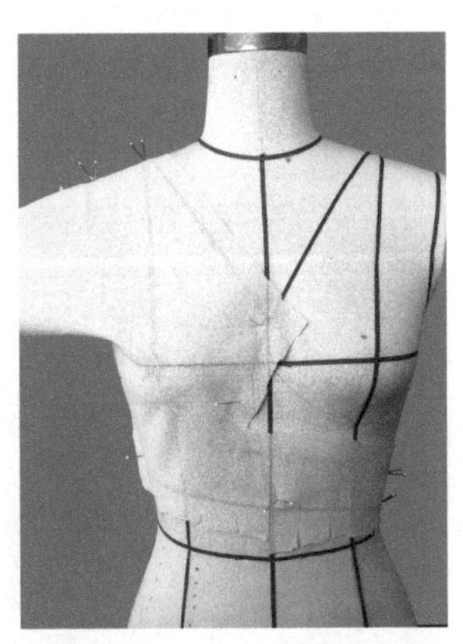

图 3-109　抚平左侧分割线

（10）抚平左侧侧缝线，用双针固定腋下点，如图 3-110 所示。

（11）固定袖窿省。将集中起来的袖窿省进行固定。需要注意的是，袖窿省一般在靠近前袖窿弧线底部 1/3 处，如图 3-111 所示。

（12）点影。沿标记带进行点影，如图 3-112 所示。

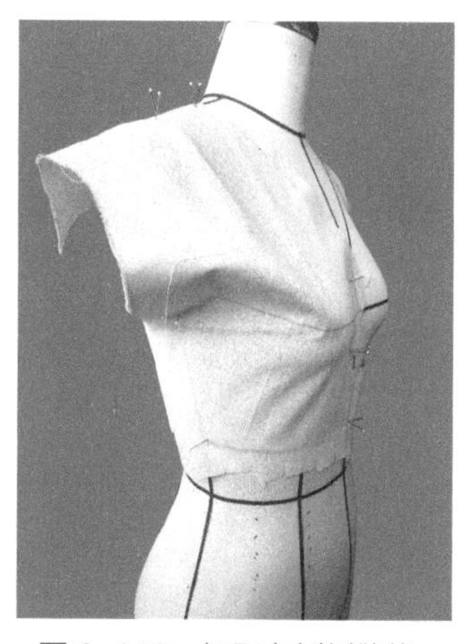

图 3-110　抚平左侧侧缝线

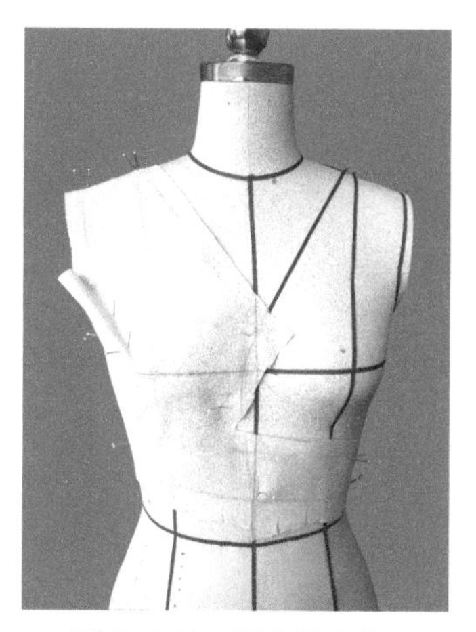

图 3-111　固定袖窿省

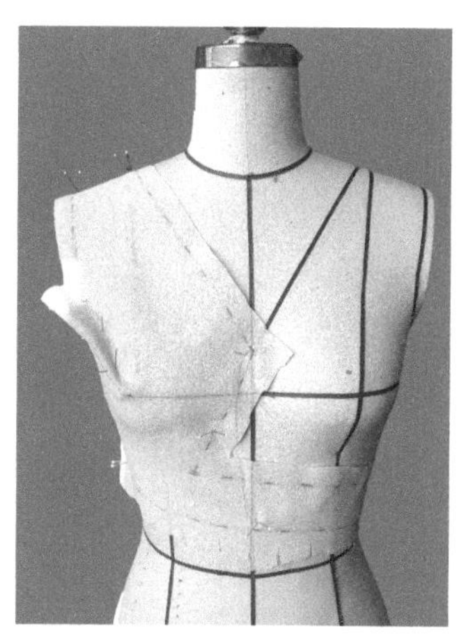

图 3-112　点影

（13）固定白坯布。将化样后准备好的右片白坯布固定在人台上，使白坯布上的前中心线、胸围线与人台的前中心线、胸围线对齐，用双针在前中心线以及胸围线上固定，如图 3-113 所示。

（14）抚平 V 领领围线和肩线。沿标记的 V 字造型抚平，顺势向右抚平肩线，在肩端点处用双针固定，如图 3-114 所示。

（15）抚平袖窿弧线、侧缝线。由上往下依次抚平袖窿弧线以及侧缝线，将多余的省量转移到腰围线上，保证袖窿弧线以及侧缝线服帖，如图 3-115 所示。

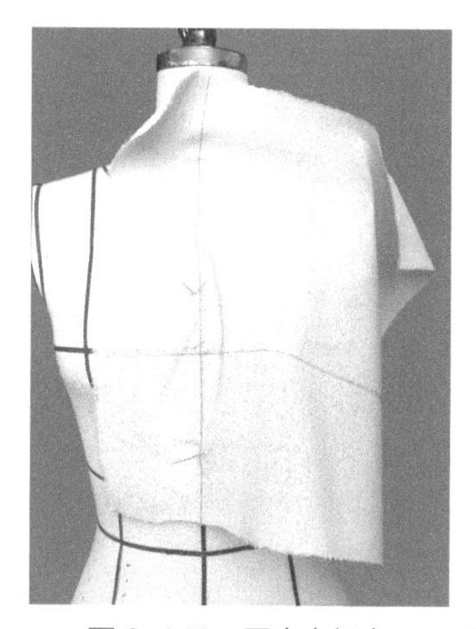

图 3-113　固定白坯布

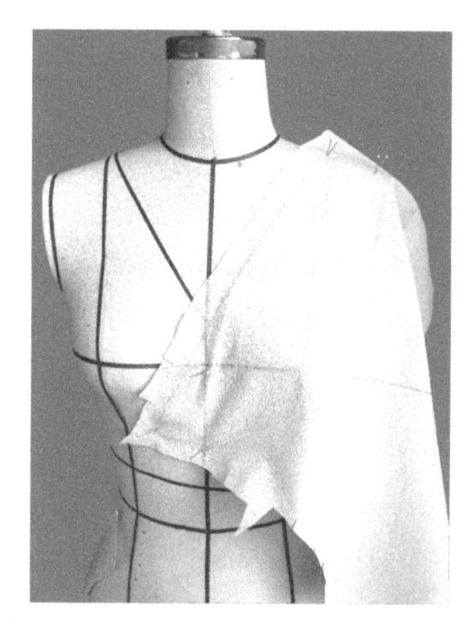

图 3-114　抚平 V 领领围线和肩线

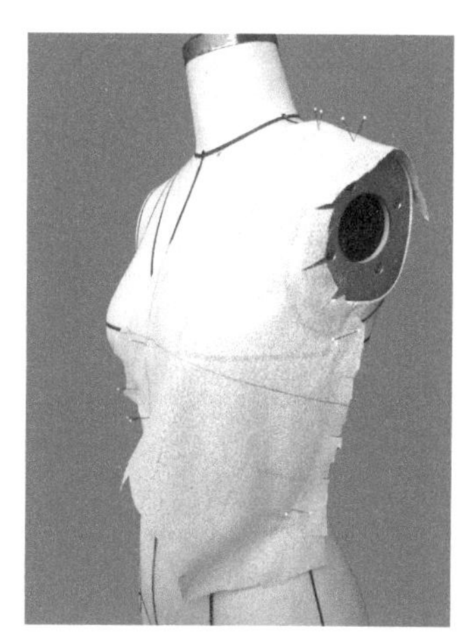

图 3-115　抚平袖窿弧线、侧缝线

（16）褶裥设计。将集中到腰围线处的省分成 3～4 个小褶裥，如图 3-116 所示，注意褶裥的省尖不宜超过 BP 点。

（17）点影。沿标记带进行点影，如图 3-117 所示。

（18）样片修剪。将白坯布从人台上取下，用尺子将点影进行化样修整，如图 3-118 所示。

（19）将修整好的白坯布别合在人台上进行审视，观察整体效果，如图 3-119 所示。

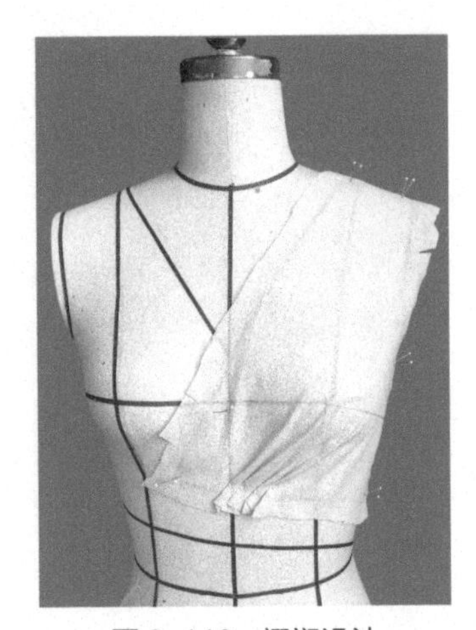
图 3-116　褶裥设计

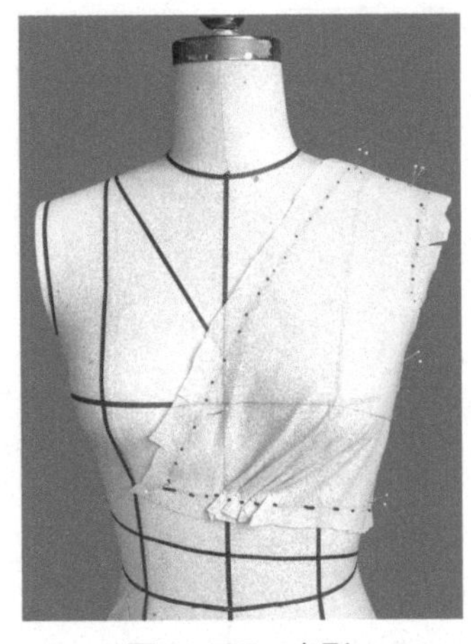
图 3-117　点影

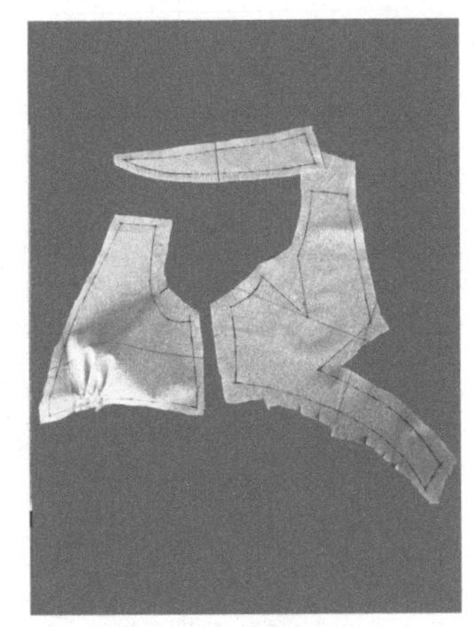
图 3-118　样片修剪

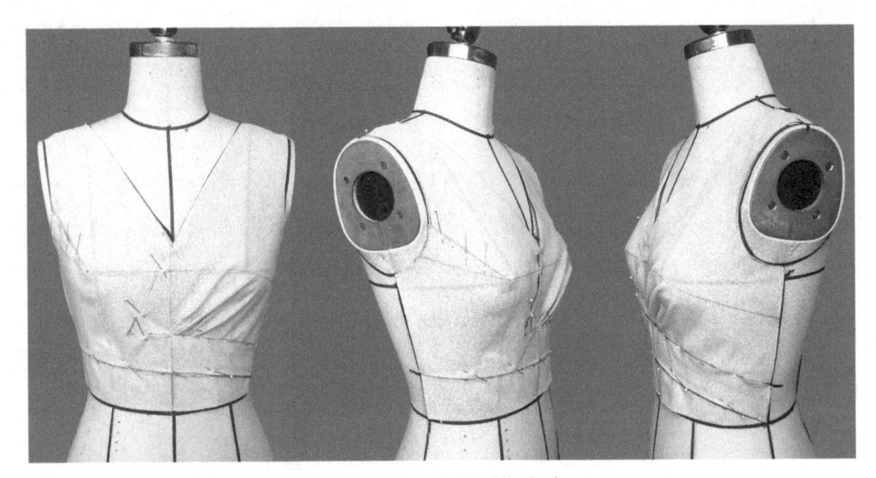
图 3-119　样衣制作完成

本章视频二维码

第四章
衣领的立体裁剪与设计

衣领是服装设计的重点，它位于人体的肩颈部位，而且颈部是连接人体头部与肩部的重要部位，因此在衣领设计中也需要考虑其功能性和实用性。在大多数情况下，服装细节设计的一个重要部位就是衣领，其次是袖子和其他部位。领子的款式、结构变化多样，它无疑是整体设计中的重点之一。

本章介绍了几种衣领的立体裁剪，主要是常见的服装领型。在熟练掌握立体裁剪方法后，读者可以在传统领型的基础上进行创新设计或改良设计，以达到预期的效果。

第一节　衣领的设计原理与结构

一、衣领的设计原理

衣领是服装的重要组成部分。衣领的立体裁剪涉及前后衣身的领围线，因此一般是在衣身制作完成之后再进行裁剪。领型的款式千变万化，不同的衣领形态还能影响服装整体的风格和穿着视觉，设计师可以利用这种效果对衣领的宽度、长度等进行再设计或调整，从而设计出更时尚的样式。但需要注意的是，衣领款式的选择最好与衣身造型相匹配，以符合服装的整体效果。

二、衣领的结构及部位名称

（一）立领

立领的结构及其部位名称主要有领宽、领上口线、领下口线，具体如图 4-1 所示。

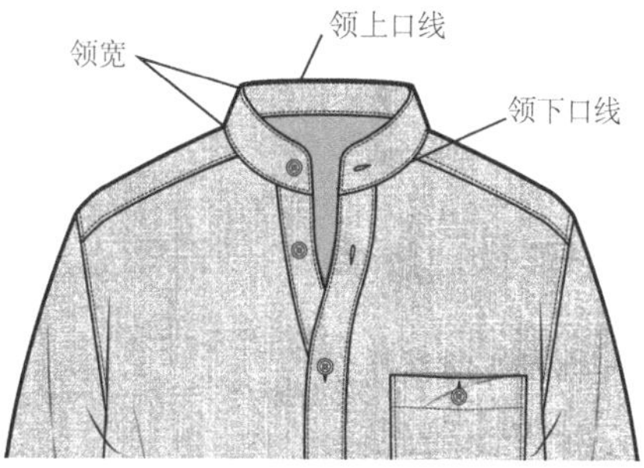

图 4-1　立领的结构及其名称

（二）翻领

翻领的结构及其部位名称主要有领面、领宽、领外口线、翻折线以及领尖等，具体如图 4-2 所示。

（三）西装领

西装领的结构及其部位名称主要有领面、领座宽、领外口线、缺嘴、驳头、串口线、翻折线等，具体如图 4-3 所示。

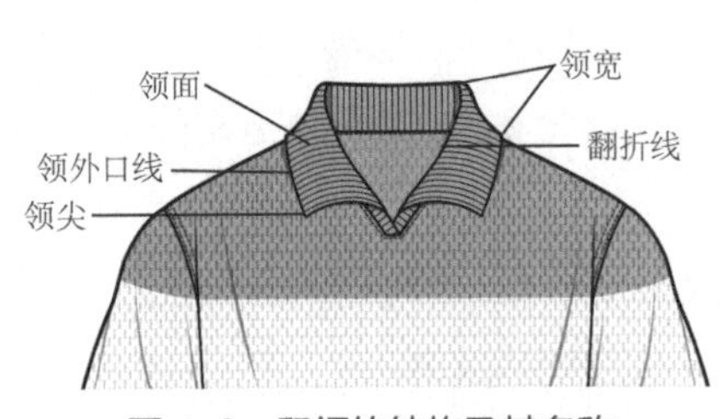

图 4-2　翻领的结构及其名称

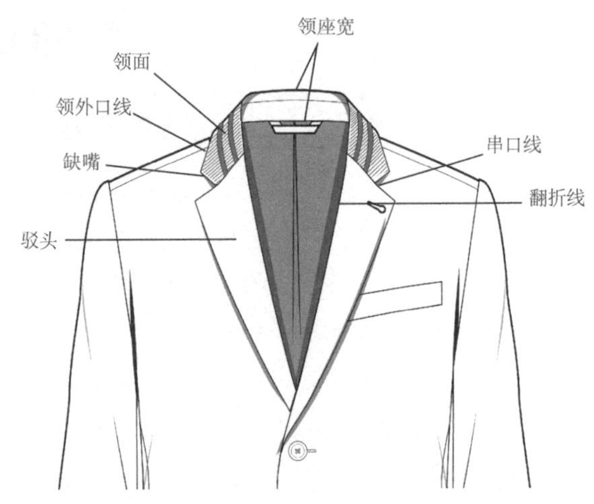

图 4-3　西装领的结构及其名称

第二节　常用领型的立体裁剪

一、立领

立领是指把衣服穿上的时候领子是立起来的，不用翻折下去，如图 4-4 所示。立领一般多用于中山装或正装，经过改良变换形态立领也经常出现在衬衫上，形成休闲衬衫。

（一）采样

1. 布样长度

领围弧线长度加 4～8cm。

2. 布样宽度

领子宽度加 4～8cm。

图 4-4　立领

（二）布样化样

从左至右量取 4cm，从上至下做一条垂直线即后中心线，在后中心线上由下往上量取 2cm 做水平线即领围线，在领围线的基础上往上量取 1.3cm 做水平线即起翘线。需要注意的是，在领围线上距后中心线 3cm 处做一个小标记，如图 4-5 所示。

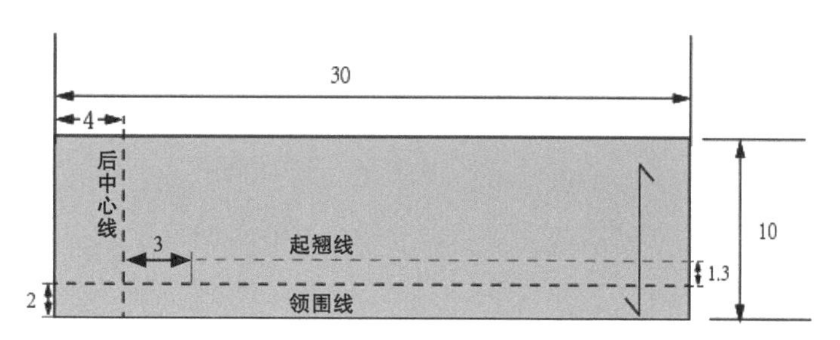

图 4-5　立领化样（单位：cm）

（三）具体立体裁剪步骤

（1）根据款式图贴上标记带，如图 4-6 所示。

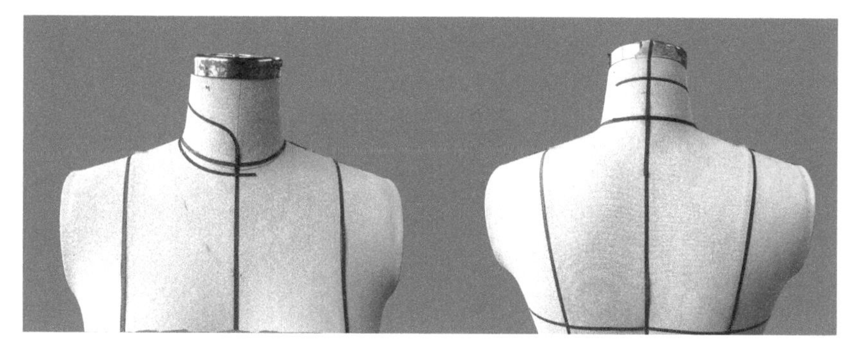

图 4-6　贴标记带

（2）将化样后准备好的白坯布固定在人台上，使白坯布上的后中心线、领围线与人台的后中心线、领围线对齐，用双针在后中心线上固定。保证领围线上距后中心线 3cm 的这一小段与人台后中心线垂直，用双针在标记点上固定，如图 4-7 所示。

（3）在距后中心线 3cm 处打剪刀口，抚平领围线，如图 4-8 所示。

（4）将白坯布继续向前缠绕至领口，此时，人台标记带的领围线应在白坯布起翘线上，如图 4-9 所示。

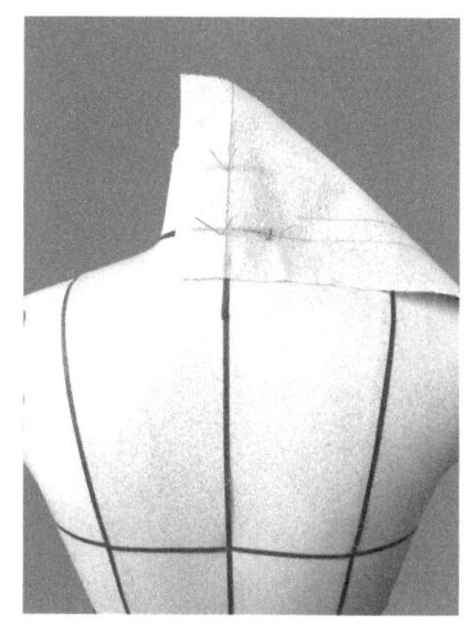

图 4-7　固定白坯布

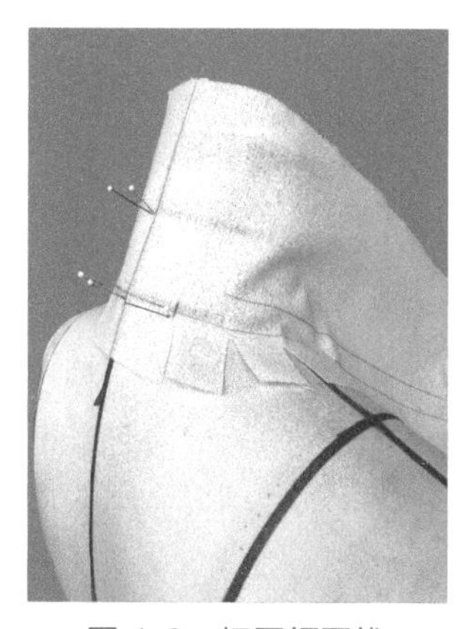

图 4-8　抚平领围线

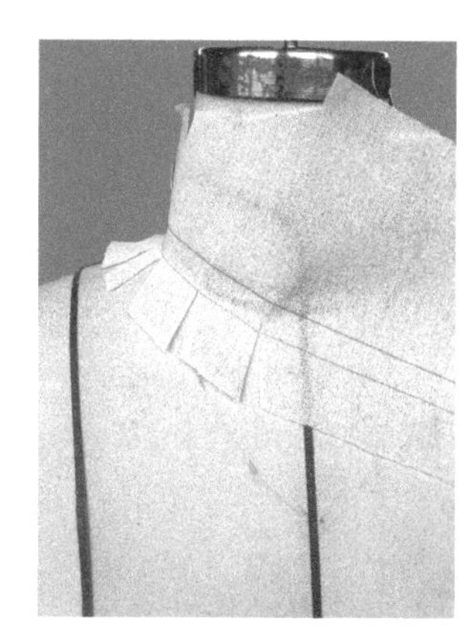

图 4-9　白坯布缠绕至领口

（5）抚平领围线使白坯布与颈部贴合，注意领上口线与颈部保持一个指头的松量，如图 4-10 所示。

（6）沿标记带进行点影，如图 4-11 所示。

（7）将白坯布从人台取下，用尺子将点影进行化样修整，如图 4-12 所示。

（8）将修整好的白坯布别合在人台上进行审视，观察整体效果，如图 4-13 所示。

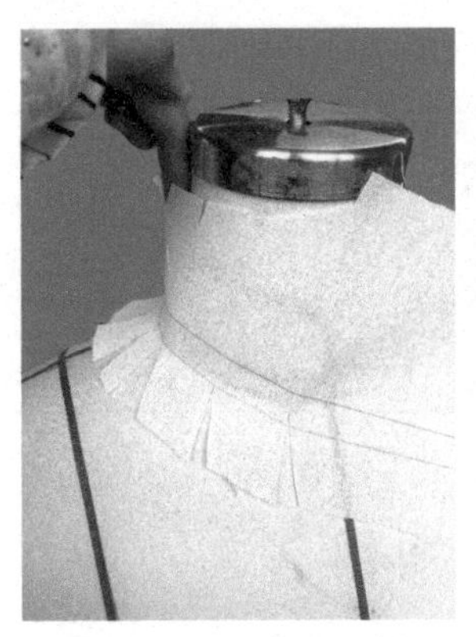

图 4-10　一个指头松量

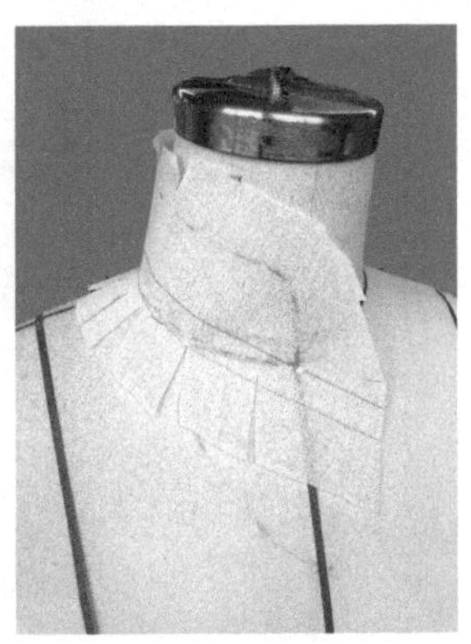

图 4-11　点影

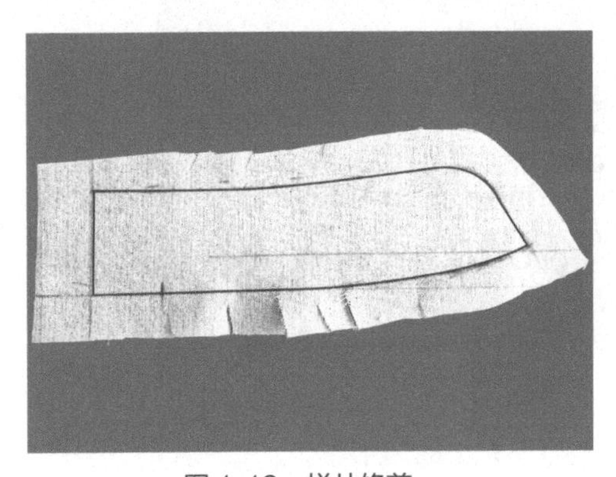

图 4-12　样片修剪

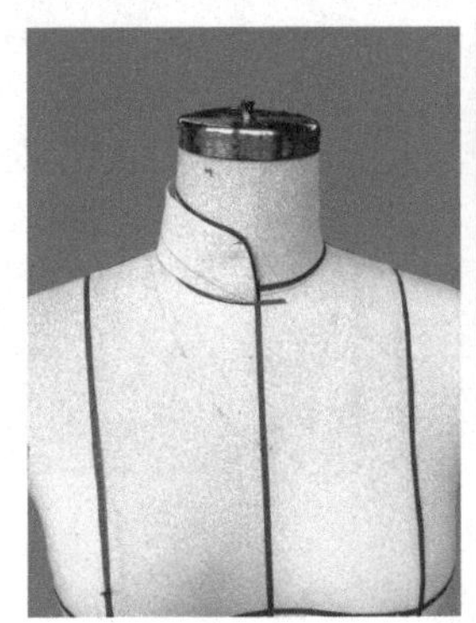

图 4-13　立领制作完成

二、翻领

翻领是指翻在底领外面的领面造型，如图 4-14 所示。此款翻领是没有领座的翻领，一般多用于女装或睡衣设计中。衬衫领的造型就是在翻领的基础上加入领座的设计，在立体裁剪手法中是立领与翻领手法的结合。

图 4-14　翻领

（一）采样

1. 布样长度

领围弧线长度加 4～8cm。

2. 布样宽度

领子宽度加 4～8cm。

（二）布样化样

从左至右量取 4cm，从上至下做一条垂直线即后中心线，在后中心线上由下往上量取 2cm 做水平线，在水平线的基础上往上量取 4cm 做一条弧线即领围线。需要注意的是，在领围线上距后中心线 3cm 处做一个小标记，如图 4-15 所示。

图 4-15　翻领化样（单位：cm）

（三）具体立体裁剪步骤

（1）根据款式图贴上标记带，如图 4-16 所示。

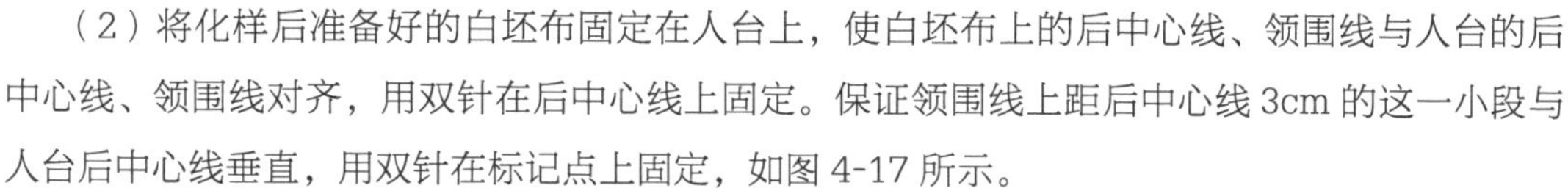

（2）将化样后准备好的白坯布固定在人台上，使白坯布上的后中心线、领围线与人台的后中心线、领围线对齐，用双针在后中心线上固定。保证领围线上距后中心线 3cm 的这一小段与人台后中心线垂直，用双针在标记点上固定，如图 4-17 所示。

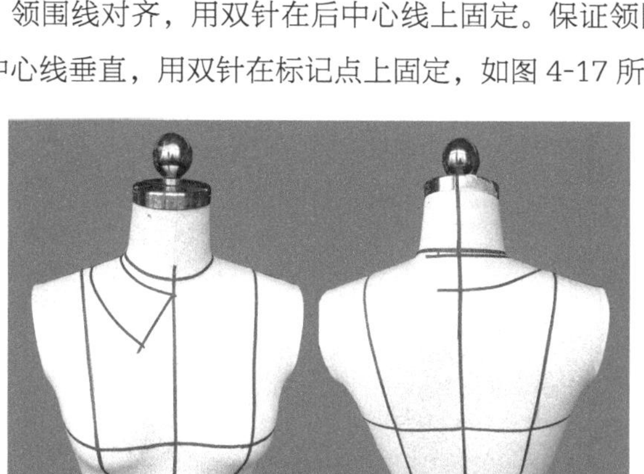

图 4-16　贴标记带

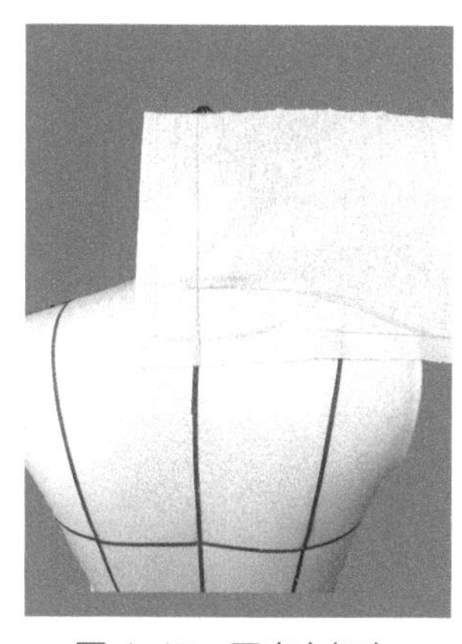

图 4-17　固定白坯布

（3）在距后中心线 3cm 处打剪刀口，抚平领围线，如图 4-18 所示。

（4）将白坯布继续向前缠绕至领口，同时将其固定，如图 4-19 所示。

（5）根据设计的领面宽将领片往下翻，领口翻折处与颈部也要保持一定的松量，如图 4-20 所示。

（6）沿标记带进行点影，如图 4-21 所示。

（7）将白坯布从人台取下，用尺子将点影进行化样修整，如图 4-22 所示。

（8）将修整好的白坯布别合在人台上进行审视，观察整体效果，如图 4-23 所示。

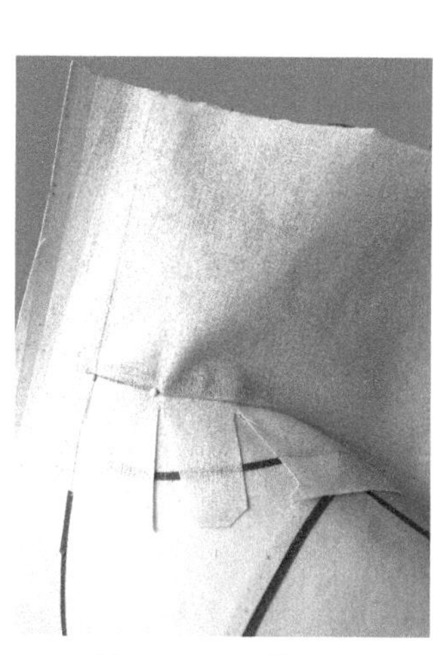

图 4-18　打剪刀口

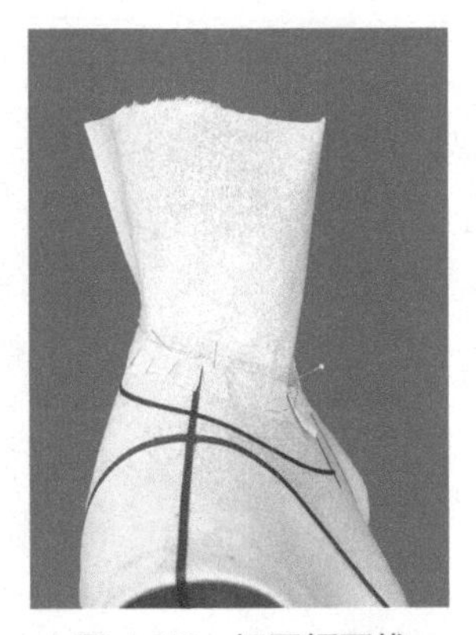
图 4-19　抚平领围线

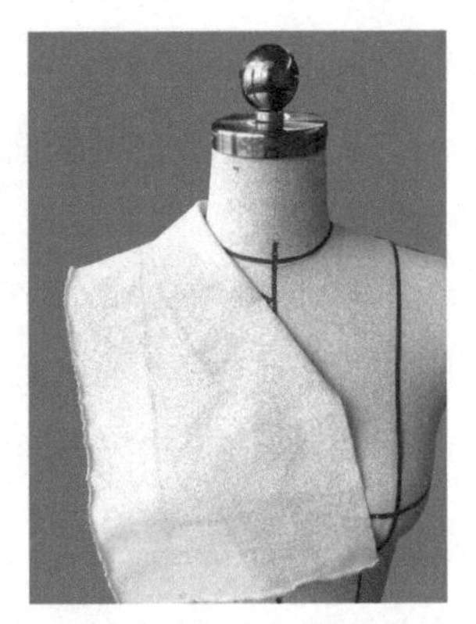
图 4-20　领面下翻

图 4-21　点影

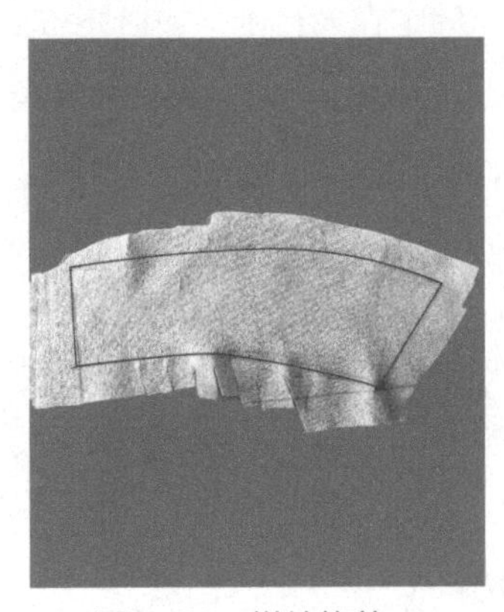
图 4-22　样片修剪

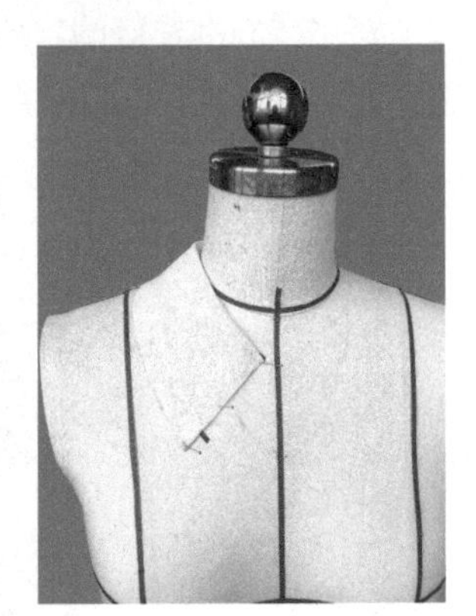
图 4-23　立领制作完成

三、海军领

海军领又称水手领，如图 4-24 所示。海军领原指海军军服中的领型，其领子的领面为一片式的翻领，前领的领尖为尖形，前身呈披巾样式，领片在身后肩胛骨处呈方形。由于服装文化的交融与款式的更新，现在的海军领在军服的基础上进行了改良，并大范围地运用在日常服装中，主要起装饰作用。

图 4-24　海军领

（一）采样

1. 布样长度

领围弧线长度加 20～28cm。

2. 布样宽度

领子宽度加 20～28cm。

（二）布样化样

从左至右量取 4cm，从上至下做一条垂直线即后中心线，如图 4-25 所示。

（三）具体立体裁剪步骤

（1）根据款式图贴上标记带，如图 4-26 所示。

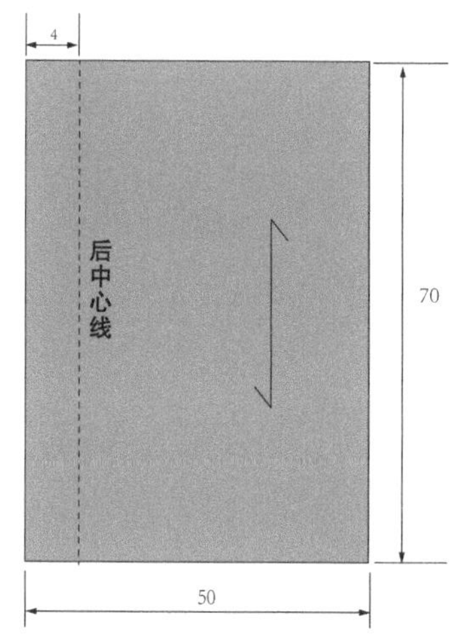

图 4-25　海军领化样（单位：cm）

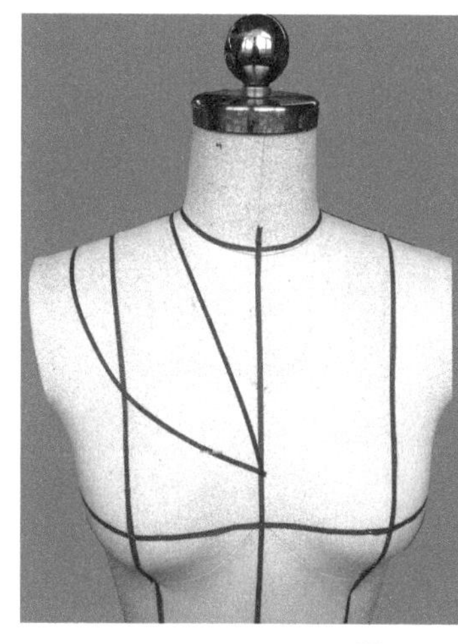

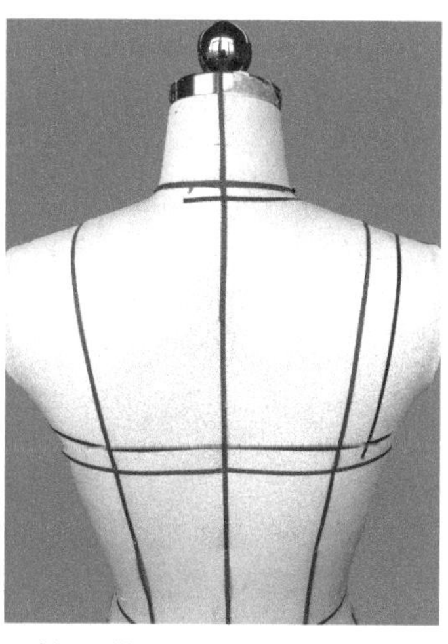

图 4-26　贴标记带

（2）将化样后准备好的白坯布固定在人台上，使白坯布上的后中心线与人台的后中心线对齐，用双针在后中心线上固定，如图 4-27 所示。需要注意的是，在标记带的领面宽处，要下落 4～5cm 的白坯布。

（3）顺着标记带，抚平后领面并固定，如图 4-28 所示。

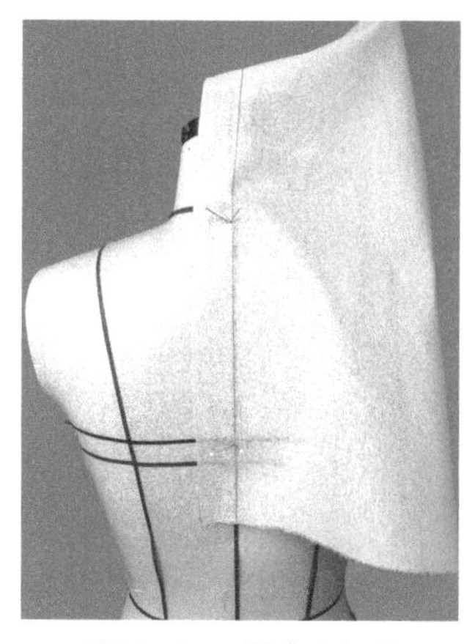

图 4-27　固定白坯布

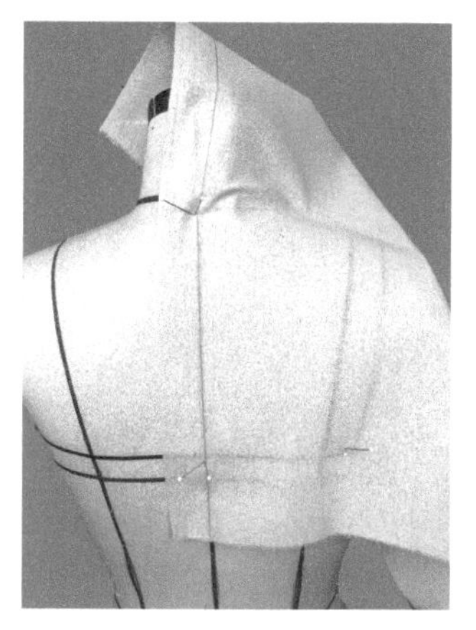

图 4-28　抚平后领面

（4）抚平前后领围线，如图 4-29 所示。

（5）由后往前抚平领围线直至领尖点并固定，保持领子的领面平顺，如图 4-30 所示。

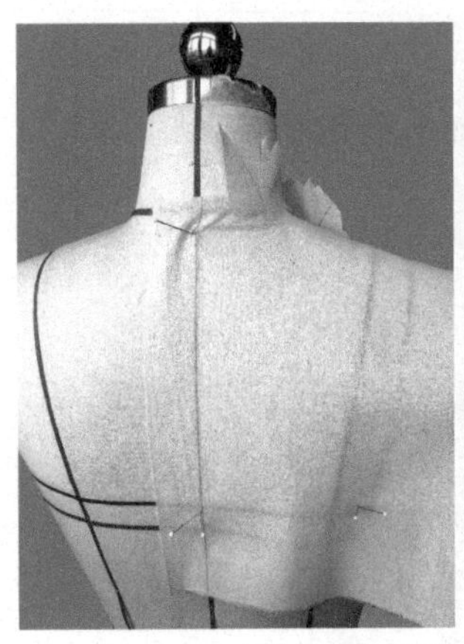
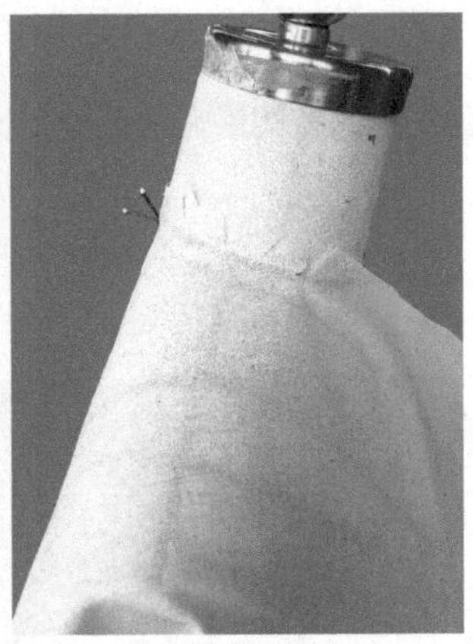

图 4-29　抚平前后领围线

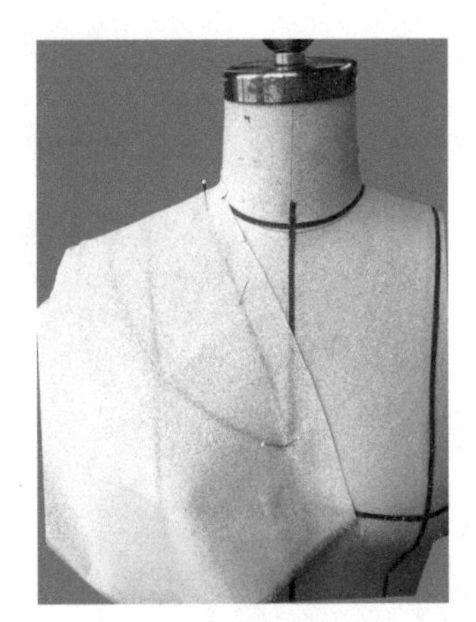

图 4-30　固定领尖点

（6）沿标记带进行点影，如图 4-31 所示。

（7）将白坯布从人台取下，用尺子将点影进行化样修整，如图 4-32 所示。

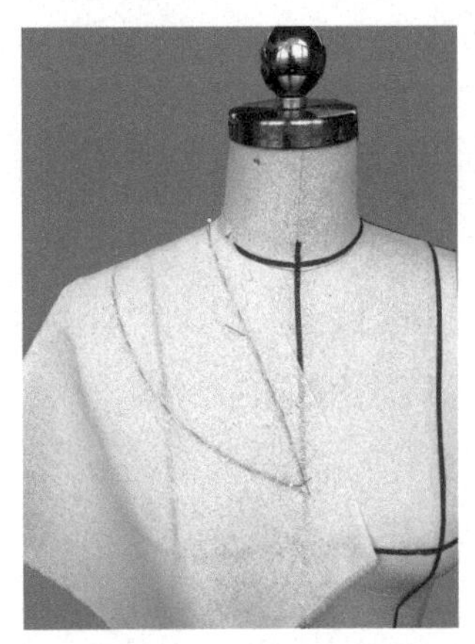

图 4-31　点影

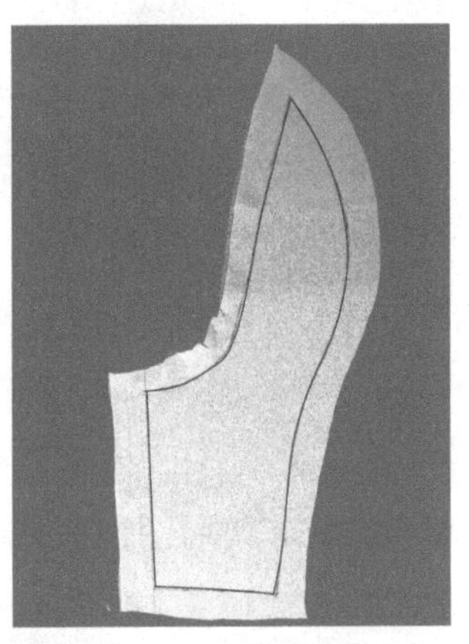

图 4-32　样片修剪

（8）将修整好的白坯布别合在人台上进行审视，观察整体效果，如图 4-33 所示。

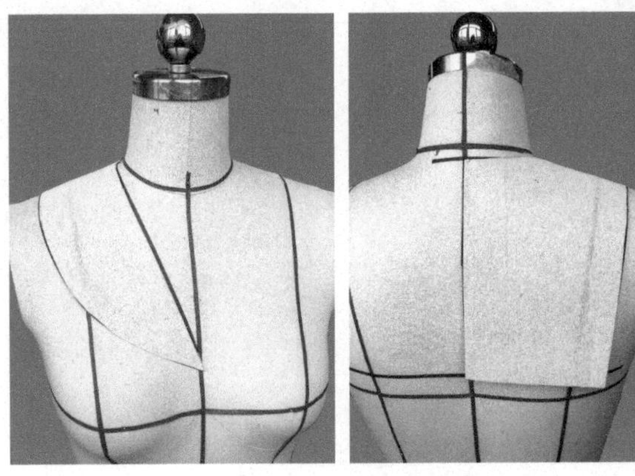

图 4-33　海军领制作完成

四、波浪领

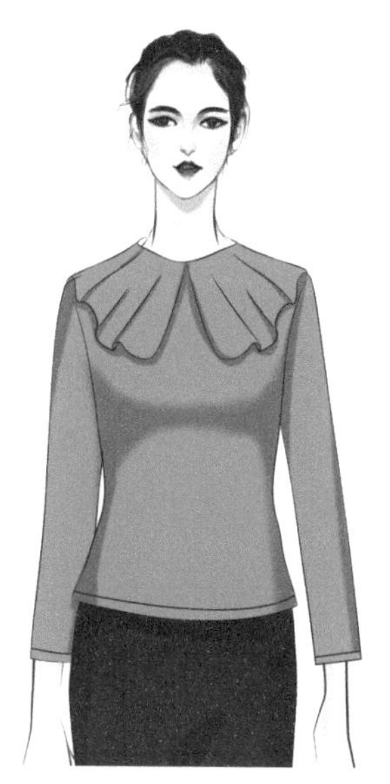

图 4-34　波浪领

波浪领的款式一般多用于女装设计中，常见的款式如图 4-34 所示，领面围绕领围线出现不同大小的波浪，因此俗称波浪领。波浪领一般没有领座设计，与衣身直接缝合。在现代女装设计中，波浪领也出现了各式各样的造型设计，本书主要讲解的是常规波浪领立体裁剪。

（一）采样

1. 布样长度

领围弧线长度加 20～28cm。

2. 布样宽度

领子宽度加 20～28cm。

（二）布样化样

从左至右量取 4cm，从上至下做一条垂直线即后中心线，在后中心线上由下往上量取 20cm，做一条水平垂直线，即领围参考线，如图 4-35 所示。

（三）具体立体裁剪步骤

（1）将化样后准备好的白坯布固定在人台上，使白坯布上的后中心线、领围线与人台的后中心线、领围线对齐，用双针在后中心线上固定，如图 4-36 所示。同时使领围线上距后中心线 3cm 的这段与后中心线保持水平垂直，如图 4-37 所示。

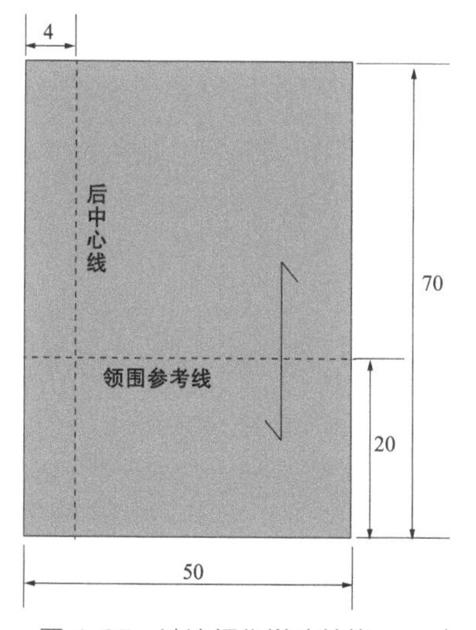

图 4-35　波浪领化样（单位：cm）

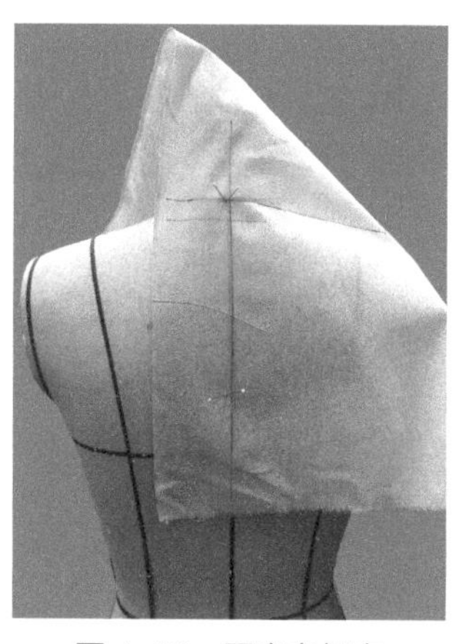

图 4-36　固定白坯布

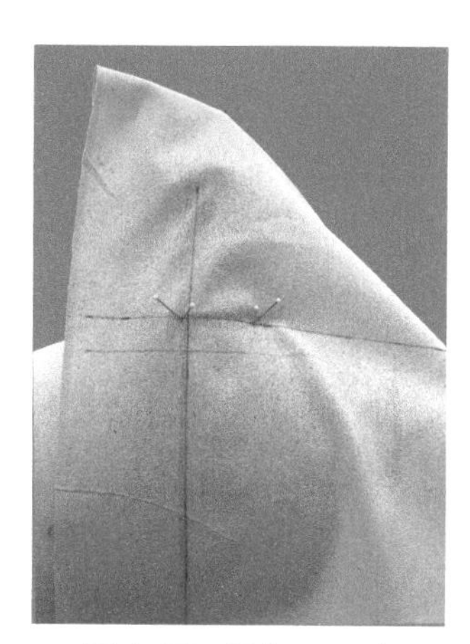

图 4-37　固定 3cm 点

（2）在 3cm 处打剪刀口，并以 3cm 处为尖端点，在布边处拉扯出第一个波浪，波浪与尖端点呈放射状，同时用双针在波浪的左右固定，如图 4-38 所示，注意避免在制作第二个波浪的过程中，影响第一个波浪的形态。

（3）接着抚平领围线，将距离第一个波浪点 3cm 处固定并打剪刀口，重复第二步做出第二个起伏波浪，同时固定住第二个波浪。抚平领围线时，无需按照样布化样的领围线进行对齐，而是直接绕着人台标记带的领围线进行抚平，如图 4-39 所示。

（4）继续抚平领围线，每隔 3cm 打一个剪刀口同时做出对应的波浪，直至领围线的前颈点，如图 4-40 所示。波浪领的间隔距离并不是固定的 3cm，可根据款式要求进行设计。

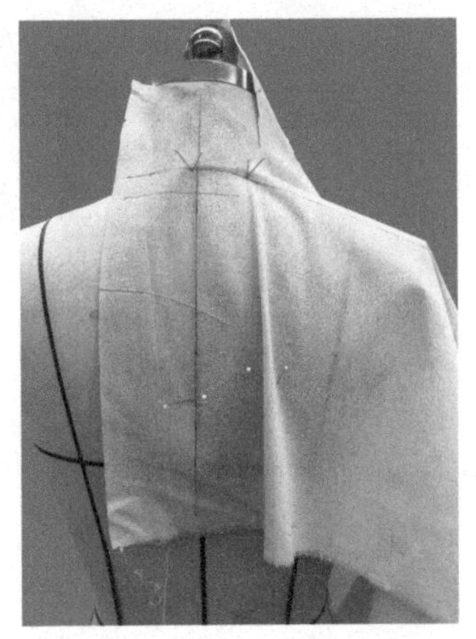

图 4-38　立裁出的第一个波浪

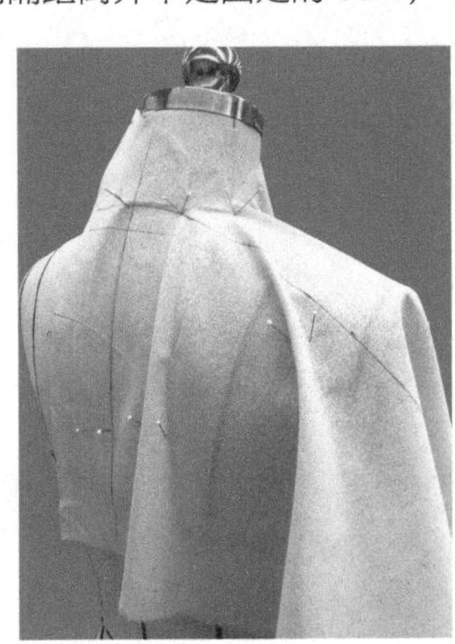

图 4-39　立裁出的第二个波浪

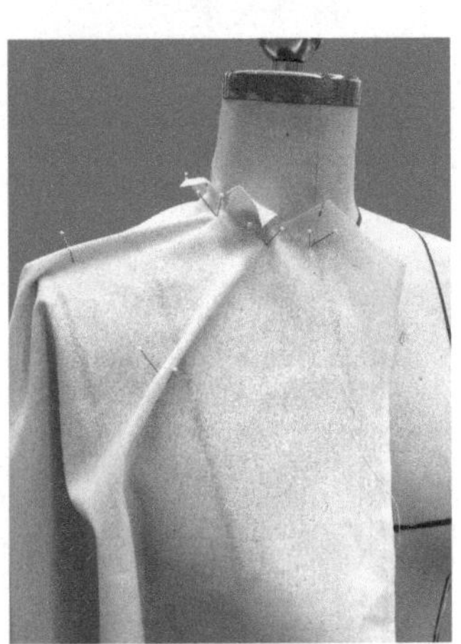

图 4-40　立裁出的第三个波浪

（5）根据造型进行点影设计，如图 4-41 所示。

（6）将白坯布从人台取下，用尺子将点影进行化样修整，如图 4-42 所示。

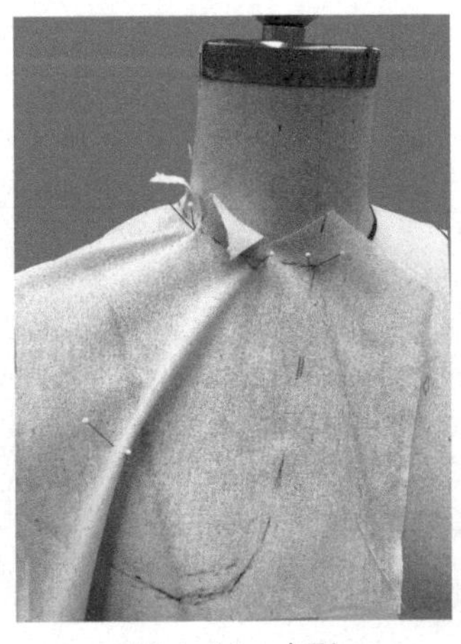

图 4-41　点影

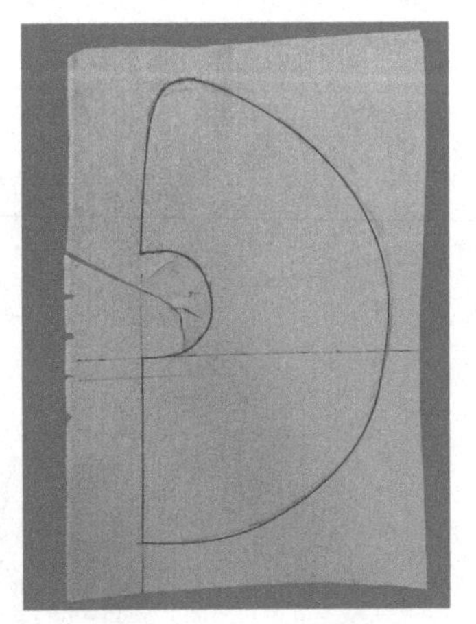

图 4-42　样片修剪

（7）将修整好的白坯布别合在人台上进行审视，观察整体效果，如图 4-43 所示。

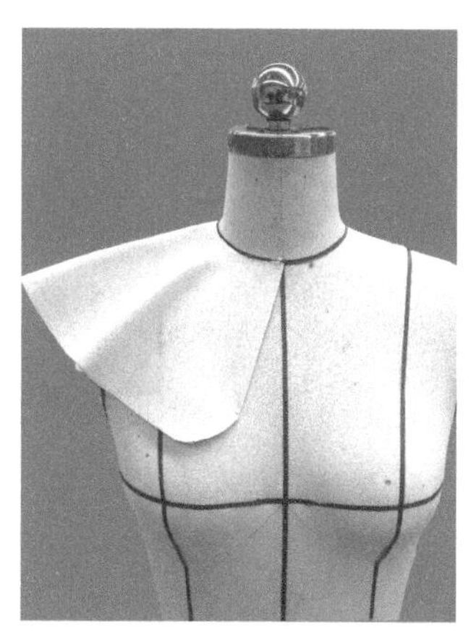
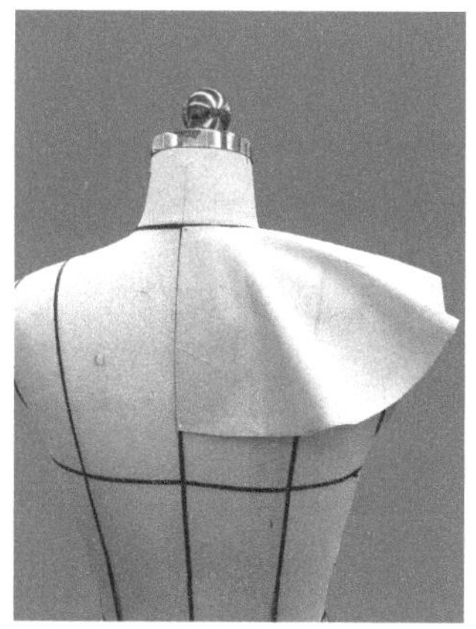

图 4-43　波浪领制作完成

五、西装领

西装领是常见的领型之一，同时也可称为枪驳领，如图 4-44 所示。西装领一般为八字形，主要由翻领和驳领组成，翻领与驳领构成的夹角一般在 70°～90° 之间。现在也有许多不遵循常规角度的西装领设计，因此在立体裁剪时，要根据款式图以及设计师的要求进行人台标记带贴线。

图 4-44　西装领

（一）采样

1. 布样长度

（1）翻领：领子宽度加领座宽度再加 8～10cm。

（2）驳领：衣长加 8cm。

2. 布样宽度

（1）翻领：后片领围弧线长度加 8～10cm。

（2）驳领：1/4 胸围加 8～10cm。

（二）布样化样

1. 翻领

从左至右量取 4cm，从上至下做一条垂直线即后中心线，在后中心线上由下往上量取 2cm，做一条水平垂直线，即领围线。在领围线上距离后中心线 3cm 处做点标记，如图 4-45 所示。

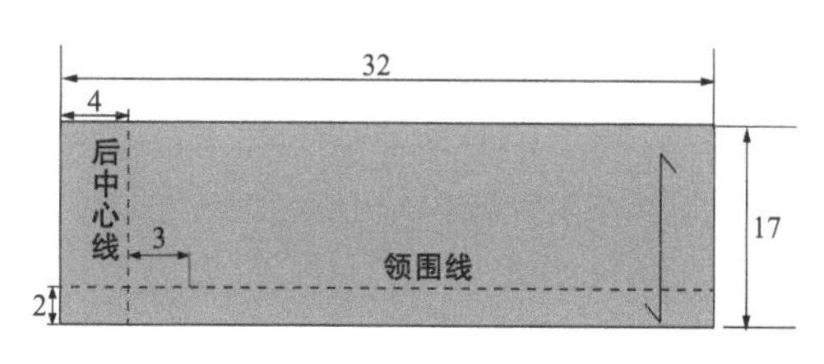

图 4-45　翻领化样（单位：cm）

2. 驳领

从右至左量取 15cm 做一条垂直线即前中心线，在前中心线上由上往下量取 28cm 做垂直水平线即胸围线（BL），如图 4-46 所示。

（三）具体立体裁剪步骤

（1）根据款式图贴上标记带，其中包括领围线、驳领翻折线、驳领和翻领造型线以及前片分割线，如图 4-47 所示。

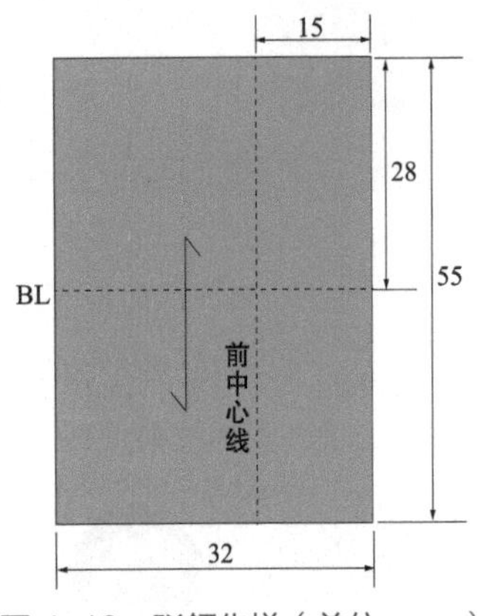

图 4-46　驳领化样（单位：cm）

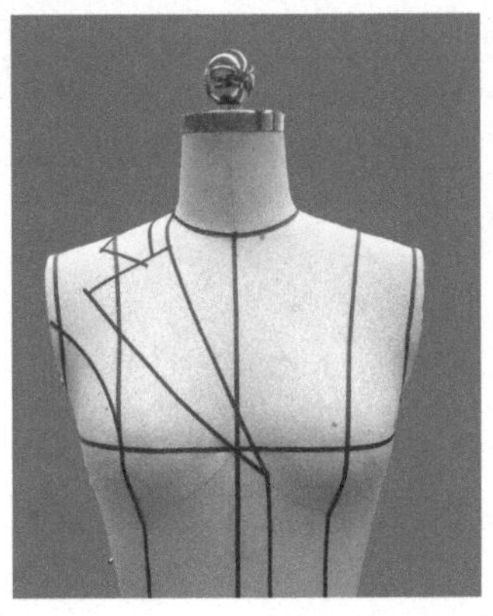

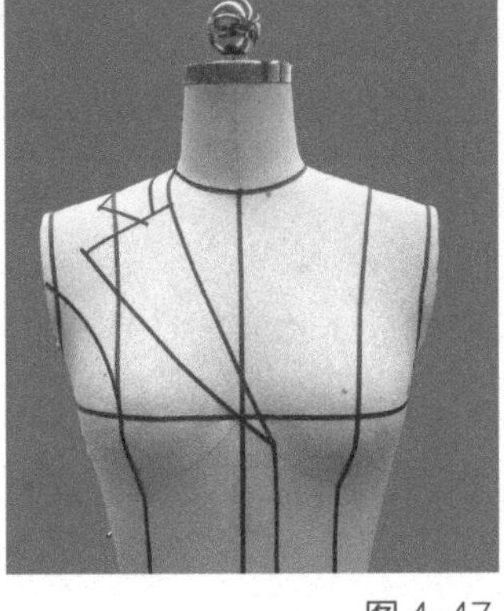

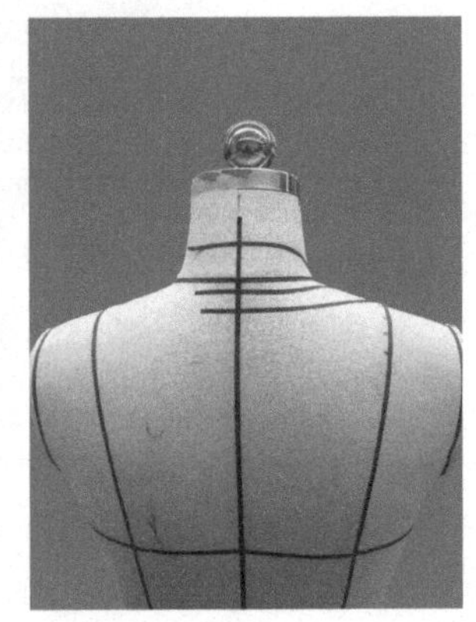

图 4-47　贴标记带

（2）将化样后准备好的白坯布固定在人台上，使白坯布上的前中心线、胸围线与人台的前中心线、胸围线对齐，用双针在前中心线上固定，如图 4-48 所示。

（3）将驳领翻折点处固定，在距离翻驳止点往下 1cm 处打剪刀口，注意剪到距离近样线 0.2～0.5cm，如图 4-49 所示。

（4）抚平前片领围线，这里的标记带比较多，领围线与造型线容易混淆，一定要找准领围线并抚平，如图 4-50 所示。

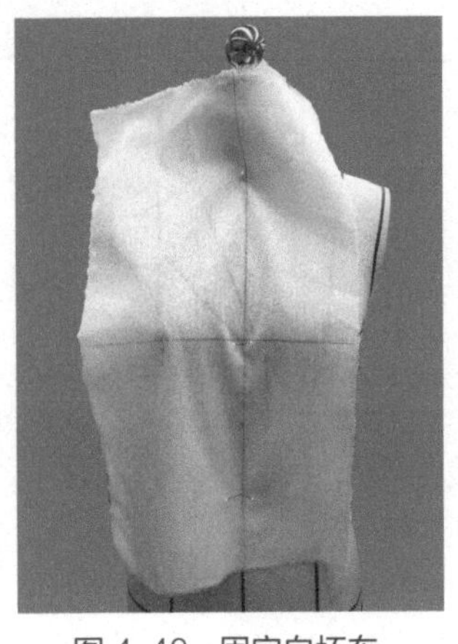

图 4-48　固定白坯布

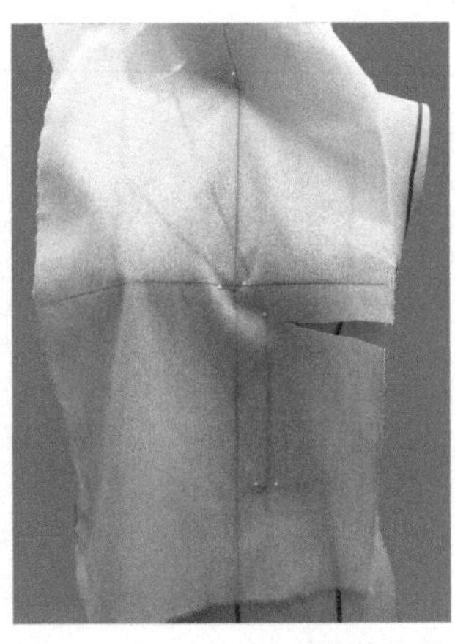

图 4-49　翻折点处打剪刀口

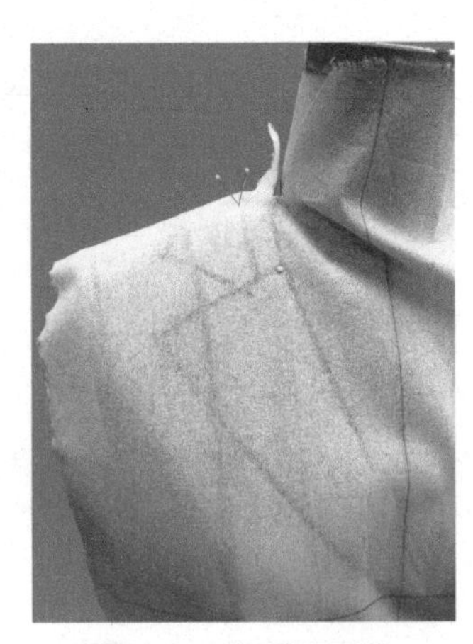

图 4-50　抚平领围线

（5）将上下两处翻折点（即驳头造型线）进行翻折，如图 4-51 所示。

（6）根据标记带，标出驳头造型点影，如图 4-52 所示。同时将前片进行点影，如图 4-53 所示。

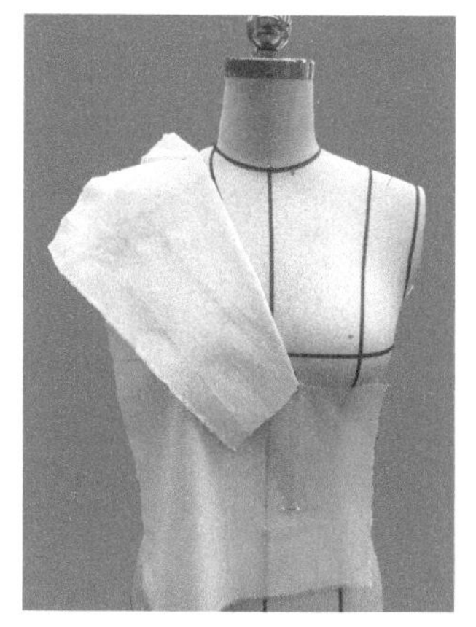

图 4-51　翻折

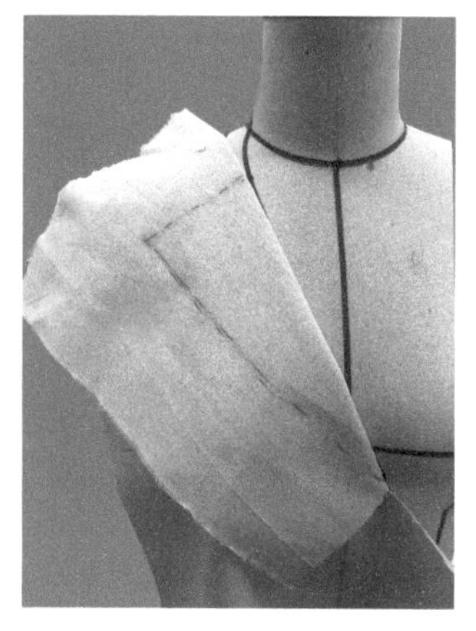

图 4-52　标出驳头造型

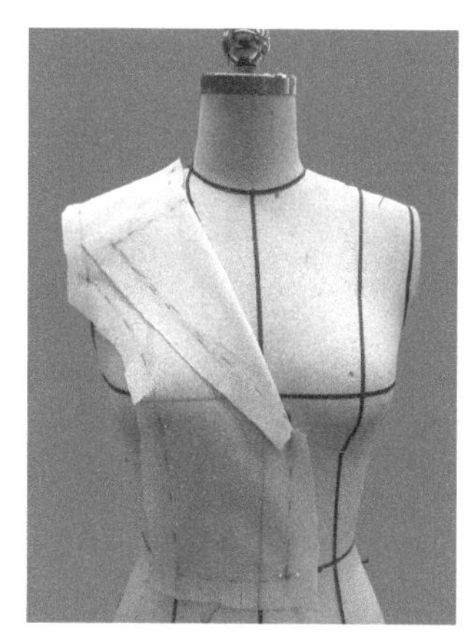

图 4-53　前片点影

（7）将化样后准备好的翻领白坯布固定在人台上，使白坯布上的后中心线、领围线与人台的后中心线、领围线对齐，用珠针在后中心线、领围线上以及 3cm 的水平点处固定，如图 4-54 所示。

（8）在 3cm 点处打剪刀口，以便接下来抚平领围线，如图 4-55 所示。

（9）抚平领围线。通过打剪刀口将白坯布上的领围线与人台的领围线对齐，如图 4-56 所示。

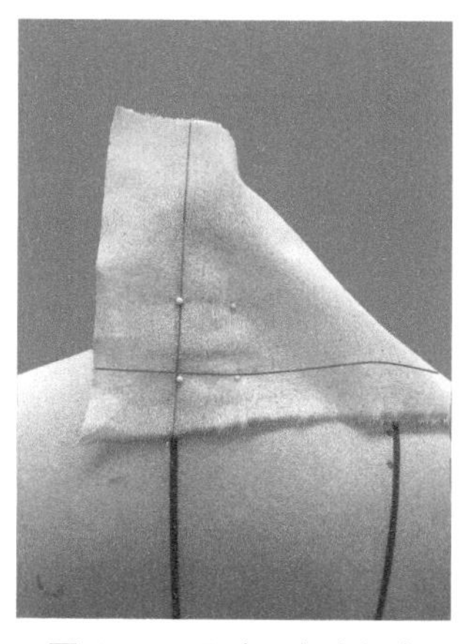

图 4-54　固定翻领白坯布

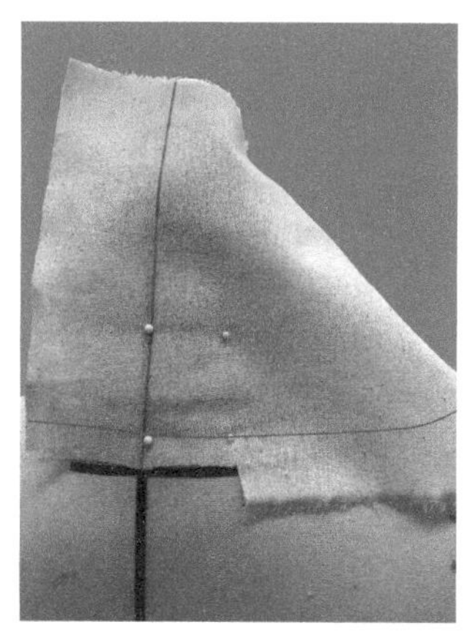

图 4-55　3cm 处打剪刀口

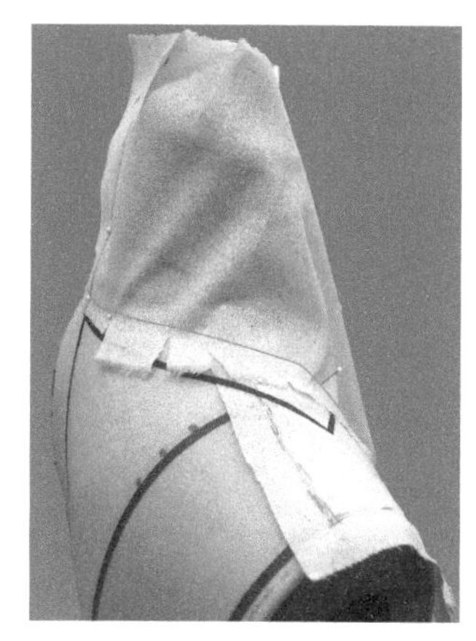

图 4-56　抚平领围线

（10）将白坯布沿翻折线进行翻折，将后中心线上的外造型线进行固定，保证后中心线上丝缕方向垂直不变形。同时要注意的是，领面宽度要大于领座宽度，以免露出领座，如图 4-57 所示。

（11）从后往前调整翻领的造型线以及翻折线，使其圆顺地翻到驳领的翻折线上。翻领的翻折线与人台颈部之间保持一个指头的松量，如图 4-58 所示。

（12）将白坯布从人台取下，用尺子将点影进行化样修整，如图 4-59 所示。

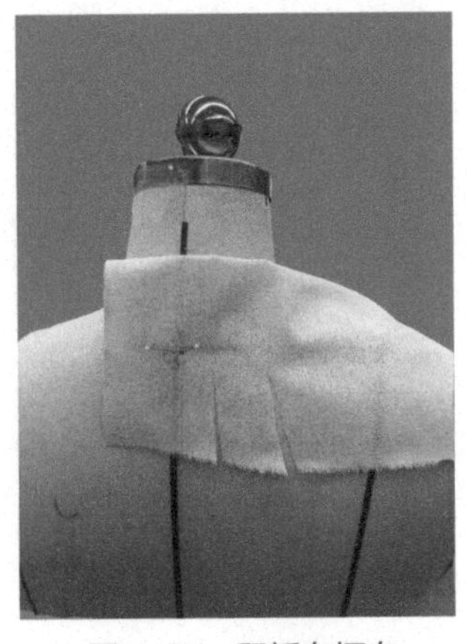

图 4-57　翻折白坯布

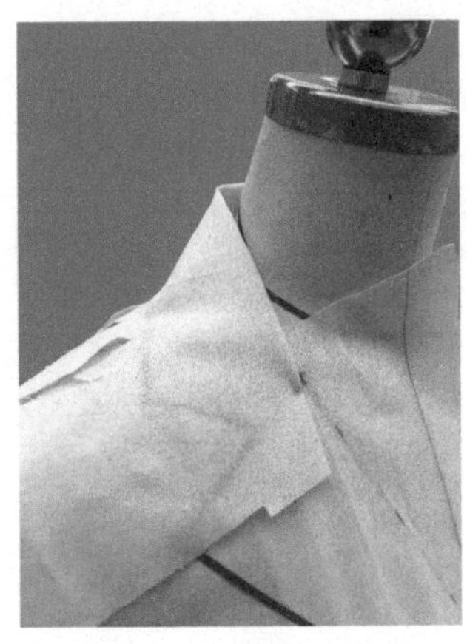

图 4-58　调整翻领造型

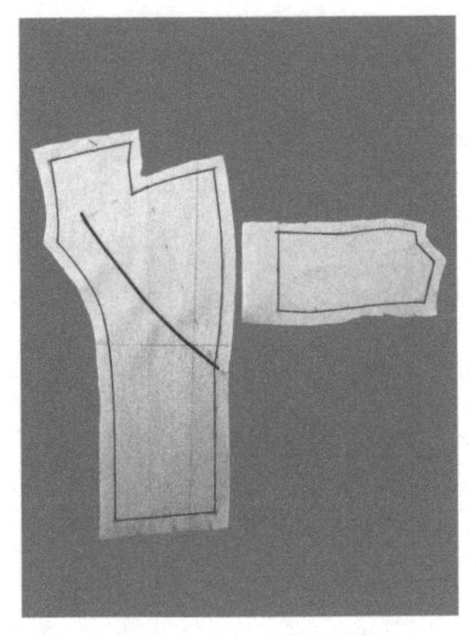

图 4-59　样片修剪

（13）将修整好的白坯布别合在人台上进行审视，观察整体效果，如图 4-60 所示。

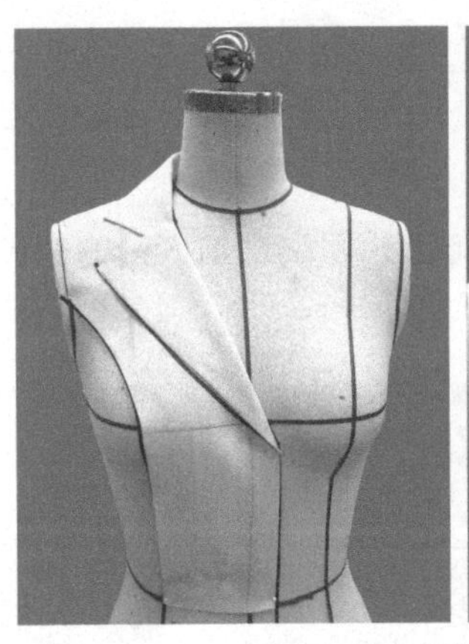

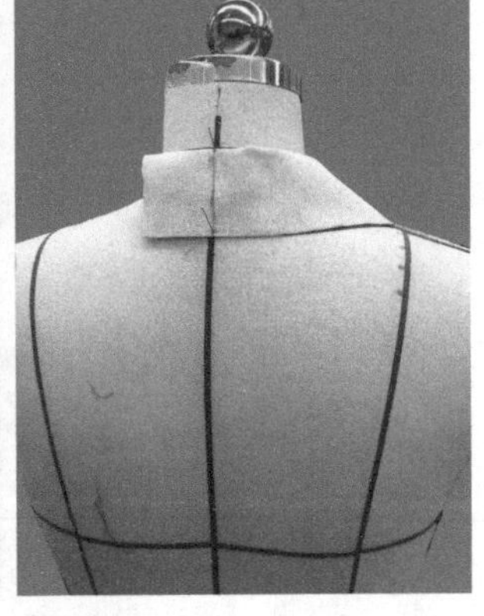

图 4-60　西装领制作完成

本章视频二维码

第五章
袖子的立体裁剪与设计

袖子与领子都是服装的重要组成部分，是评价与考量服装整体美的重要指标之一。袖子既可以用立体裁剪的方式制作，也可以采用平面裁剪的方式制作，如基础的一片袖（原装袖）、插肩袖、连身袖等普通造型，通常用平面裁剪的方式比较方便。对于风格迥异、夸张、复杂或平面裁剪很难达到预期效果的，采用立体裁剪的方式会更合适。

本章主要讲解常用袖形的立体裁剪操作步骤，其中包括一片袖、插肩袖、灯笼袖以及波浪袖，通过对这些袖形的学习和操作，使读者更充分地理解立体裁剪与平面裁剪的不同之处，同时达到举一反三的效果。

第一节　袖子的设计原理与结构

一、袖子的设计原理

袖子即衣袖，是指覆盖在人体手臂部分的袖片，它与衣身的袖窿缝合在一起，一般袖子与衣身是分开的两个结构。袖子的形态可以直接影响服装整体的款式和造型风格，因此，在进行立体裁剪时，要根据款式的整体特征进行布料的选取，使袖子和衣身的风格达到和谐一致的效果。

二、袖子的结构

在平面制版时，袖子一般分为一片袖和两片袖，其结构及其部位名称主要有袖山弧线、袖口线、袖中线等。针对两种不同的袖子，结构也不一样，如图 5-1 所示。

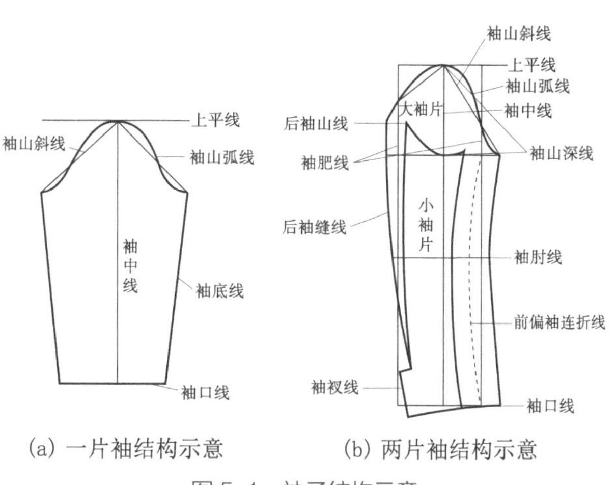

(a) 一片袖结构示意　　(b) 两片袖结构示意

图 5-1　袖子结构示意

第二节　常用袖型的立体裁剪

一、一片袖

一片袖是最基础的一款袖型，多用于衬衫、外套等休闲服装中。一片袖的袖身到袖口之间有一定的松量，有的为了让袖子更贴合手臂，会在袖肘线处设定一个袖肘省。本书中的款式没有袖肘省（图 5-2），因此在立体裁剪前应充分观察款式要求。

（一）采样

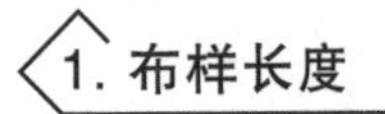

1. 布样长度

袖长加 6～8cm。

2. 布样宽度

臂根围加 6～10cm。

（二）布样化样

将白坯布对折找到中心线即为袖中线，如图 5-3 所示。

图 5-2　一片袖

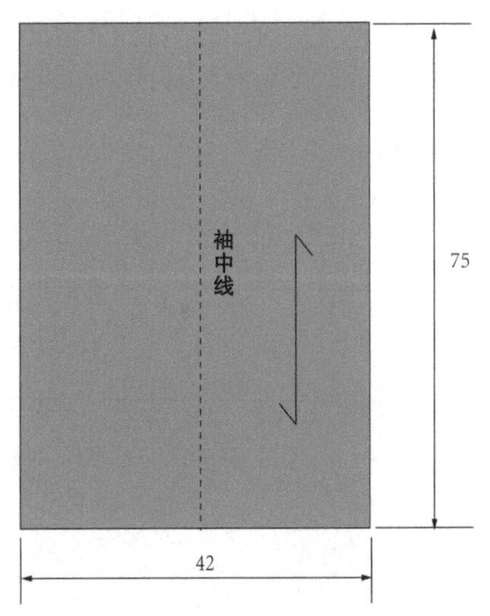

图 5-3　一片袖化样（单位：cm）

（三）具体立体裁剪步骤

（1）将白坯布一边向内折 5cm，如图 5-4 所示，再折一次到中间的袖中线上，如图 5-5 所示。

（2）将剩下另外一边的白坯布先往里折 5cm，再对折并超过袖中线 2.5cm，叠加在之前对折好的白坯布上，如图 5-6 所示。

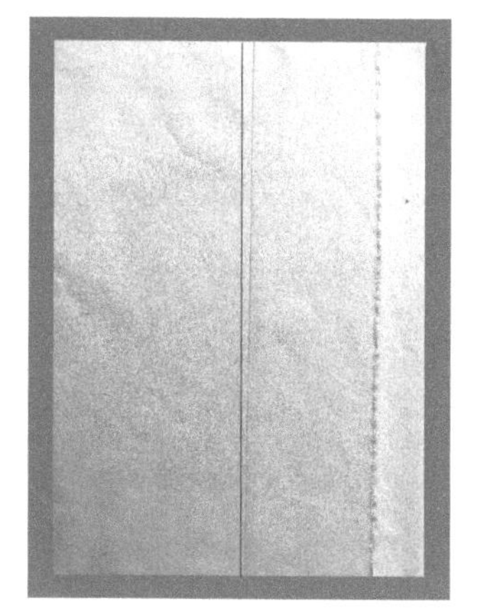

图 5-4　白坯布内折 5cm

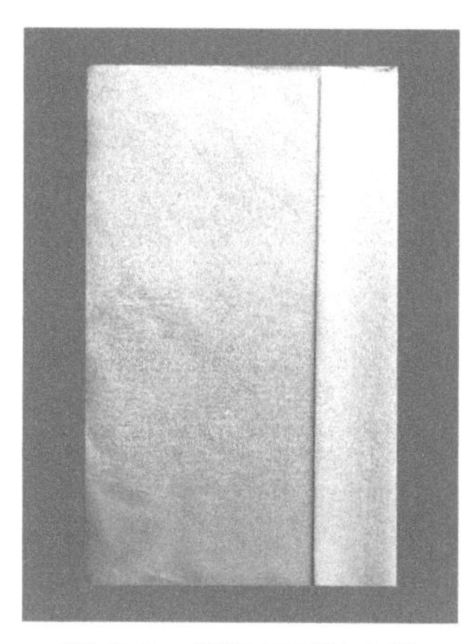

图 5-5　继续折到袖中线

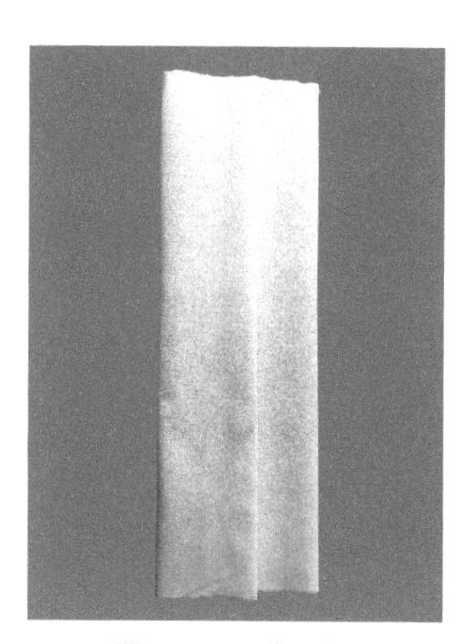

图 5-6　叠加对折

（3）调整袖口的维度为 15～20cm，在袖口位置往上量取 25cm 即为袖肘部位，调整袖窿维度为 30～45cm，接着用珠针固定袖口及袖肘，如图 5-7 所示。

（4）沿着袖窿顶端，向下剪出 10～13cm 深的袖窿开口，方便接下来立裁时在人台上的操作。需要注意的是，袖窿的开口可以是弧形但是弧形不宜过圆，如图 5-8 所示。

（5）将袖子转移到人台相对应的位置并固定，在固定的时候袖窿顶端一定要超过人台肩部一段距离，如图 5-9 所示。

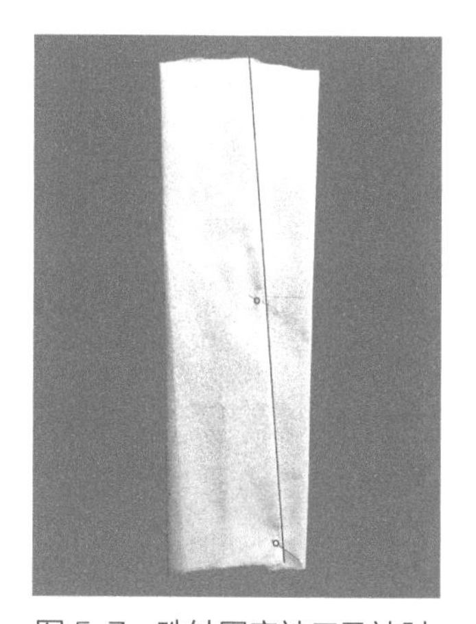

图 5-7　珠针固定袖口及袖肘

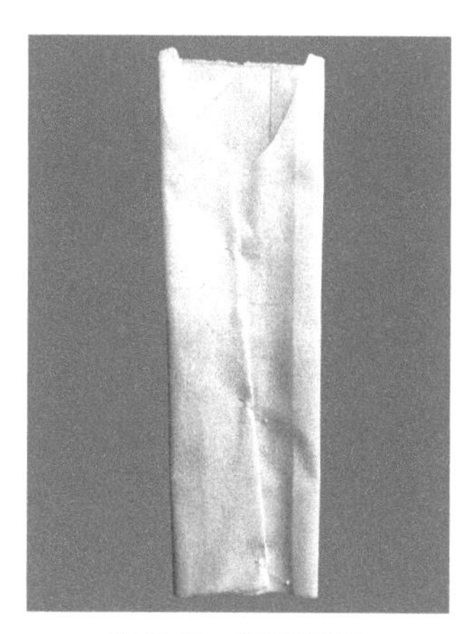

图 5-8　剪开袖窿

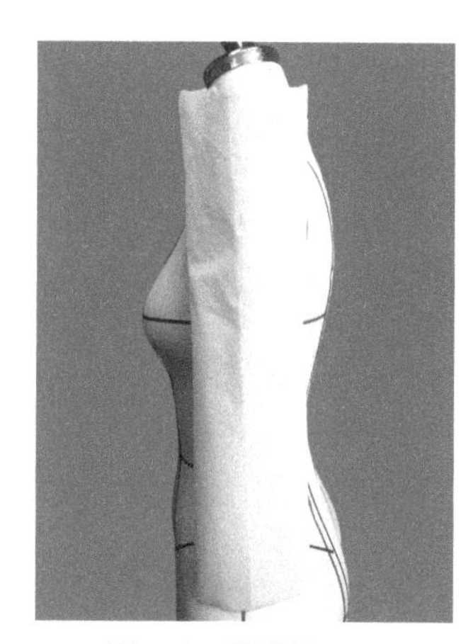

图 5-9　固定袖子

（6）固定袖山底。将袖山底与人台标记带的袖山底固定，沿标记带分别向前后袖窿弧线抚平。在操作时这里因折叠关系布料较多，需打剪刀口小心剪开抚平，分别抚平到前后袖窿弧长 1/3 处，如图 5-10 所示。

（7）用剪刀剪开固定点。在距离近样线 0.2～0.5cm 处，用剪刀剪开上一步固定的 1/3 处点并把布料翻转到袖子正面，如图 5-11 所示。

（8）抚平前后袖窿中部。从翻转出来的 1/3 处向上抚平袖窿中部，注意不要用力拉，一定要让布料自然地贴合在人台上，如图 5-12 所示。

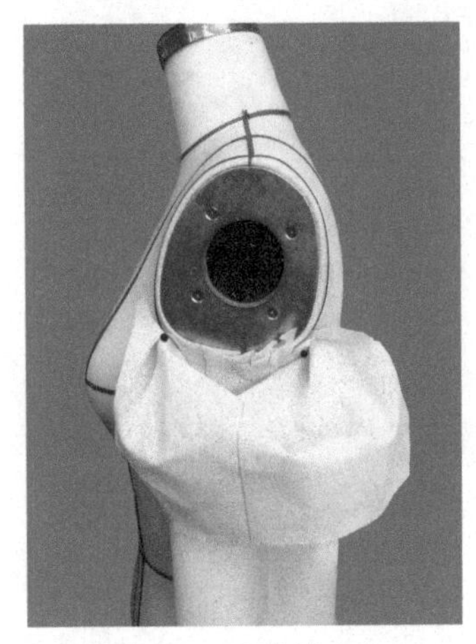
图 5-10　固定袖山底

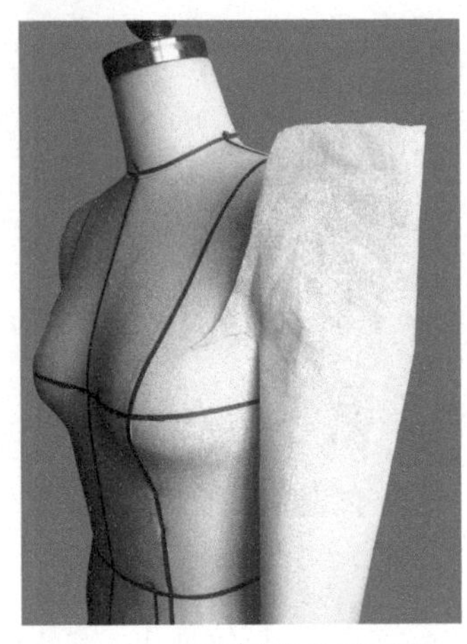
图 5-11　剪开 1/3 处固定点

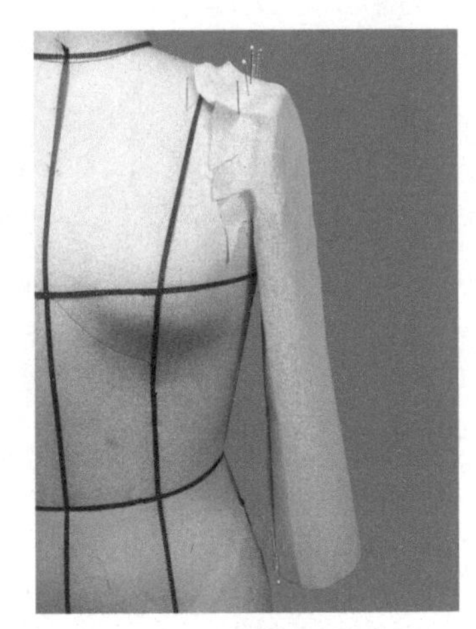
图 5-12　抚平前后袖窿中部

（9）处理袖山吃势量。前后袖窿中往上抚平堆积的吃势量集中在袖山处，可以通过捏取小细褶使吃势量均匀地分在前后袖山处，这个过程难度较大，需要学生慢慢且反复地调整，最后用珠针进行固定，如图 5-13 所示。

（10）点影。根据人台标记带进行点影，如图 5-14 所示。

（11）样片修剪。将白坯布从人台取下，用尺子将点影进行化样修整，如图 5-15 所示。

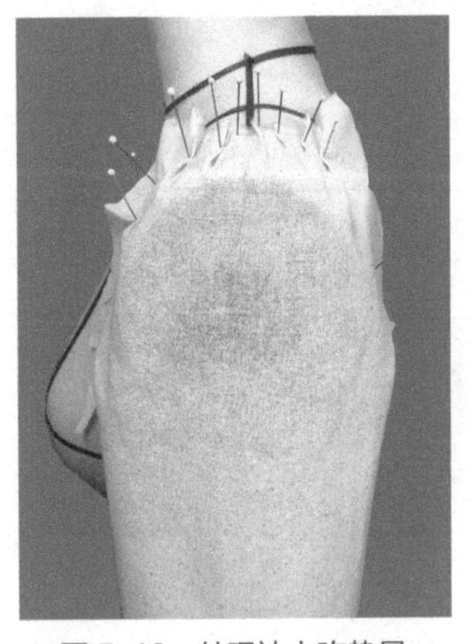
图 5-13　处理袖山吃势量

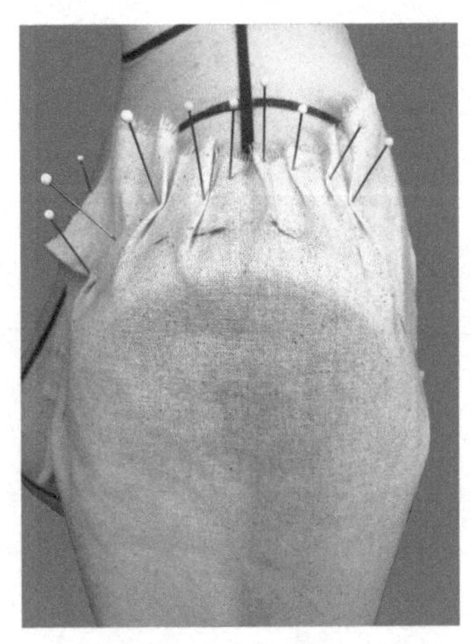
图 5-14　点影

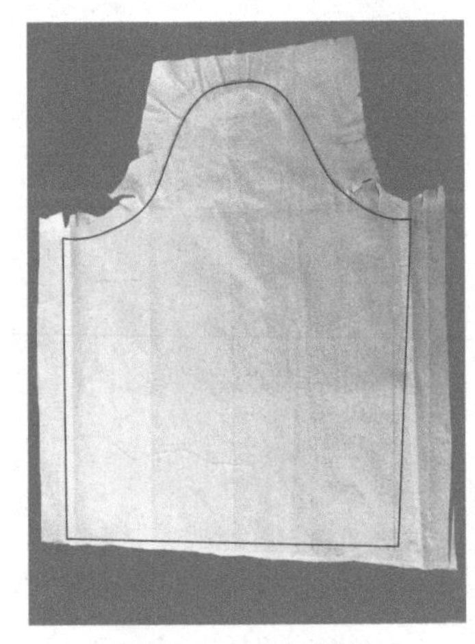
图 5-15　样片修剪

（12）手工抽褶。可以选择用手缝针在袖山处进行手工抽取小细褶，以便与衣身缝合进行装袖，如图 5-16 所示。

（13）将修整好的白坯布别合在人台上进行审视，观察整体效果，如图 5-17 所示。

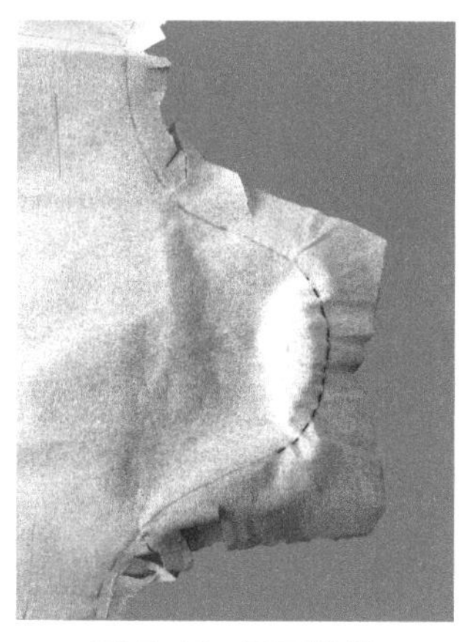

图 5-16　手工抽褶

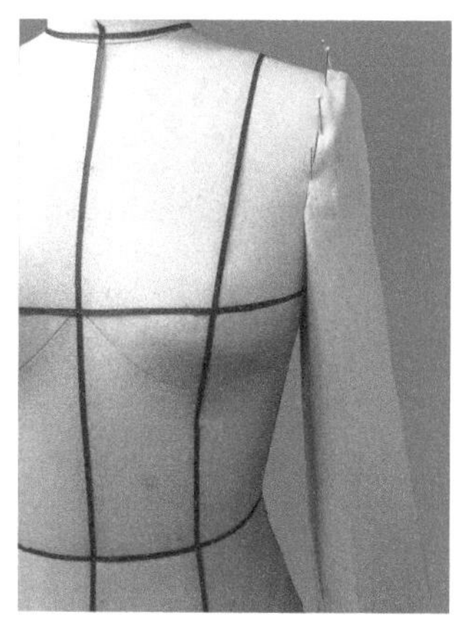
图 5-17　一片袖制作完成

二、插肩袖

插肩袖相对于一片袖而言比较特殊，它不再是常规的袖窿弧线，而是越过了肩部，与肩线连接形成袖窿弧线，如图 5-18 所示。插肩袖与一片袖相比，能使人在活动时，手臂具有更舒适更自由的舒展性，因此插肩袖常用于运动服饰以及户外休闲服装中。

图 5-18　插肩袖

（一）采样

1. 布样长度

袖长加 6～8cm。

2. 布样宽度

臂根围加 6～8cm。

（二）布样化样

将布料对折，折痕即为袖中线，在袖山头预留 20cm 的肩部预留量，根据袖窿弧线画出袖结构，如图 5-19 所示。

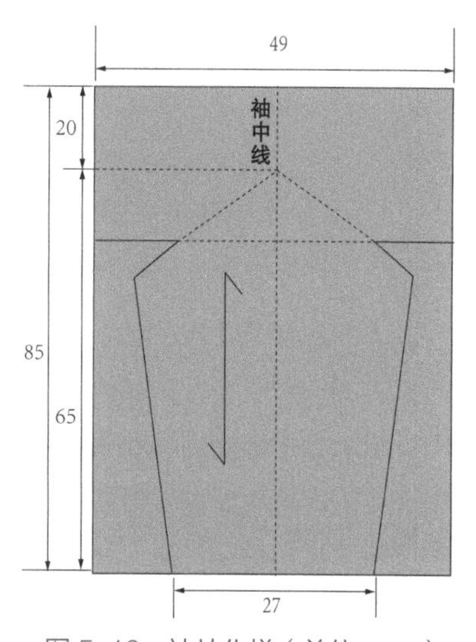

图 5-19　袖片化样（单位：cm）

（三）具体立体裁剪步骤

（1）贴标记带。根据款式图贴上标记带，如图 5-20 所示。

（2）缝别前后袖底。将化样好的白坯布，沿实线裁剪下来，并将前后袖底缝别起来，如图 5-21 所示。

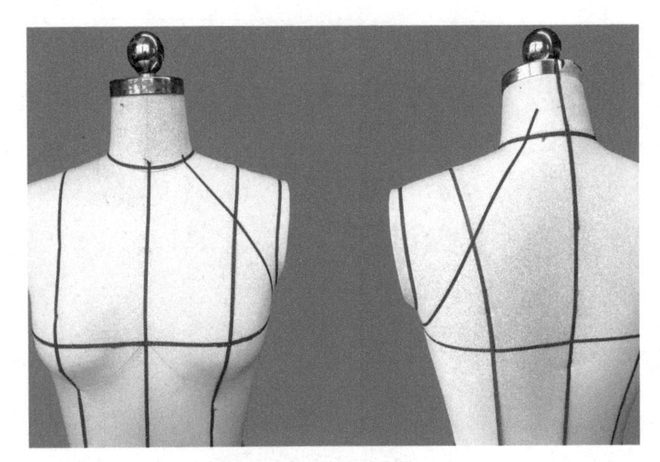

图 5-20　贴标记带

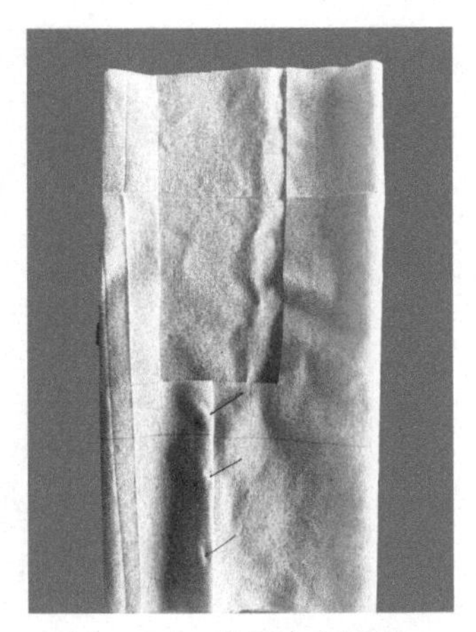

图 5-21　前后袖底缝别

（3）固定袖山底。将袖山底与人台标记带的袖山底固定，沿标记带分别向前后袖窿弧线抚平。在操作时需用剪刀小心剪开抚平，分别抚平到前后袖窿弧长 1/3 处（即胸、背宽点），如图 5-22 所示。在距离近样线 0.2～0.5cm 处，用剪刀剪开胸、背宽点并把布料翻转到袖子正面。

（4）抚平前后袖窿。翻转出多余布料后，由袖窿底往上抚平袖窿线直至袖窿与领围线交叉点并固定，如图 5-23 所示。

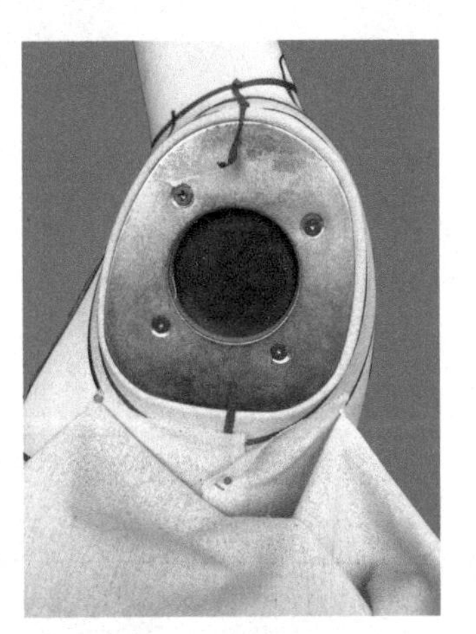

图 5-22　固定袖山底

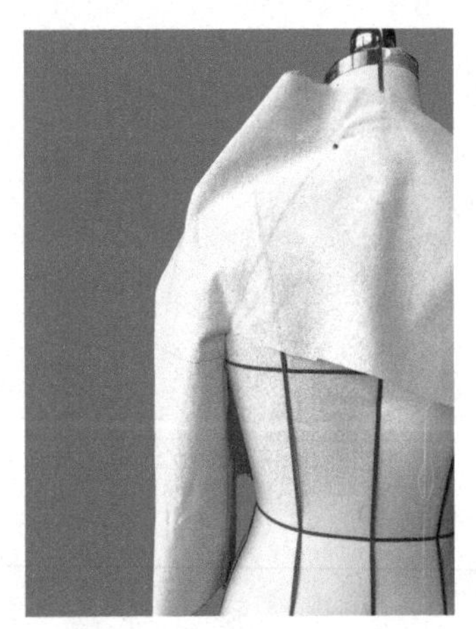

图 5-23　抚平前后袖窿

（5）抚平前后领围线。前袖片由前往后抚平领围线，后袖片由后往前抚平领围线，如图 5-24 所示。

（6）固定袖缝线。在肩部将前后袖片用珠针别合，注意留有一定松量，如图 5-25 所示。

（7）点影。根据人台标记带进行点影，如图 5-26 所示。

（8）样片修剪。将白坯布从人台取下，用尺子将点影进行化样修整，如图 5-27 所示。

（9）将修整好的白坯布别合在人台上进行审视，观察整体效果，如图 5-28 所示。

图 5-24 抚平前后领围线

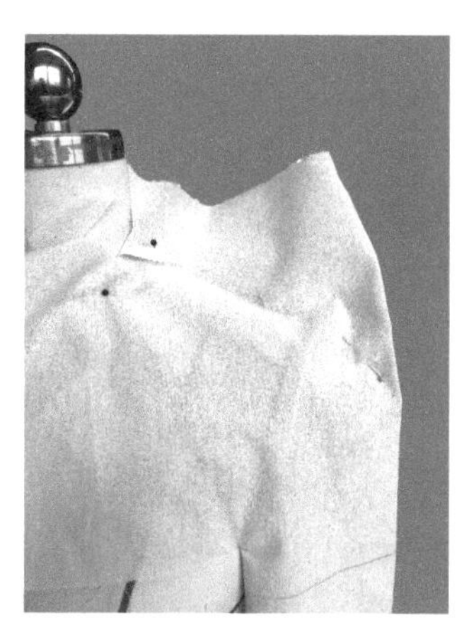
图 5-25 固定袖缝线

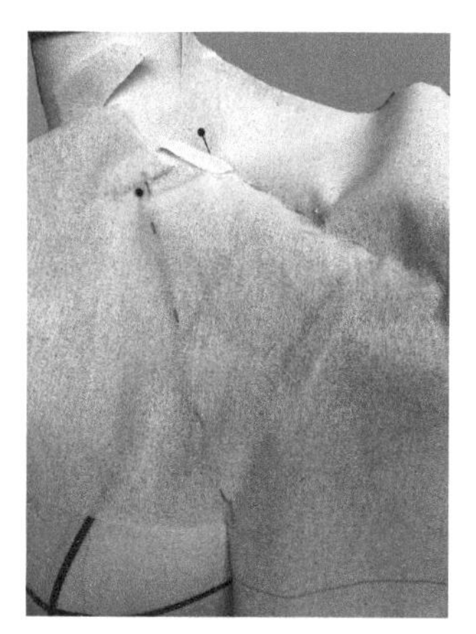
图 5-26 点影

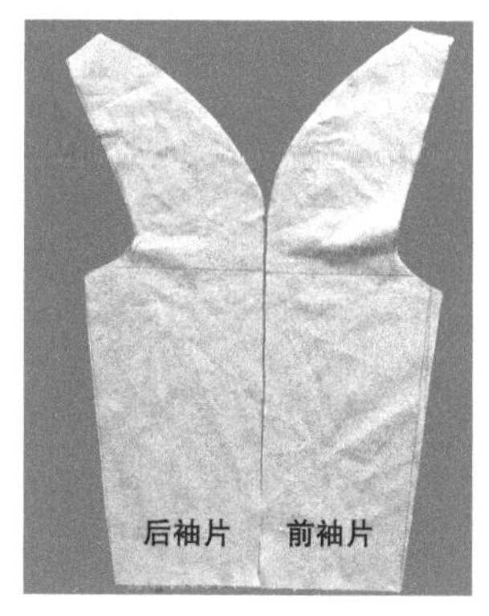

图 5-27 样片修剪

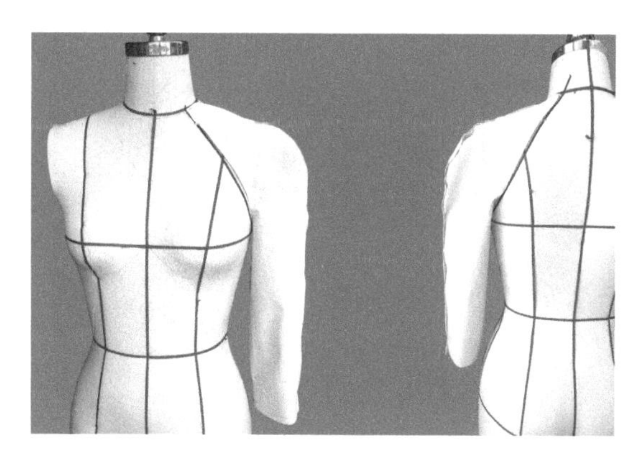
图 5-28 插肩袖制作完成

三、灯笼袖

灯笼袖是一款具有强装饰性且带有欧式风格的袖形，也是常见的变化袖，因其女性化特点鲜明，一般多用在女装上。如图 5-29 所示，灯笼袖袖身圆润饱满，袖窿和袖口处有明显的褶皱，其主要是在一片袖的基础上用展开、抽褶等方式形成类似灯笼的造型。

图 5-29 灯笼袖

（一）采样

1. 布样长度

袖长加 6～8cm。

2. 布样宽度

臂根围加 10～15cm。

（二）布样化样

1. 袖子化样

将白坯布对折后找到中心线即为袖中线，在袖中线上由下往上量取 20cm 做水平线垂直于袖中线。再取一条长 40cm，宽 15cm 做袖克夫，如图 5-30 所示。

2. 袖克夫化样

将白坯布对折找到袖中线即可，如图 5-31 所示。

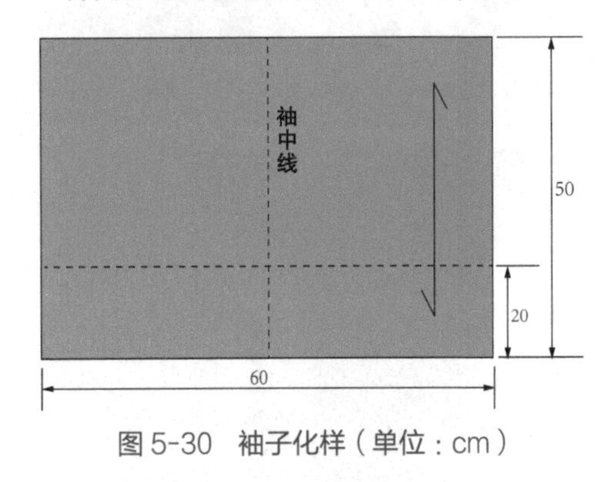

图 5-30　袖子化样（单位：cm）

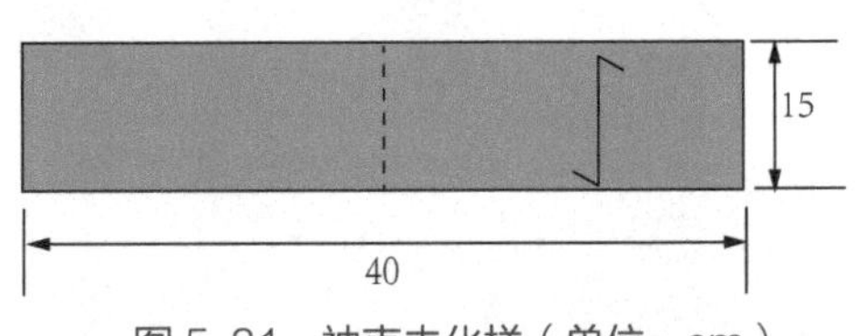

图 5-31　袖克夫化样（单位：cm）

（三）具体立体裁剪步骤

（1）固定白坯布。将化样好的白坯布与人台手臂对位固定，使白坯布上的袖中线、袖肘线与人台的袖中线、袖肘线对齐，用珠针固定，如图 5-32 所示。

（2）处理袖山褶皱。由袖中线分别向前后袖片逐步捏取褶皱，注意褶量的大小要均匀自然，在捏取过程中不要用力拉扯袖身布料。一边捏取褶皱时一边调整褶皱，要使肩部有膨胀感，如图 5-33 所示。

（3）找到胸宽点、背宽点。捏取一定量的褶皱后停止捏褶，顺着人台标记带的袖窿弧线进行前后抚平，在胸宽点、背宽点处停下（前后袖窿弧线距离袖山底 1/3 处即为胸宽点、背宽点）打剪刀口，以便袖山下部折转，如图 5-34 所示。

（4）前后袖片下部折转。在胸宽点和背宽点剪刀口处，将下部的布料向内折转，同时调整袖肥和袖身的形态，并用大头针固定，如图 5-35 所示。

（5）查看袖肥、袖身整体形态。若出现上大下小或上小下大的形态则需要重新调整，如图 5-36 所示。

（6）处理袖口褶皱。确定袖长后在袖口处均匀地捏取褶皱，在捏取褶皱时应注意袖口的围度，如图 5-37 所示。

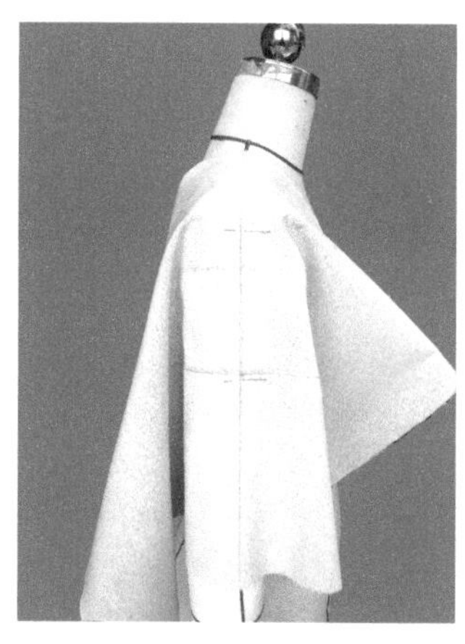
图 5-32　固定白坯布

图 5-33　袖山褶皱处理

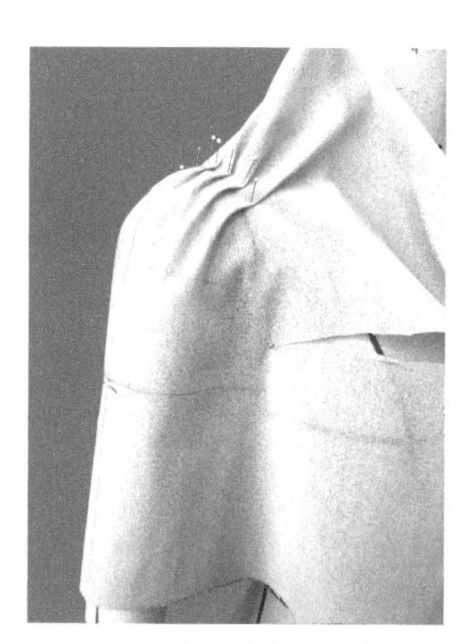
图 5-34　胸、背宽点打剪刀口

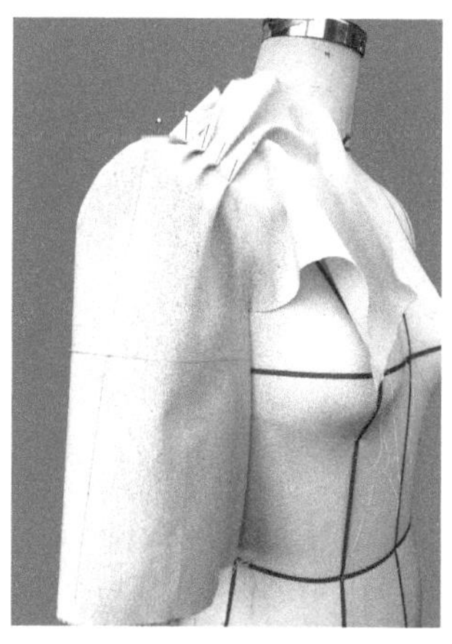
图 5-35　前后袖片下部折转

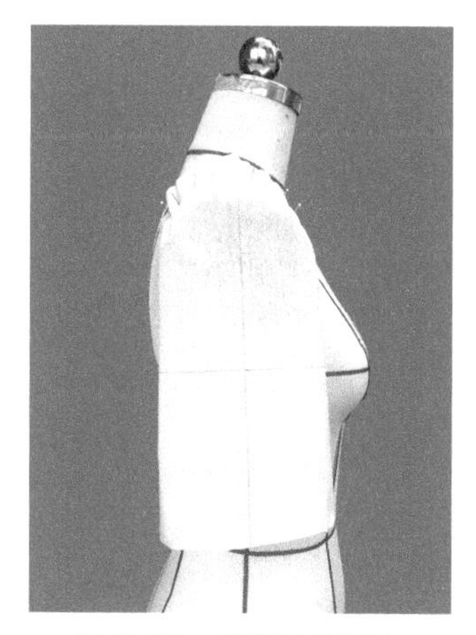
图 5-36　调整袖身形态

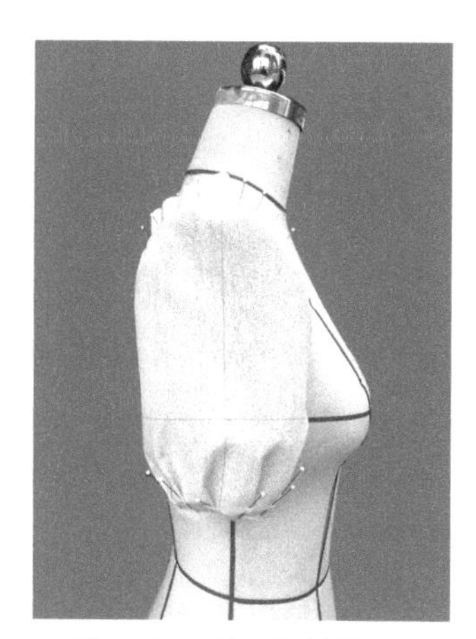
图 5-37　袖口褶皱处理

（7）点影。根据人台标记带进行点影，如图 5-38 所示。

（8）样片修剪。将白坯布从人台取下，用尺子将点影进行化样修整，如图 5-39 所示。

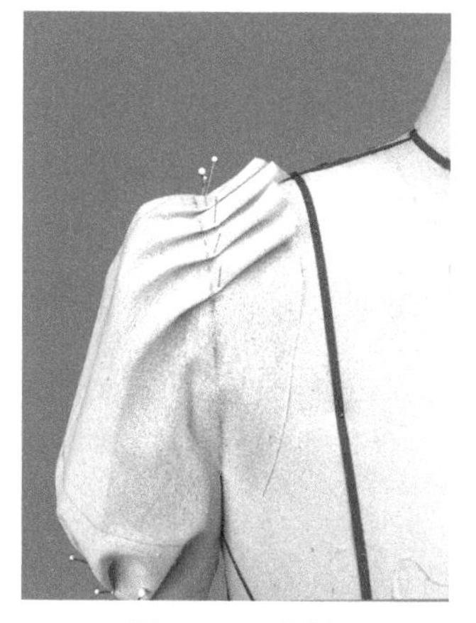
图 5-38　点影

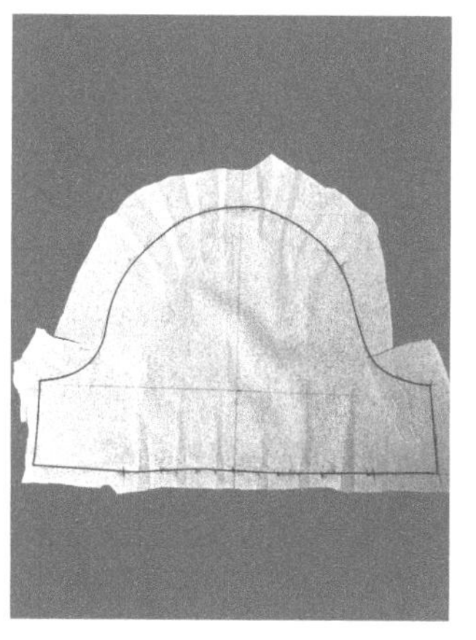
图 5-39　样片修剪

（9）将修整好的白坯布别合在人台上进行审视，观察整体效果，如图 5-40 所示。

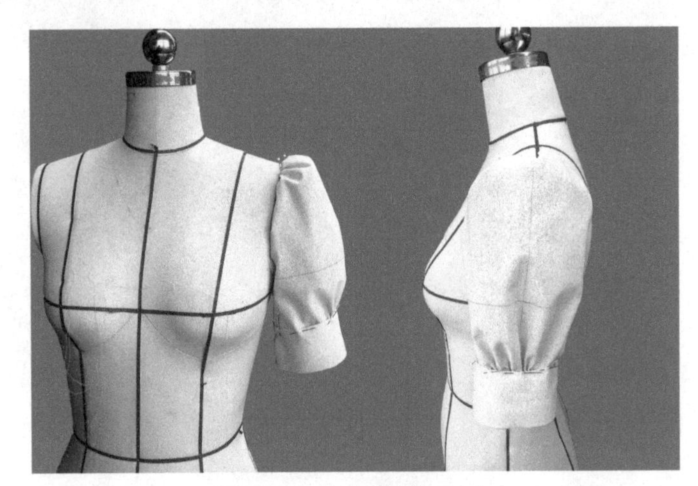

图 5-40　灯笼袖制作完成

四、波浪袖

波浪袖也称喇叭袖，其设计原理是在袖身和袖口处形成波浪形垂褶，整体形状形似喇叭花朵，如图 5-41 所示。波浪袖的袖山高度会随着袖身和袖口波浪的张开而产生变化，因此其立裁方式与其他袖形相比也会不同，波浪袖一般适合垂感良好的布料。

图 5-41　波浪袖

（一）采样

1. 布样长度

布样长度为袖长加 20～25cm。

2. 布样宽度

布样宽度与布样长度相等。

（二）布样化样

波浪袖一般采用斜丝方式裁剪，因此将白坯布沿对角对折后，对折线即为袖中线，如图 5-42 所示。

（三）具体立体裁剪步骤

（1）固定白坯布。将化样好的白坯布与人台手臂对位固定，使白坯布上的袖中线与人台的袖中线对齐，用珠针固定，如图 5-43 所示。

（2）剪开袖中线。在肩端点上端沿袖中线剪开至肩端点，以便后面抚平袖窿弧线，如图 5-44 所示。

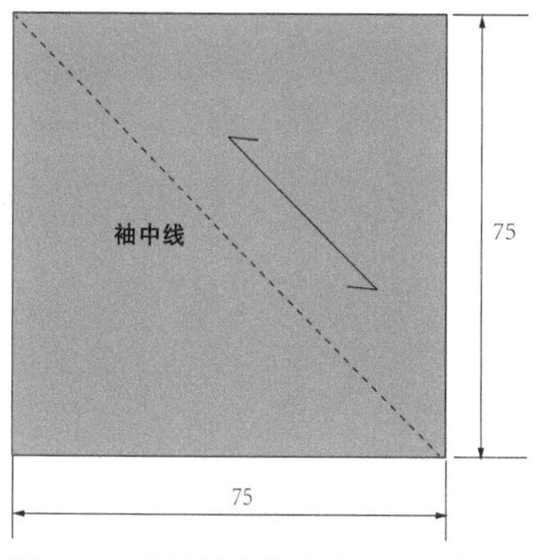

图 5-42 波浪袖化样（单位：cm）

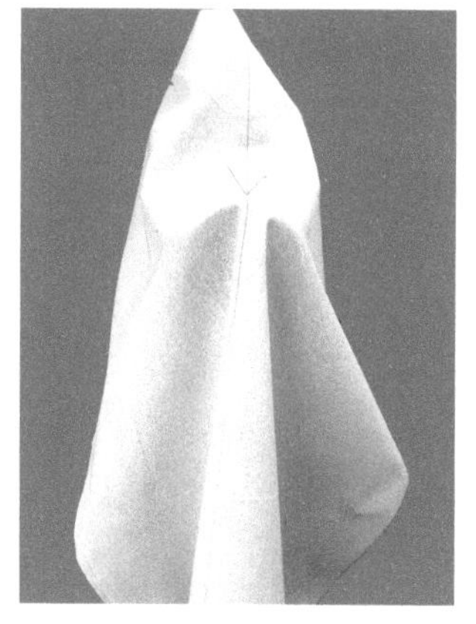
图 5-43 固定白坯布

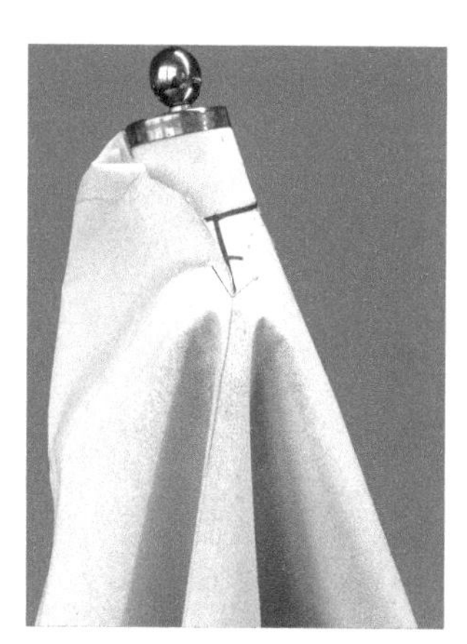
图 5-44 剪开袖中线

（3）处理袖身波浪。以袖中线为参照，分别抚平前后袖窿弧线，每隔一段距离（2～3cm）找到固定点并打剪刀口，整理出纵向波浪褶，如图 5-45 所示。若波浪较多则需减小波浪之间的距离以及波浪的大小，若波浪较少，间隔 2～3cm 比较适中，如图 5-46 所示。

（4）前后袖片下部折转。在胸宽点和背宽点剪刀口处，将下部的面料向内折转，同时调整袖肥和袖身的形态，并用大头针固定，如图 5-47 所示。

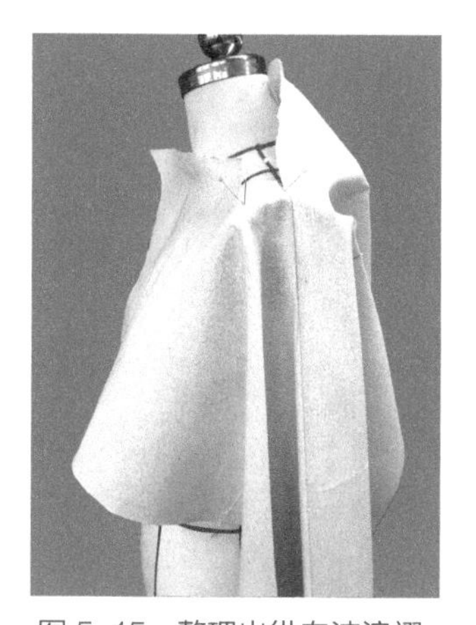
图 5-45 整理出纵向波浪褶

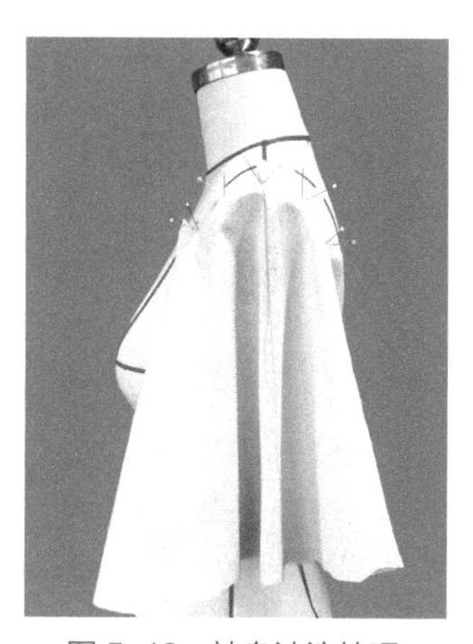
图 5-46 袖身波浪处理

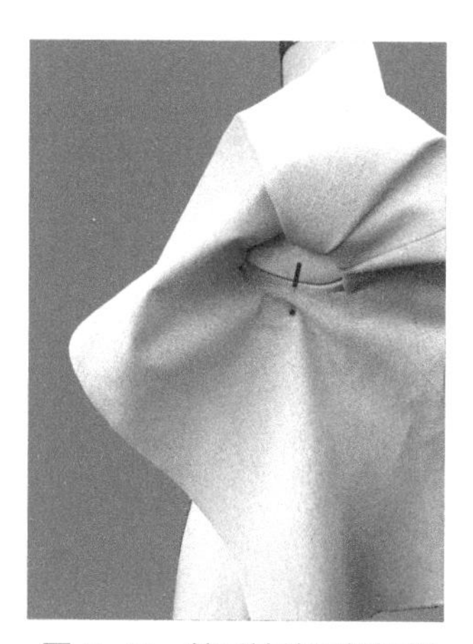
图 5-47 前后袖片下部折转

（5）点影。根据人台标记带进行点影，如图 5-48 所示。同时修整袖子长度。

（6）样片修剪。将白坯布从人台取下，用尺子将点影进行化样修整，如图 5-49 所示。

（7）将修整好的白坯布别合在人台上进行审视，观察整体效果，如图 5-50 所示。

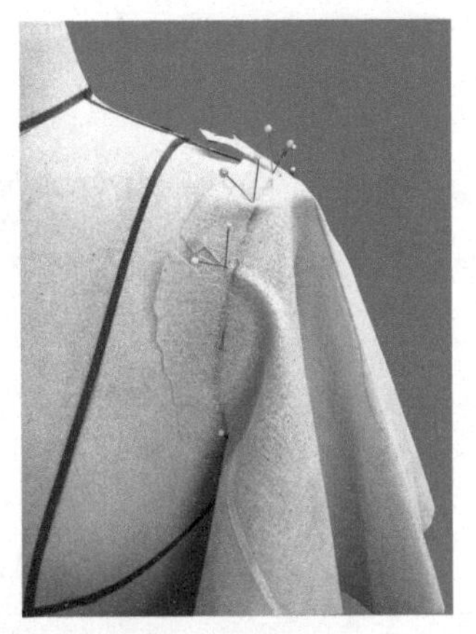

图 5-48　点影

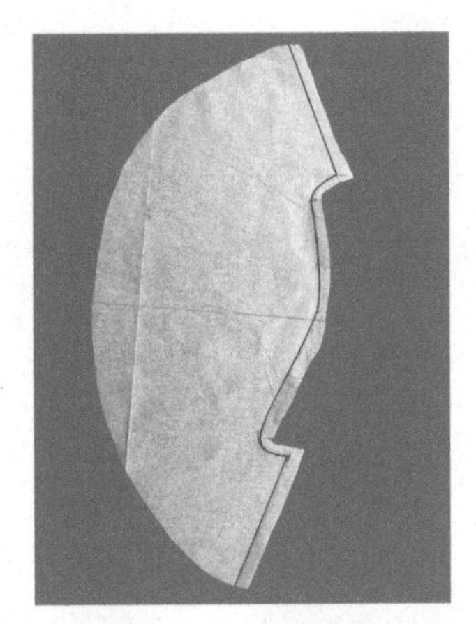

图 5-49　样片修剪

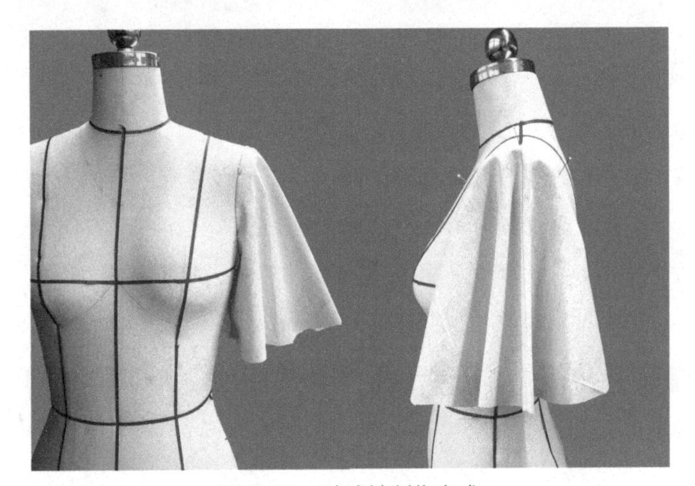

图 5-50　波浪袖制作完成

本章视频二维码

第六章
裙装的立体裁剪与设计

人体腰围以下包裹在人体上的服装统称为下装，下装包括裙装和裤装，裙装是下装中重要的种类。随着社会的发展，裙装与上衣分开，并作为独立的服装种类出现，无论是作为套装还是与上衣搭配，裙装都可以广泛地运用到生活中。

现代服饰中，裙装有半身裙、连衣裙以及套装裙，三种款式的裙子除了长度的变化外，其形态特征也发生了一定的变化。在服装的分类中，裙装非常适合采用立体裁剪的方法来表达其丰富的变化，本章节主要讲解多款半身裙和连衣裙的立体裁剪。

第一节　裙装的款式分类

一、按长度分

裙子按照长度可以分为超短裙、短裙、齐膝裙、中长裙、长裙、超长裙。超短裙也称迷你裙，长度一般至臀部；短裙长度至大腿中部；齐膝裙长度至膝关节上端 5cm 左右；中长裙长度至小腿中部；长裙长度至脚踝骨；超长裙长度至地面。

二、按廓形分

根据裙子的外轮廓剪影，裙子可分为基础型和展开型两种。

（一）基础型

1. 直裙

裙摆的围度与臀围同宽，着装后臀围与下摆成矩形状。

2. 窄裙

裙摆的围度小于臀围宽，着装后下摆呈内扣形态，一般更能凸显女性的优雅。

3. A字裙

裙摆的围度大于臀围宽，着装后下摆呈外放形态，能彰显着装者的年轻活力状态。

（二）展开型

1. 圆裙

裙摆摆幅较大，有的可以达到 360° 甚至更大，常见的圆裙款式有波浪裙、百褶裙、圆台裙等。

2. 多片裙

裙片布数在 4 片以上，一般常见的有六片裙、八片裙等。

（三）不规则型

不规则型一般多指形似物状的裙子，例如气球裙、郁金香裙等，或者是一些夸张形状的裙装。

第二节　半身裙的立体裁剪

一、基础原型裙

基础原型裙也称直筒裙或直裙，是裙装中最基础的款式之一。原型裙从臀围线开始，侧缝自然垂直地落下，裙摆与臀围线呈直筒 H 型，如图 6-1 所示。原型裙因其结构简单、契合人体体型，也是裙装款式的原型，许多变化款的裙装都是在基础原型上进行的拓展设计。

（一）采样

1. 布样长度

（1）前片：裙长加 6～8cm。

（2）后片：裙长加 6～8cm。

2. 布样宽度

（1）前片：人台 1/4 臀围加 6～8cm。

（2）后片：人台 1/4 臀围加 6～8cm。

图 6-1　基础原型裙

（二）布样化样

1. 前片

从右至左量取 5cm，从上至下做一条垂直线即前中心线。在前中心线上从上往下量取 24cm 做一条水平线为臀围线（HL），如图 6-2 所示。

2. 后片

从左至右量取 5cm，从上至下做一条垂直线即后中心线。在后中心线上从上往下量取 24cm 做一条水平线为臀围线（HL），如图 6-3 所示。

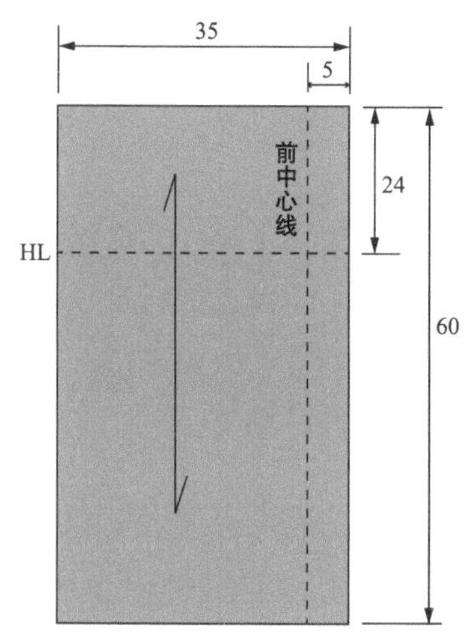

图 6-2　前片化样（单位：cm）

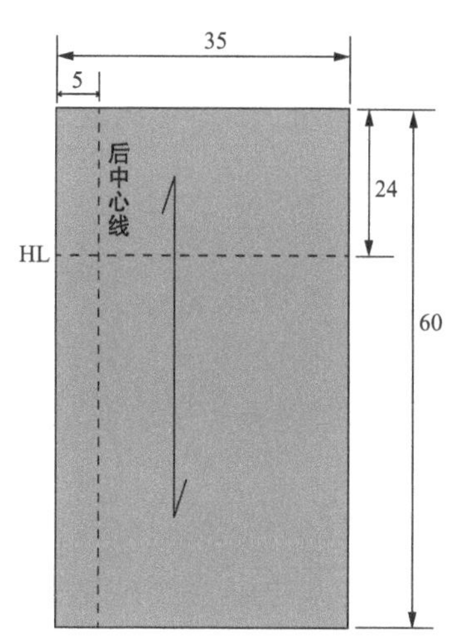

图 6-3　后片化样（单位：cm）

（三）前裙片立体裁剪步骤

（1）固定白坯布。将事先准备好的白坯布固定在人台上，使白坯布上的前中心线、臀围线与人台的前中心线、臀围线对齐，用双针在腰围线、臀围线上固定，如图 6-4 所示。

（2）固定侧缝线。保持臀围线水平，将白坯布上的臀围线与人台臀围线对齐后水平抚平并固定，接着分别向上、向下抚平侧缝线并用双针固定，如图 6-5 所示。

（3）前腰部捏省。将腰围线上多余的布料分成三份，捏取两个省。注意两个省量不等分，中间省量略大于侧腰省，如图 6-6 所示。

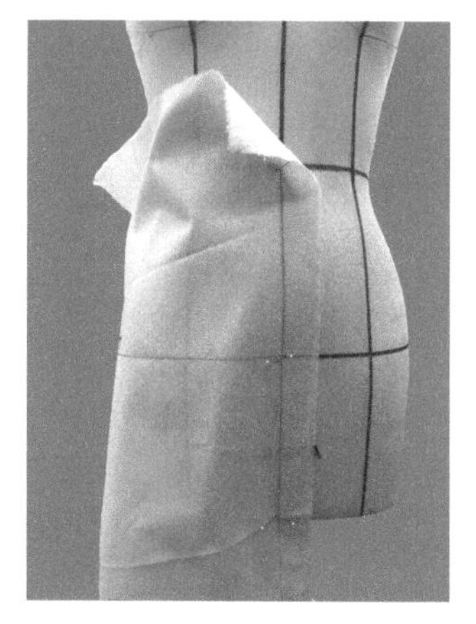
图 6-4　固定白坯布

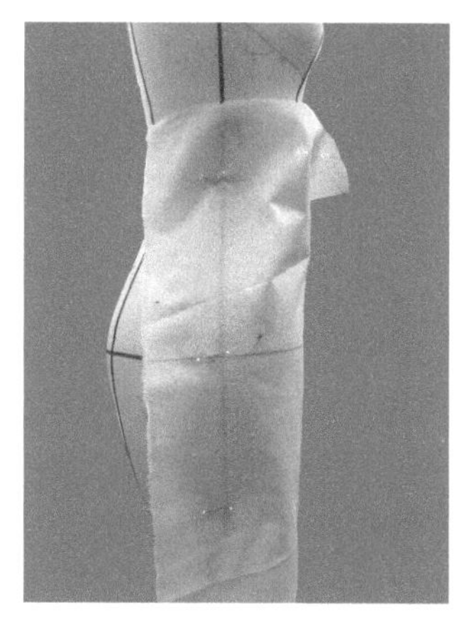
图 6-5　固定侧缝线

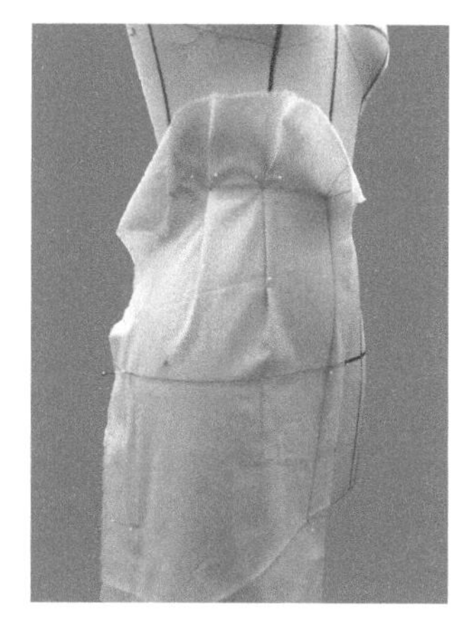
图 6-6　前腰部捏省

（4）点影。沿标记带进行点影，如图 6-7 所示。

（四）后裙片立体裁剪步骤

（1）固定白坯布。将事先准备好的白坯布固定在人台上，使白坯布上的后中心线、臀围线与人台的后中心线、臀围线对齐，用双针在腰围线、臀围线上固定，如图 6-8 所示。

（2）固定臀围线。保持臀围线水平，将白坯布上的臀围线与人台臀围线对齐，水平抚平并固定，如图 6-9 所示。

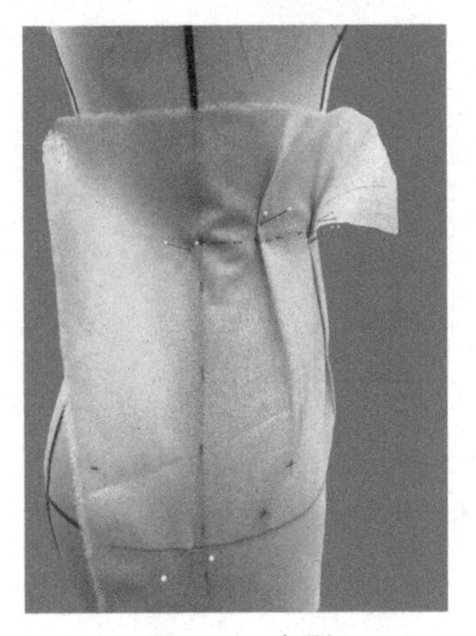

图 6-7　点影

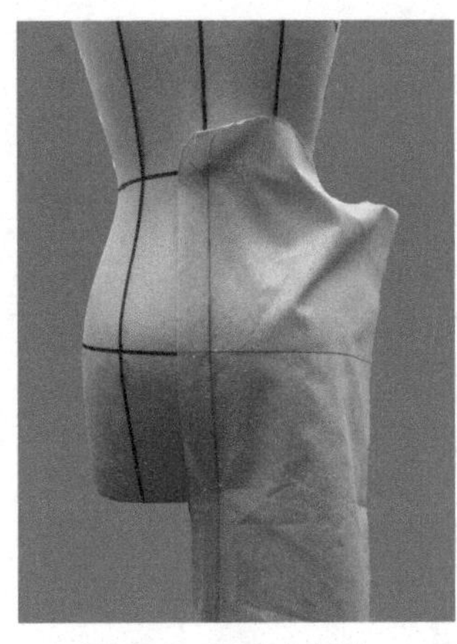

图 6-8　固定白坯布

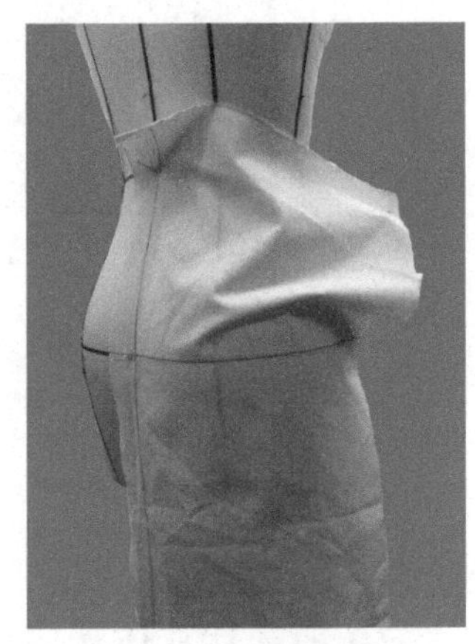

图 6-9　固定臀围线

（3）固定侧缝线。分别向上、向下抚平侧缝线并用双针固定，如图 6-10 所示。

（4）后腰部捏省。将腰围线上多余的布料分成三份，捏取两个省，如图 6-11 所示。由于后片臀部较前片而言凸出，因此后片的余量也会增多，捏取的省量也比前片大。

（5）点影。沿标记带进行点影，如图 6-12 所示。

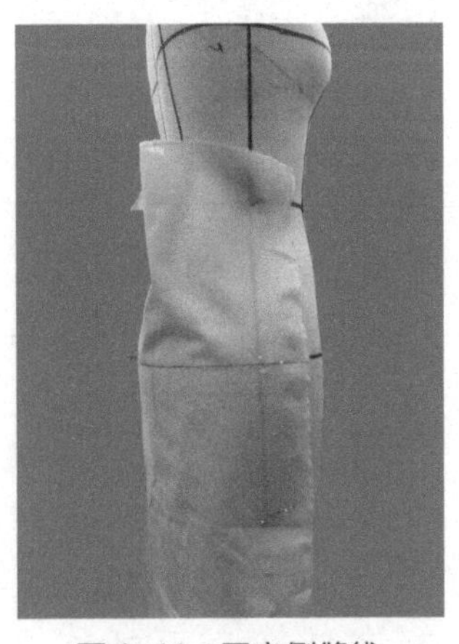

图 6-10　固定侧缝线

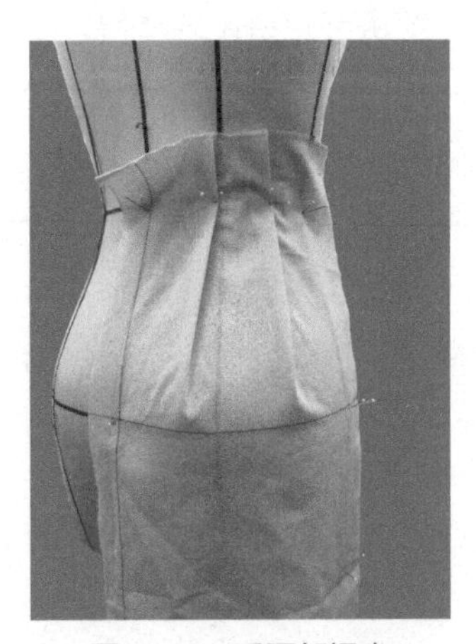

图 6-11　后腰部捏省

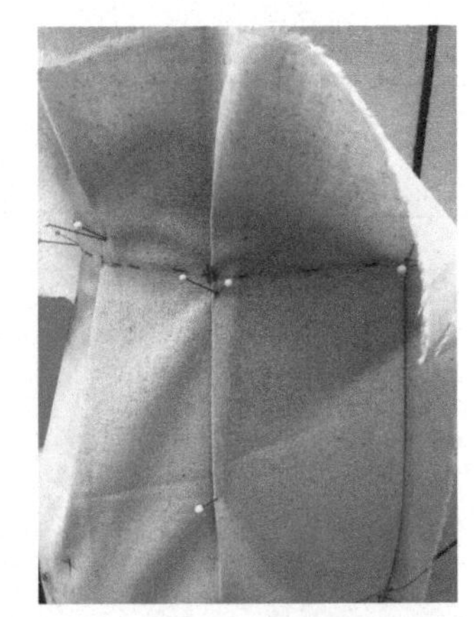

图 6-12　点影

（6）样片修剪。将前后裙片白坯布从人台取下，用尺子将点影进行化样修整，如图 6-13 所示。

（7）将修整好的白坯布别合在人台上进行审视，观察整体效果，如图 6-14 所示。

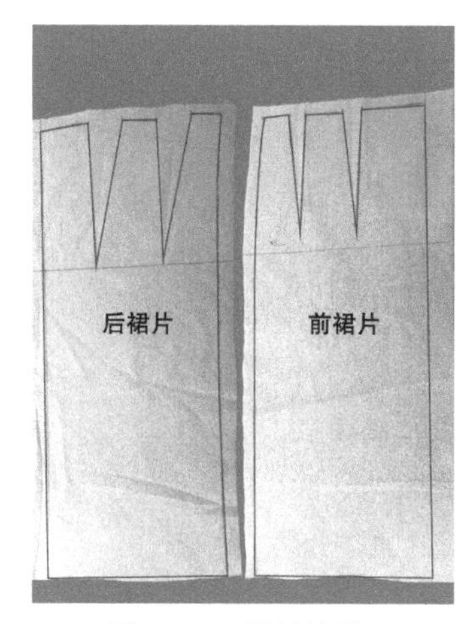

图 6-13　样片修剪

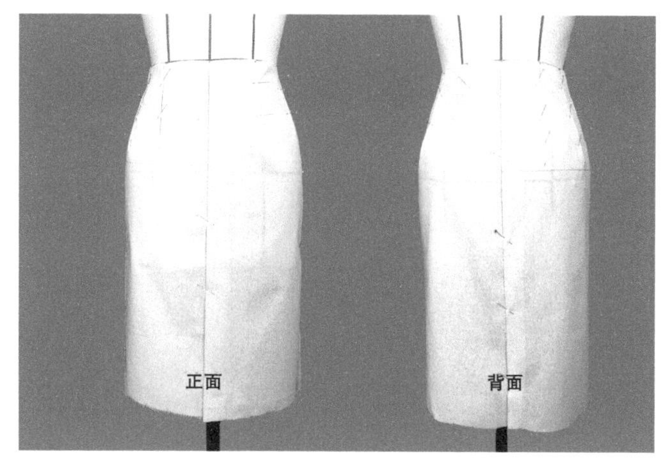

图 6-14　基础原型裙制作完成

二、波浪裙

波浪裙因其裙摆有自然的纵向波浪，走路时随着人体的运动而波浪起伏，因具有流动的美感而备受欢迎。波浪裙也称斜裙，腰围线上没有省道，下摆呈波浪形，同时也呈 A 字形，如图 6-15 所示。波浪裙的立体裁剪过程比原型裙简单。

图 6-15　波浪裙

（一）采样

1. 布样长度

（1）前片：裙长加 6～8cm。

（2）后片：裙长加 6～8cm。

2. 布样宽度

（1）前片：人台 1/2 臀围加 20～30cm。

（2）后片：人台 1/2 臀围加 20～30cm。

（二）布样化样

1. 前片

从右至左量取 5cm，从上至下做一条垂直线即前中心线。在前中心线上从上往下量取 30cm 做一条水平线为臀围线（HL），如图 6-16 所示。

2. 后片

从左至右量取 5cm，从上至下做一条垂直线即后中心线。在后中心线上从上往下量取 30cm 做一条水平线为臀围线（HL），如图 6-17 所示。

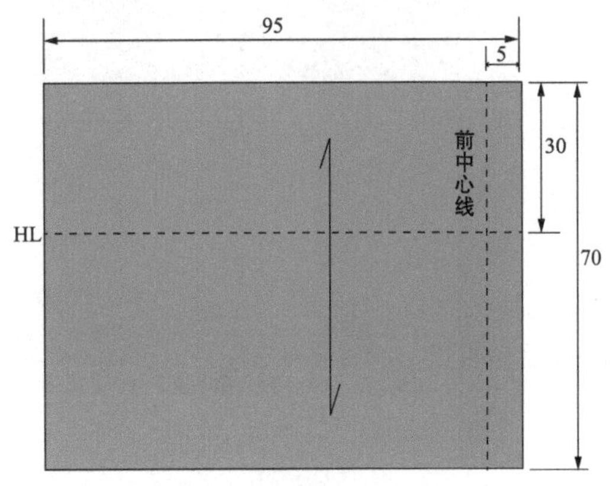

图 6-16　前片化样（单位：cm）

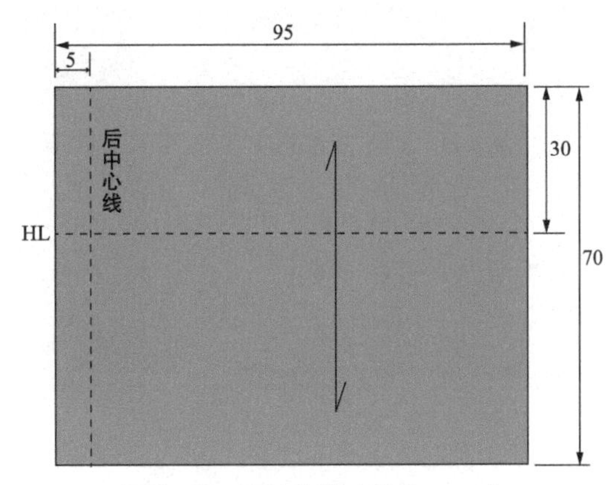

图 6-17　后片化样（单位：cm）

（三）前裙片立体裁剪步骤

（1）固定白坯布。将事先准备好的白坯布固定在人台上，使白坯布上的前中心线、臀围线与人台的前中心线、臀围线对齐，用双针在腰围线、臀围线上固定，如图 6-18 所示。腰围线以上要多留一些布料，波浪裙的摆幅越大，预留量则越多。

（2）抚平腰围线。沿腰围线进行抚平，在第一个波浪点用双针固定打剪刀口，方便接下来的波浪处理，如图 6-19 所示。

（3）捏取波浪。在第一个波浪固定点处，顺势捏取第一个纵向波浪，腰围线要保持平整，不能有褶皱。捏取第一个波浪后，在波浪的两侧分别固定，避免在接下来的波浪处理中变形，如图 6-20 所示。

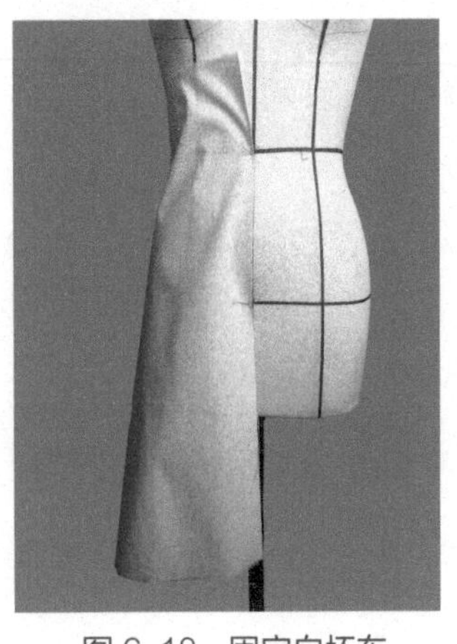
图 6-18　固定白坯布

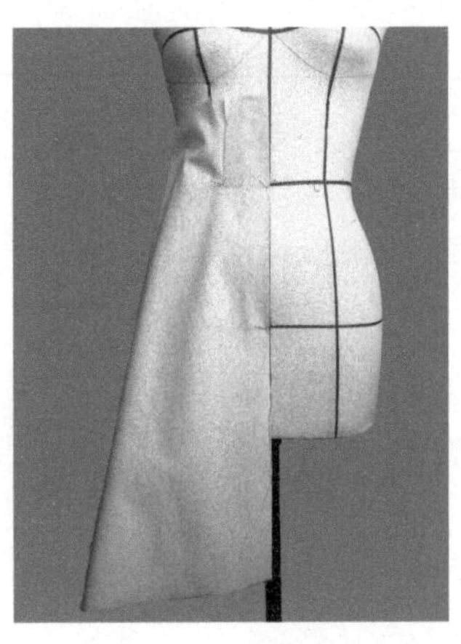
图 6-19　抚平腰围线

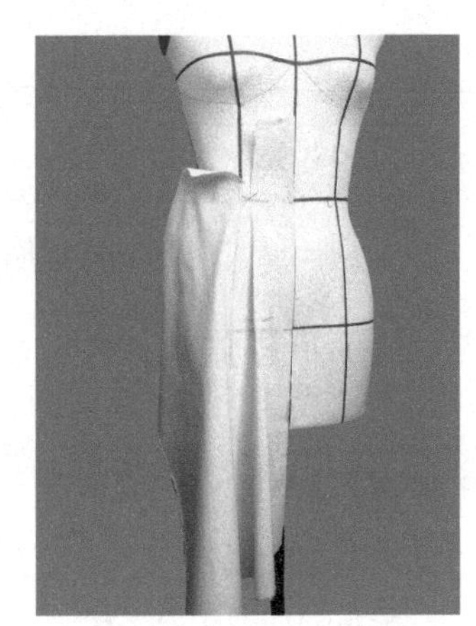
图 6-20　波浪处理

（4）继续捏取波浪。继续沿着腰围线重复第三步，捏取第二、第三个波浪并固定，如图6-21所示。需要注意的是，波浪的大小要一致，可以在同一水平线上测量，无论捏取多少个波浪，腰围线一定要自然服帖没有褶皱，如图6-22所示。

（5）固定侧缝线。在靠近侧缝线时停止捏取波浪，抚平侧缝线并固定，如图6-23所示。

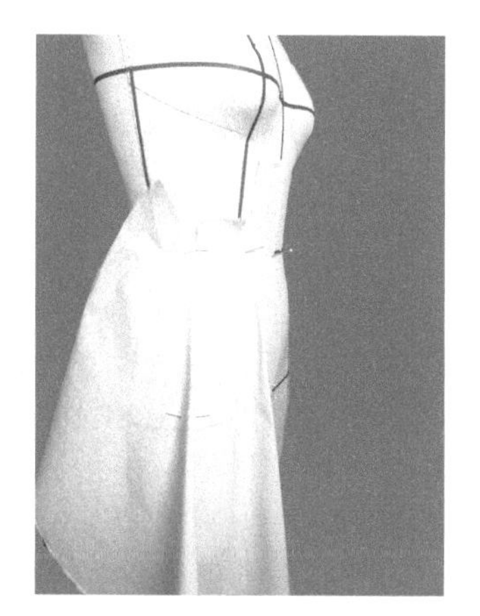

图6-21　捏取波浪

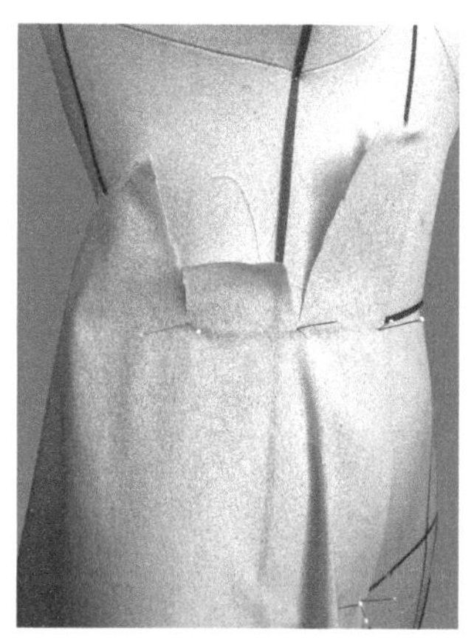

图6-22　腰围线细节

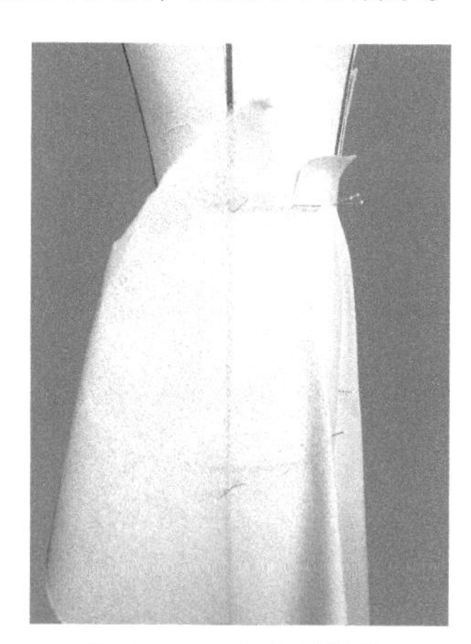

图6-23　固定侧缝线

（6）点影。沿标记带进行点影，如图6-24所示。

（四）后裙片立体裁剪步骤

（1）固定白坯布。将事先准备好的白坯布固定在人台上，使白坯布上的后中心线、臀围线与人台的后中心线、臀围线对齐，用双针在腰围线、臀围线上固定，如图6-25所示。腰围线以上要多留一些布料，波浪裙的摆幅越大，预留量则越多。

（2）抚平腰围线。沿腰围线进行抚平，在第一个波浪点用双针固定并打剪刀口，以方便接下来捏取波浪，如图6-26所示。

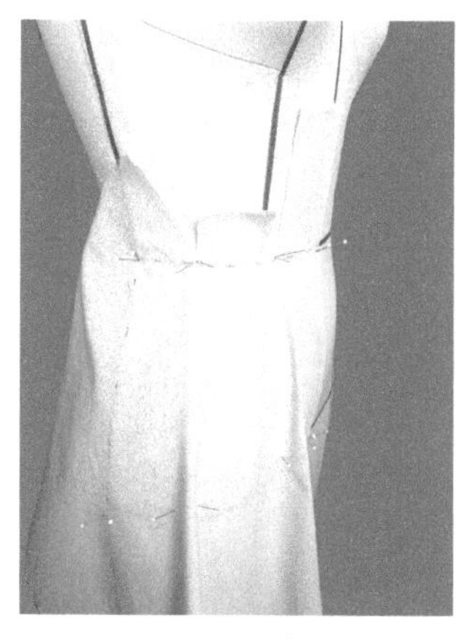

图6-24　点影

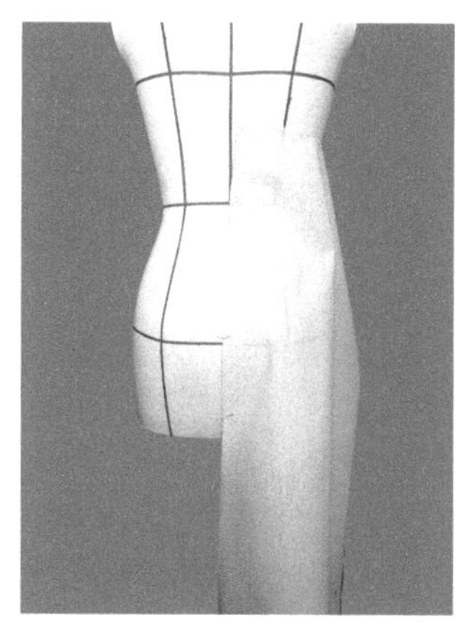

图6-25　固定白坯布

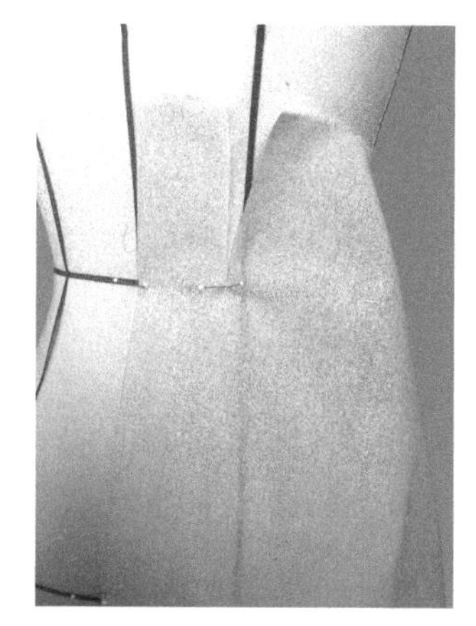

图6-26　抚平腰围线

（3）捏取波浪。在第一个波浪固定点处，顺势捏取第一个纵向波浪，腰围线要保持平整，不能有褶皱。捏取第一个波浪后，在波浪的两侧分别固定，避免在接下的波浪处理中变形，如图 6-27 所示。

（4）继续捏取波浪。继续沿着腰围线重复第三步，捏取第二、第三个波浪并固定，如图 6-28 所示。需要注意的是，波浪的大小要一致，可以在同一水平线上测量。无论捏取多少个波浪，腰围线一定要自然服帖没有褶皱，如图 6-29 所示。

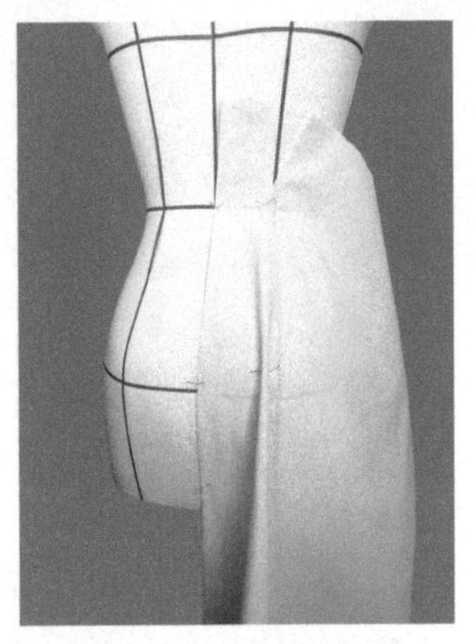

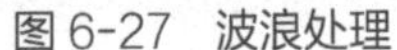

图 6-27　波浪处理

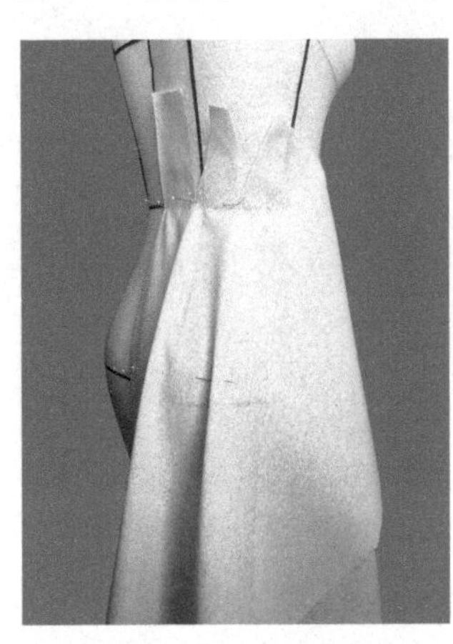

图 6-28　捏取波浪

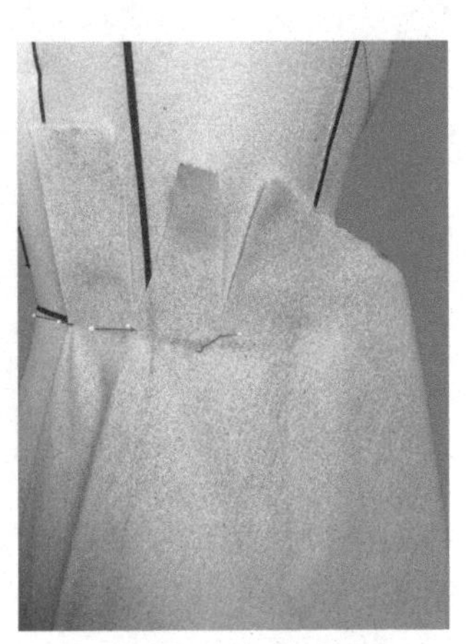

图 6-29　腰围线细节

（5）固定侧缝线。在靠近侧缝线时停止捏取波浪，抚平侧缝并固定，如图 6-30 所示。

（6）点影。沿标记带进行点影，如图 6-31 所示。

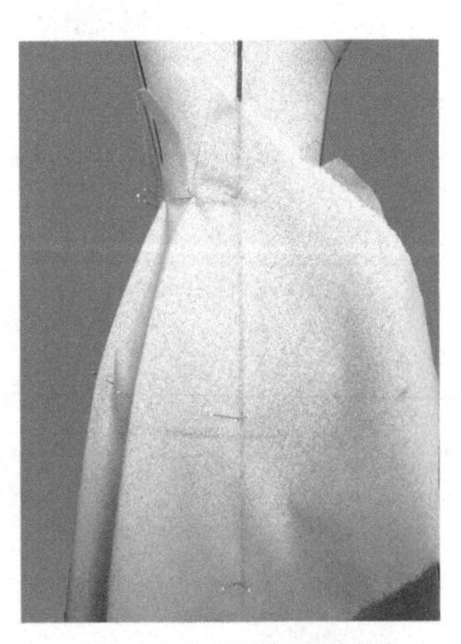

图 6-30　固定侧缝线

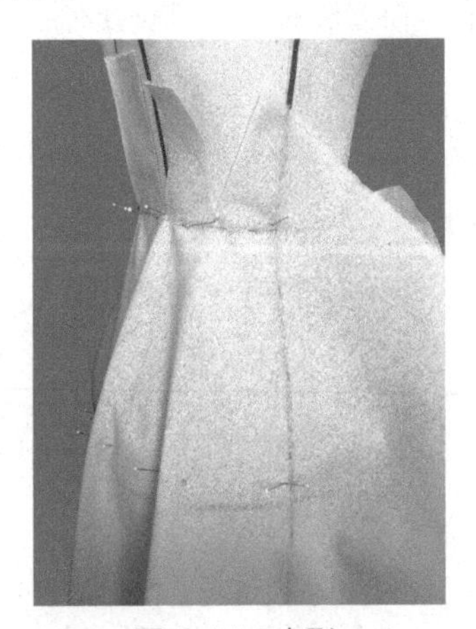

图 6-31　点影

（7）样片修剪。将前后裙片白坯布从人台取下，用尺子将点影进行化样修整，如图 6-32 所示。

（8）将修整好的白坯布别合在人台上进行审视，观察整体效果，如图 6-33 所示。

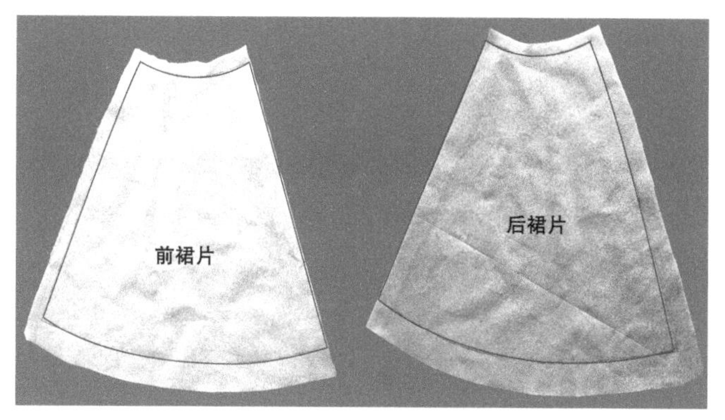

图 6-32　样片修剪

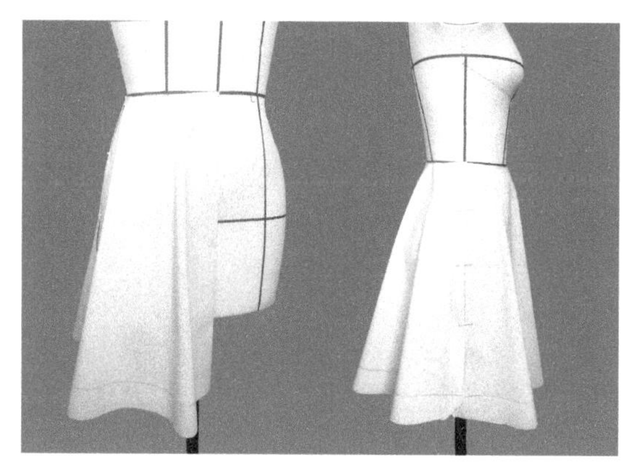

图 6-33　波浪裙制作完成

三、分割线裙

分割线裙是现代半裙设计中常见的手法，主要是利用不同方向不同方式的分割线来改变裙子款式，有的分割线是起装饰作用，有的则是起省道转移的作用。本款分割线裙通过分割线将裙身分成了 6 片且左右对称，因此在立体裁剪中，我们可以立裁出左边裙子，右边裙子可以采用拷贝的方式保证两边对称。细节上裙子两侧有细小碎褶，两侧有两约克，如图 6-34 所示。

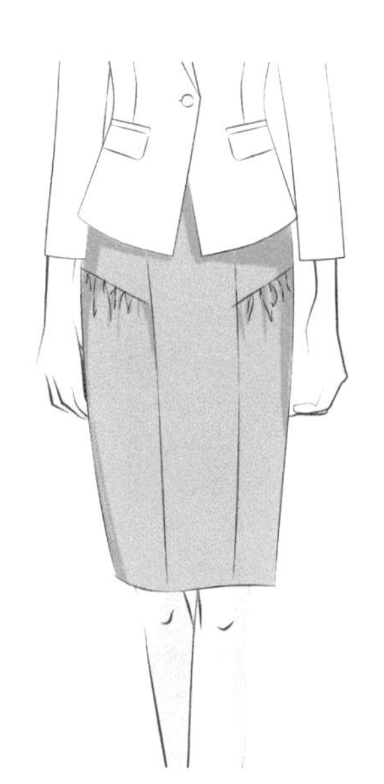

图 6-34　分割线裙

（一）采样

1. 布样长度

（1）前中片：裙长加 6～8cm。

（2）侧片：裙长加 6～8cm。

（3）后中片：裙长加 6～8cm。

2. 布样宽度

（1）前中片：左右分割线间距加 6～8cm。

（2）侧片：后片分割线至前片分割线加 6～8cm。

（3）后中片：左右分割线间距加 6～8cm。

（二）布样化样

1. 前中片

将白坯布对折后垂直的折痕线即前中心线，在前中心线上从上往下量取 24cm 做一条水平线为臀围线（HL），如图 6-35 所示。

2. 侧片

将白坯布对折后垂直的折痕线即侧缝线，在侧缝线上从上往下量取 16cm 做一条水平线为臀围线（HL），如图 6-36 所示。

3. 后中片

将白坯布对折后垂直的折痕线即后中心线，在后中心线上从上往下量取 24cm 做一条水平线为臀围线（HL），如图 6-37 所示。

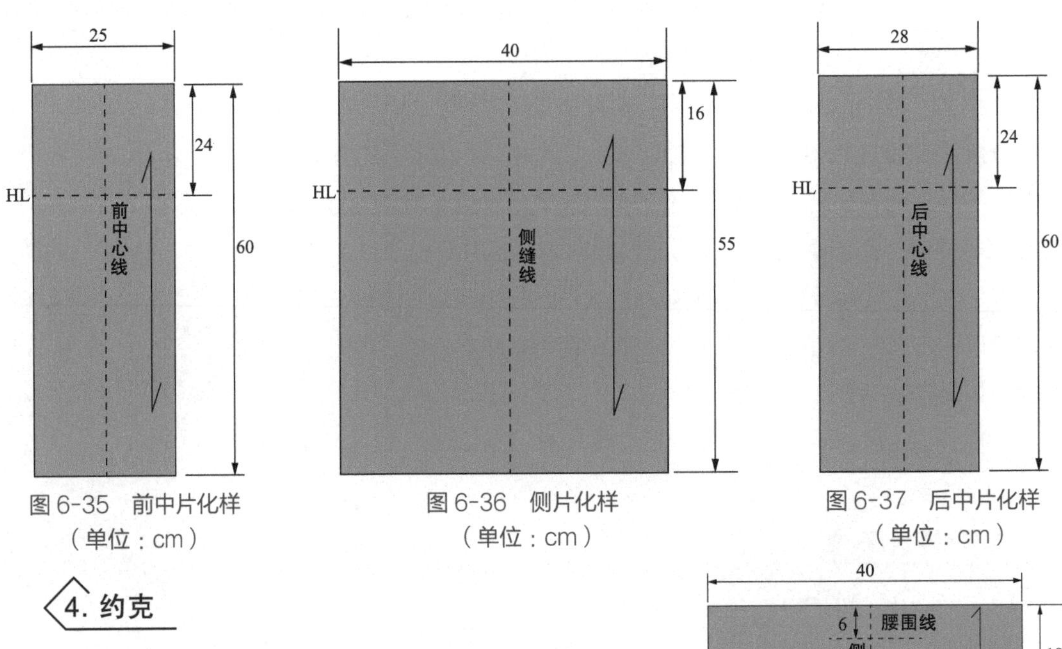

图 6-35　前中片化样（单位：cm）

图 6-36　侧片化样（单位：cm）

图 6-37　后中片化样（单位：cm）

4. 约克

将白坯布对折后垂直的折痕线即侧缝线，在侧缝线上从上往下量取 6cm 做一条水平短线为腰围线，如图 6-38 所示。

图 6-38　约克化样（单位：cm）

（三）具体立体裁剪步骤

（1）贴标记带。根据款式图贴上标记带，如图 6-39 所示。

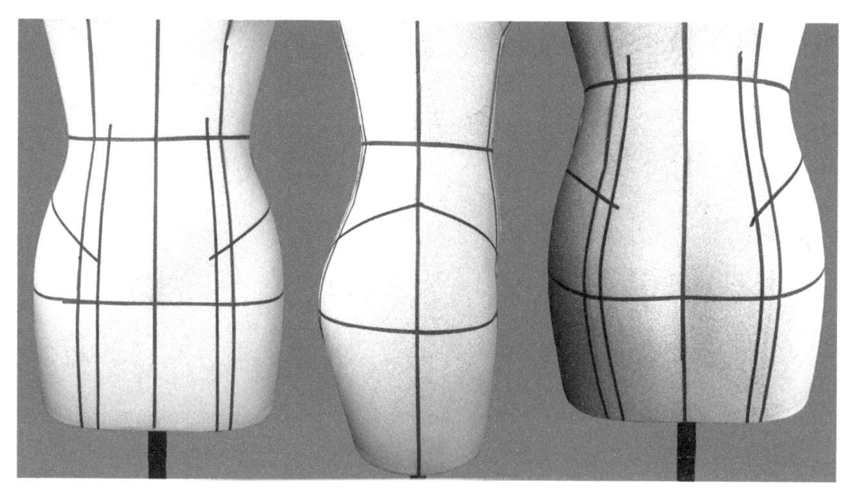

图 6-39　贴标记带

（2）固定前中片。将事先准备好的前中片固定在人台上，使白坯布上的前中心线、臀围线与人台的前中心线、臀围线对齐，用双针在腰围线、臀围线上固定，如图 6-40 所示。

（3）抚平前中片。以前中心线为基准分别向左右两边抚平前中片，用双针固定，如图 6-41 所示。前中片上腰臀差距较小，因此无需借助省道或抽褶等手法进行抚平。

（4）点影。沿标记带对前中片进行点影，如图 6-42 所示。

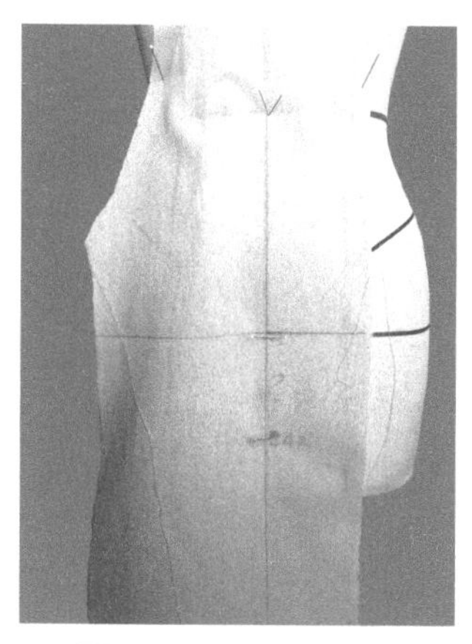

图 6-40　固定前中片

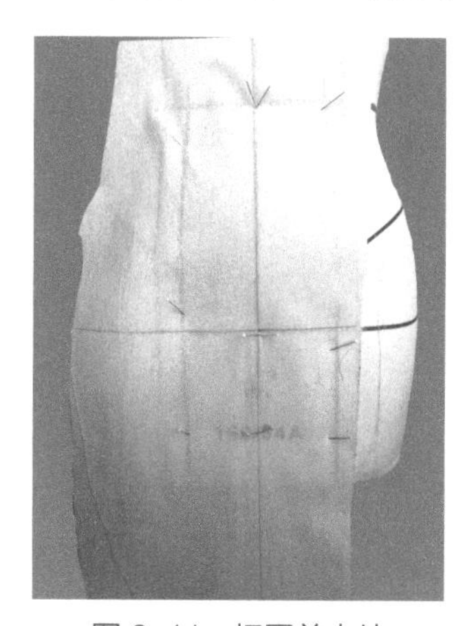

图 6-41　抚平前中片

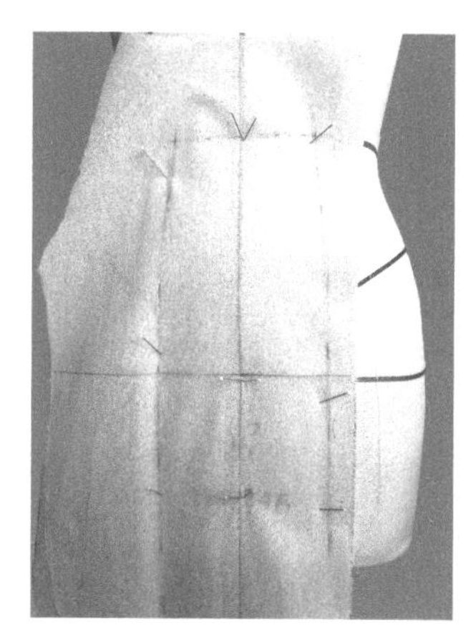

图 6-42　点影

（5）固定约克。将事先准备好的约克固定在人台上，使白坯布上的侧缝线、腰围线与人台的侧缝线、腰围线对齐，用双针在腰围线上固定，如图 6-43 所示。

（6）抚平腰围线。通过打剪刀口的方式抚平腰围线并固定，如图 6-44 所示。

（7）抚平前后分割线。在固定腰围线的基础上，由上往下抚平两侧分割线，此时约克自然贴合在人台上，如图 6-45 所示。

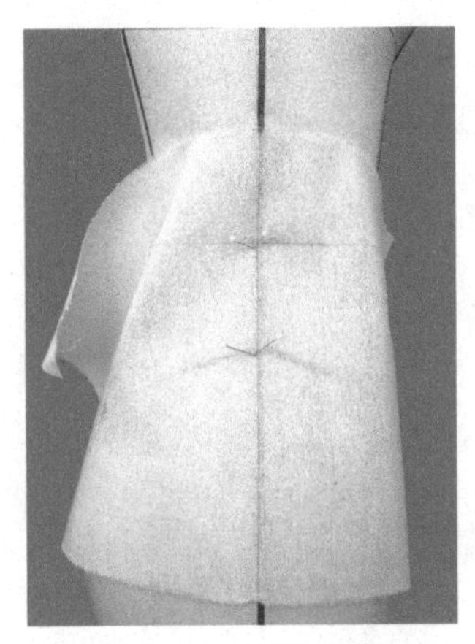
图 6-43　固定约克

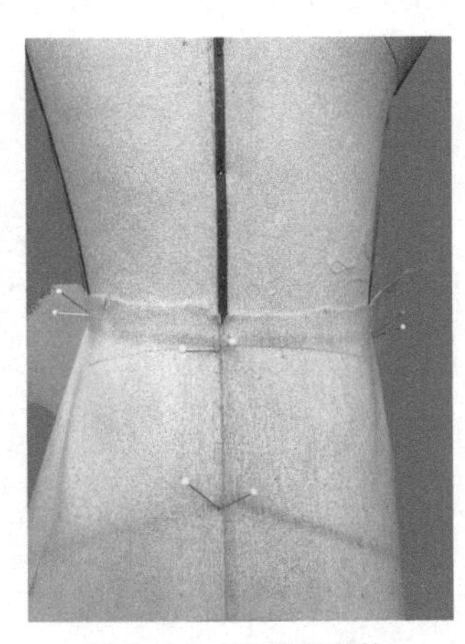
图 6-44　抚平腰围线

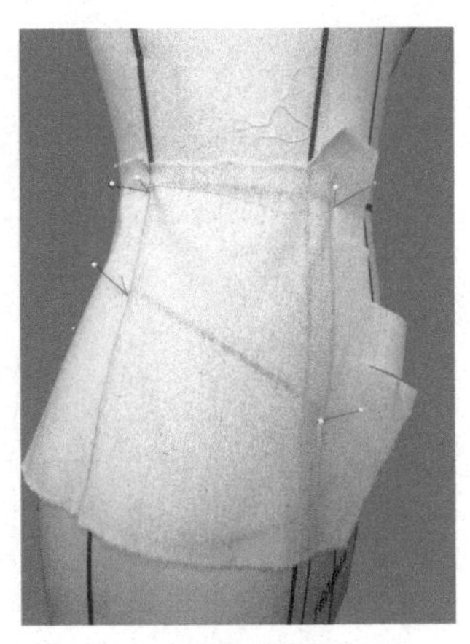
图 6-45　抚平前后分割线

（8）点影。沿标记带对约克进行点影，如图 6-46 所示。

（9）固定侧片。将事先准备好的侧片固定在人台上，使白坯布上的侧缝线、臀围线与人台的侧缝线、臀围线对齐，用双针在侧缝线、臀围线上固定，如图 6-47 所示。

（10）抚平臀围线。水平抚平臀围线，使白坯布上臀围线与人台臀围线对齐并固定，同时往上抚平分割线，如图 6-48 所示。

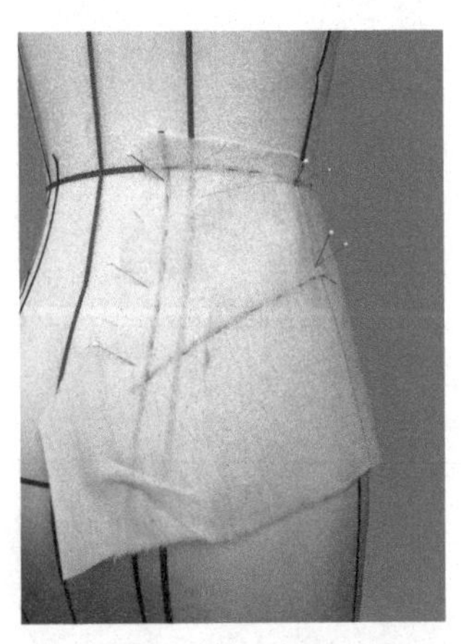
图 6-46　点影

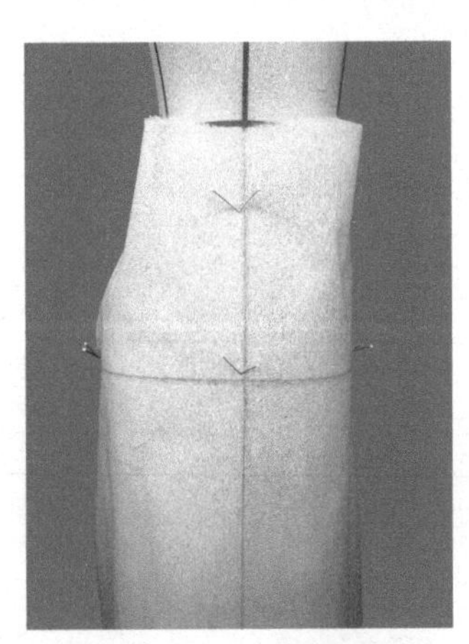
图 6-47　固定侧片

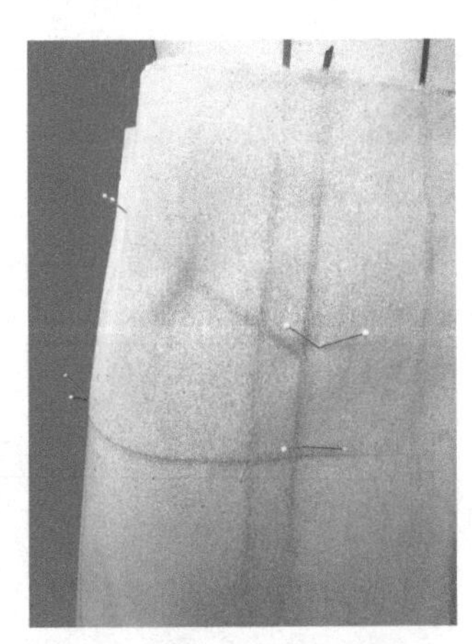
图 6-48　抚平臀围线

（11）捏取细褶。因人台臀腰差的关系，在臀部与约克处有许多松量堆积，此时可以在约克处捏取细褶使其服帖，如图 6-49 所示。细褶的褶量不宜过大，细褶之间的间距根据款式图来确定。

（12）点影。沿标记带对侧片进行点影，如图 6-50 所示。

（13）制作后中片。后中片的立裁方法与前中片一样，重复前中片的步骤即可。

（14）样片修剪。将前后裙片白坯布从人台取下，用尺子将点影进行化样修整，如图 6-51 所示。

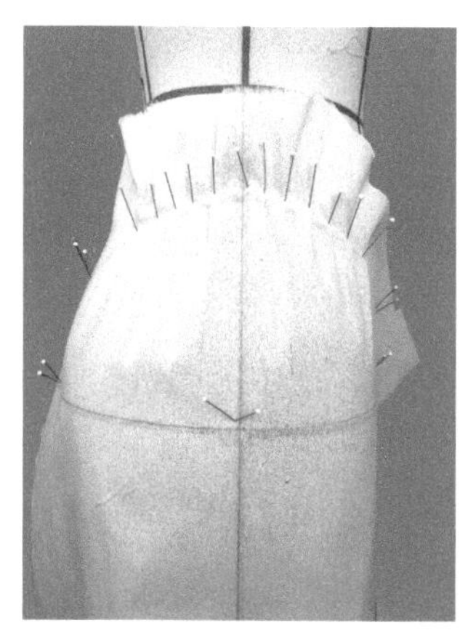

图 6-49 捏取细褶

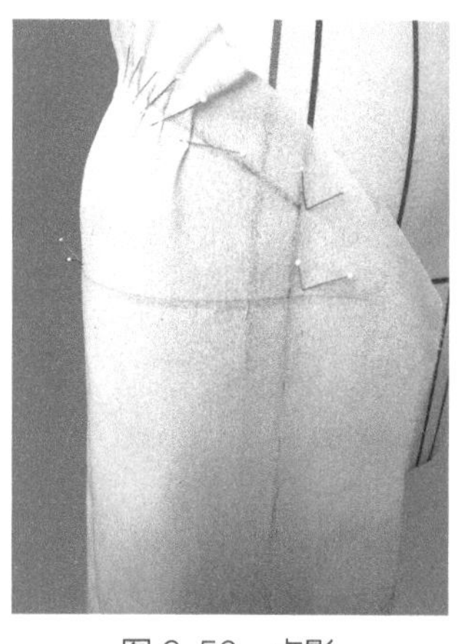

图 6-50 点影

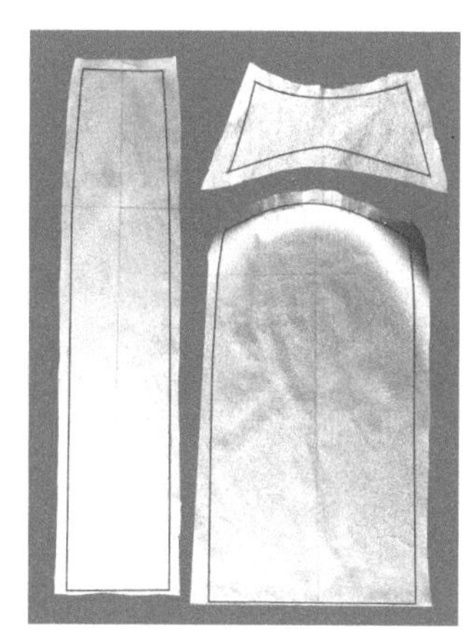

图 6-51 样片修剪

（15）将修整好的白坯布别合在人台上进行审视，观察整体效果，如图 6-52 所示。

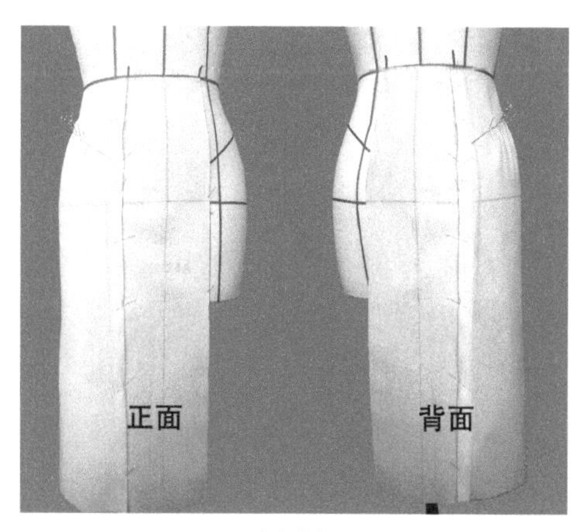

图 6-52 分割线裙制作完成

四、郁金香裙

郁金香裙是指形似郁金花，包裹着人体下半身而突显女性曲线美的裙装。本款立体裁剪的郁金香裙为 4 片式，前后各 2 片，其中前面右片叠加包裹左片，左右两片的底摆形状类似花瓣形状，如图 6-53 所示。

图 6-53 郁金香裙

（一）采样

1. 布样长度

（1）左前片：裙长加 6～8cm。

（2）右前片：裙长加 6～8cm。

（3）后片：裙长加 6～8cm。

2. 布样宽度

（1）左前片：1/2 臀围加 6～8cm。

（2）右前片：1/2 臀围加 6～8cm。

（3）后片：1/4 臀围加 6～8cm。

（二）布样化样

1. 左前片

将白坯布对折后垂直的折痕线即前中心线，在前中心线上从上往下量取 20cm 做一条水平线为臀围线（HL），如图 6-54 所示。

2. 右前片

在白坯布上由左往右量取 5cm 做垂直线即侧缝线，在侧缝线上从上往下量取 25cm 做一条水平线为臀围线（HL），如图 6-55 所示。

3. 后片

在白坯布上由左往右量取 5cm 做垂直线即后中心线，在后中心线上从上往下量取 20cm 做一条水平线为臀围线（HL），如图 6-56 所示。

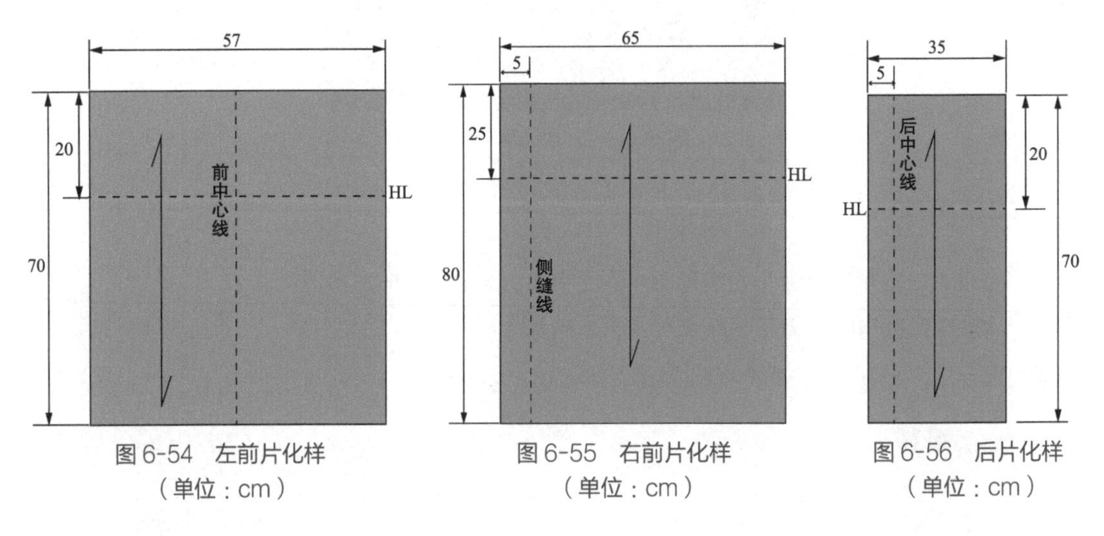

图 6-54　左前片化样（单位：cm）　图 6-55　右前片化样（单位：cm）　图 6-56　后片化样（单位：cm）

（三）前片立体裁剪步骤

（1）贴标记带。根据款式图贴上标记带，如图 6-57 所示。

（2）固定白坯布。将事先准备好的左前片白坯布固定在人台上，使白坯布上的前中心线、臀围线与人台的前中心线、臀围线对齐，用双针在腰围线、臀围线上固定，如图 6-58 所示。

（3）抚平臀围线。以前中心线为基准分别向左右两侧水平抚平臀围线，使白坯布上的臀围线与人台的臀围线对齐并固定，如图 6-59 所示。

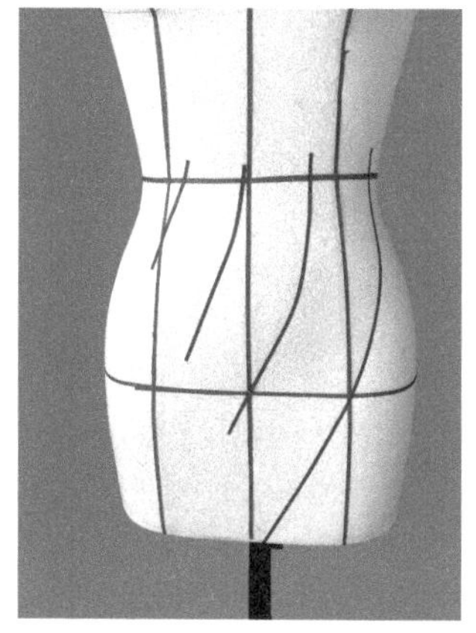

图 6-57　贴标记带

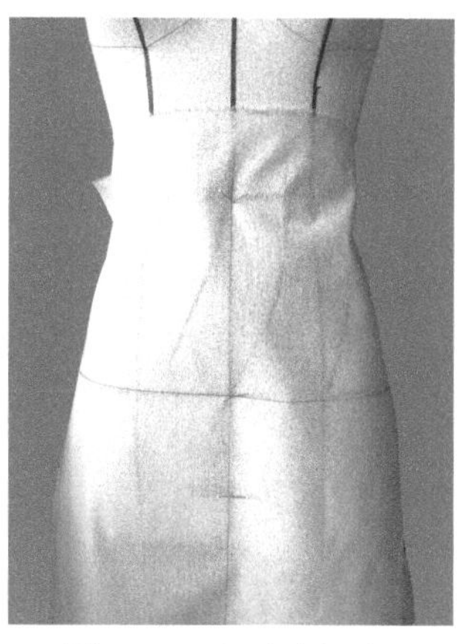

图 6-58　固定白坯布

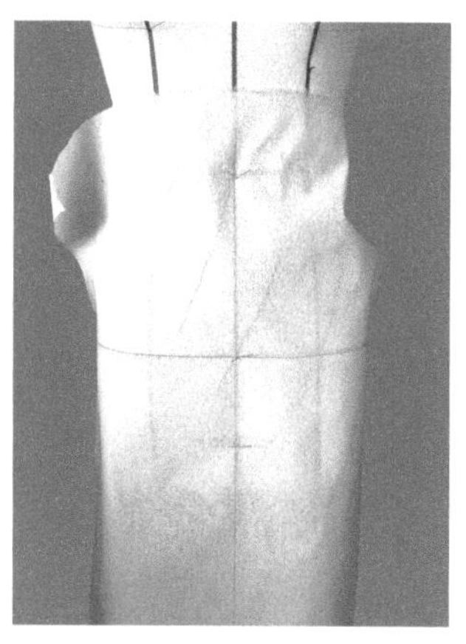

图 6-59　抚平臀围线

（4）抚平侧缝线。在臀围线固定点由下往上抚平两侧侧缝线并固定，如图 6-60 所示。

（5）捏取腰省。将两侧多余出来的松量捏成腰省，注意腰省的省尖不能超过臀围线，如图 6-61 所示。

（6）标记裙摆造型线。用标记带对裙摆造型线进行标记，如图 6-62 所示。

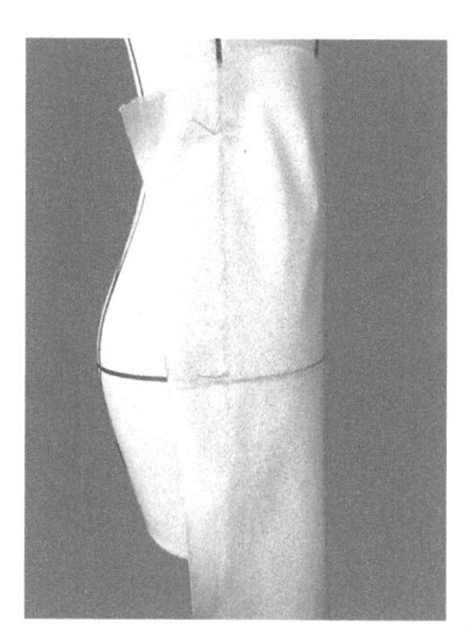

图 6-60　抚平侧缝线

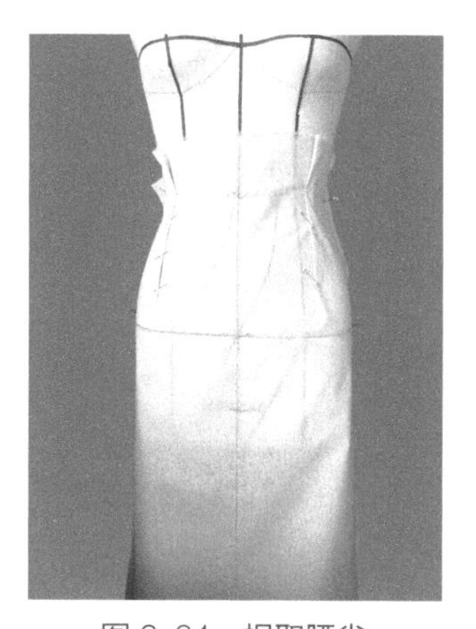

图 6-61　捏取腰省

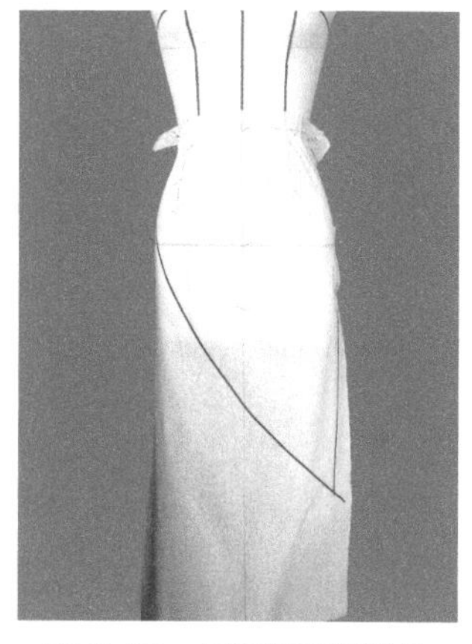

图 6-62　标记裙摆造型线

（7）修剪裙摆造型。将多余的布料进行修剪，方便接下来的立裁操作，如图 6-63 所示。

（8）固定白坯布。将事先准备好的右前片白坯布固定在人台上，使白坯布上的侧缝线、臀围线与人台的侧缝线、臀围线对齐，用双针在腰围线、臀围线上固定，如图 6-64 所示。

（9）捏取腰省。在侧缝线与前公主线之间捏取腰省，省量不宜过大同时省尖不能超过臀围线，如图 6-65 所示。

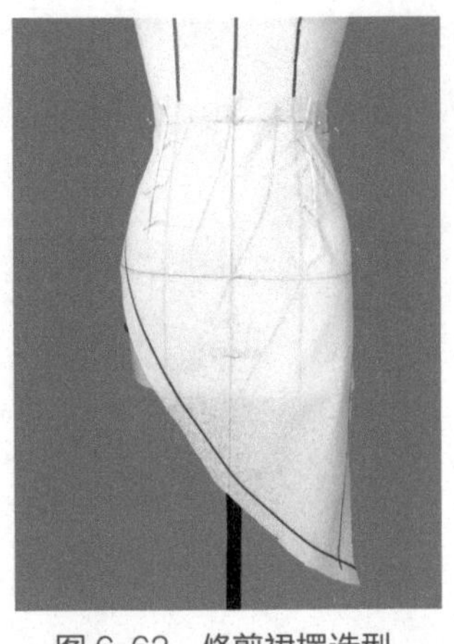

图6-63 修剪裙摆造型

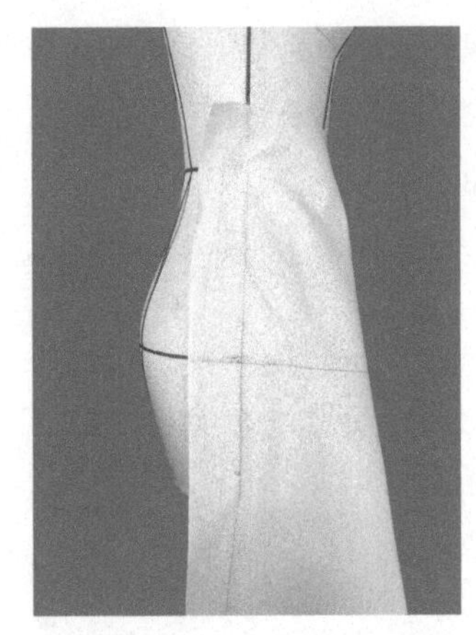
图6-64 固定白坯布

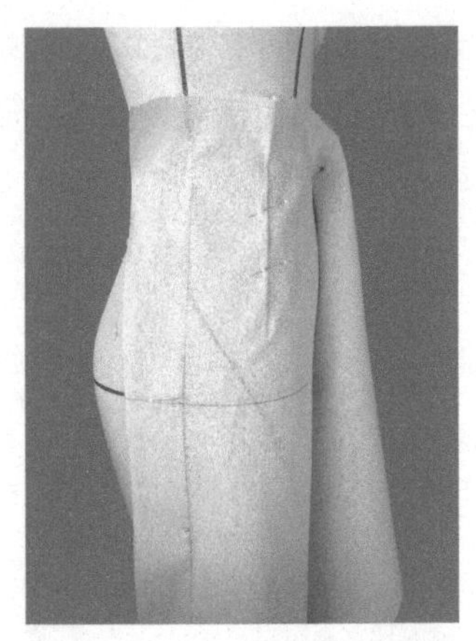
图6-65 捏取腰省

（10）捏取第一个腰褶。将白坯布上提并根据标记带的位置捏取第一个腰褶，如图6-66所示。

（11）捏取更多腰褶。继续重复上一步捏取更多的腰褶，需要注意的是，捏取完腰褶后，侧缝线上不能有褶皱出现，整体下摆形态是向内包裹而不是向外展开，如图6-67所示。

（12）标记裙摆造型线。用标记带对裙摆造型线进行标记，如图6-68所示。

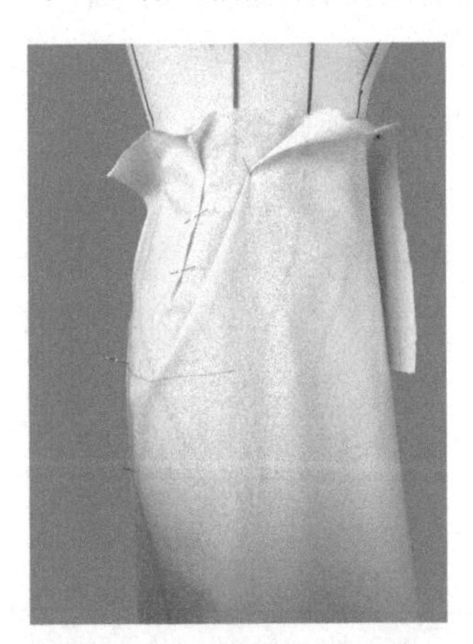
图6-66 捏取第一个腰褶

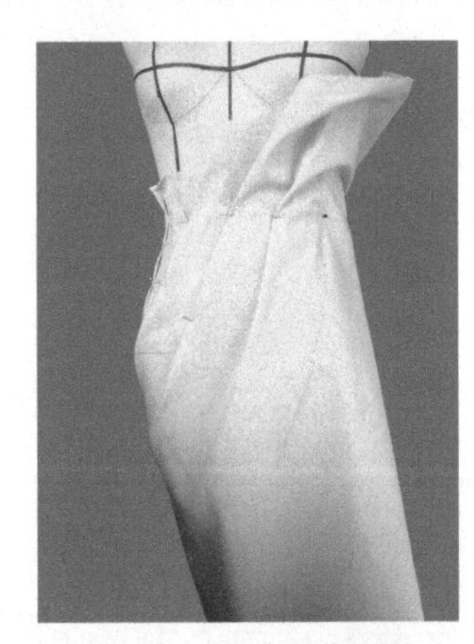
图6-67 捏取更多腰褶

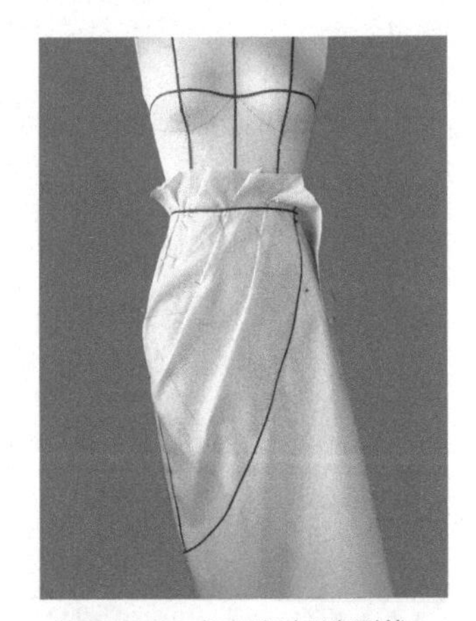
图6-68 标记裙摆造型线

（13）修剪裙摆造型。将多余的布料进行修剪，方便接下来的立裁操作，如图6-69所示。

（14）样片修剪。将前后裙片白坯布从人台取下，用尺子将点影进行化样修整，如图6-70所示。

（四）后片立体裁剪步骤

（1）固定白坯布。将事先准备好的后片白坯布固定在人台上，使白坯布上的后中心线、臀围线与人台的后中心线、臀围线对齐，用双针在腰围线、臀围线上固定，如图6-71所示。

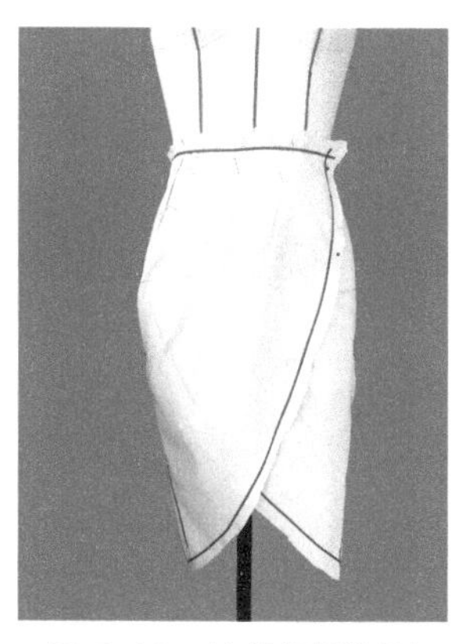

图 6-69　修剪裙摆造型

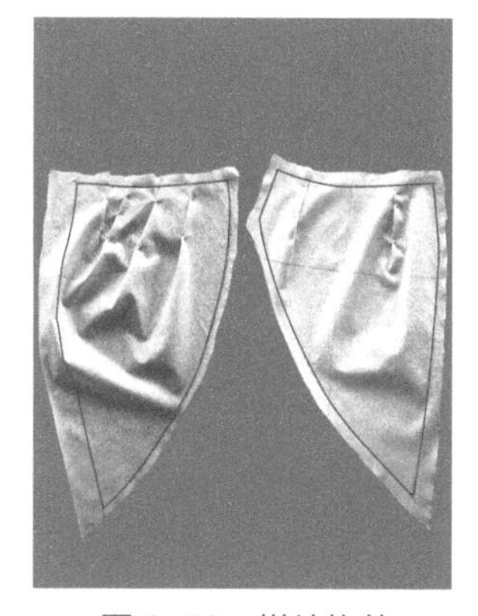
图 6-70　样片修剪

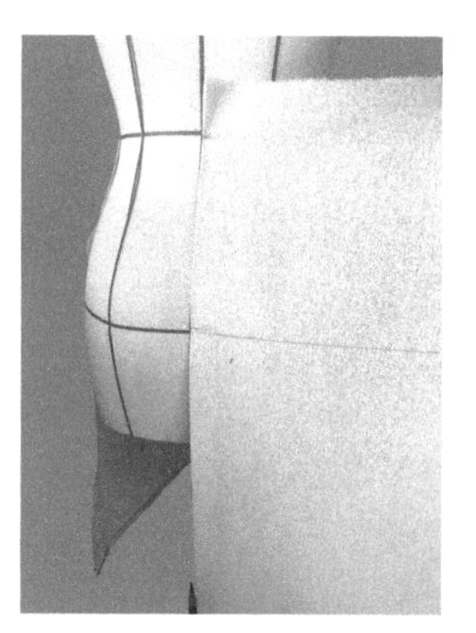
图 6-71　固定白坯布

（2）固定臀围线。臀围线保持水平，将白坯布上的臀围线与人台的臀围线对齐水平抚平并固定，接着分别向上、向下抚平侧缝线并用双针固定，如图 6-72 所示。

（3）后腰部捏省。将臀围线上多余的布料捏取成一个省，如图 6-73 所示。后片臀部相对前片而言较凸出，因此后片的余量也会增多，捏取的省量也比前片大。

（4）点影。沿标记带进行点影，如图 6-74 所示。

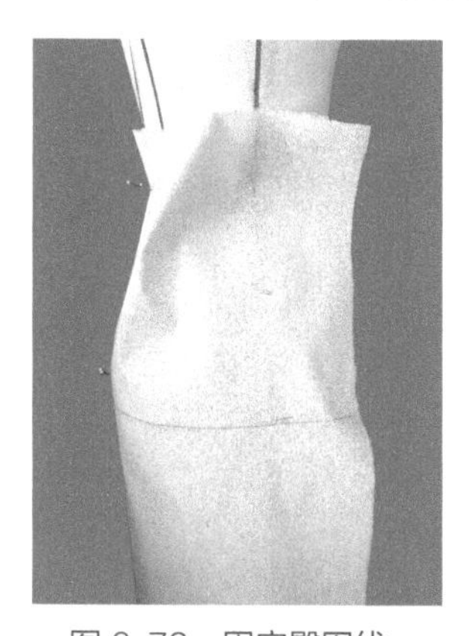
图 6-72　固定臀围线

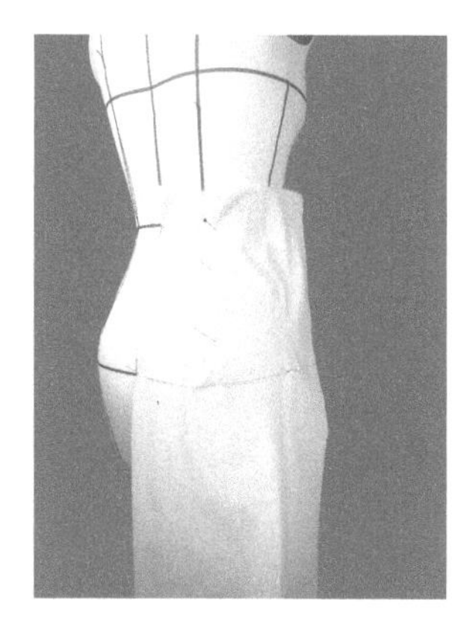
图 6-73　后腰部捏省

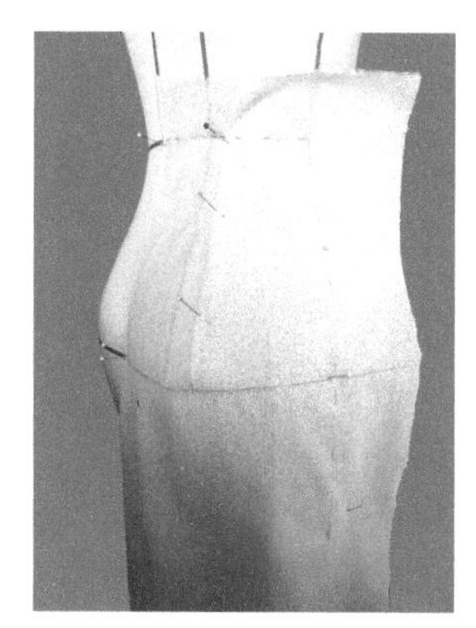
图 6-74　点影

（5）样片修剪。将前后裙片白坯布从人台取下，用尺子将点影进行化样修整，如图 6-75 所示。

（6）将修整好的白坯布别合在人台上进行审视，观察整体效果，如图 6-76 所示。

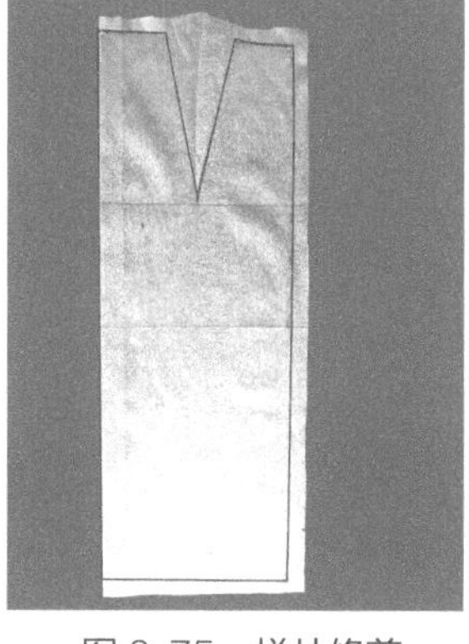
图 6-75　样片修剪

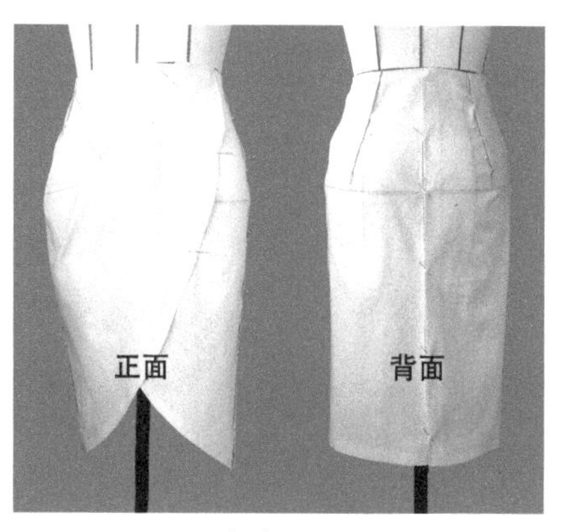

图 6-76　郁金香裙制作完成

第三节　连衣裙的立体裁剪

连衣裙是一种裙装品类的总称，它是指上衣和裙子连成一体的裙装，连衣裙种类较多且变化丰富，也是女性最青睐的服装款式。本节主要介绍三种连衣裙：基础款的H型连衣裙、公主线连衣裙以及褶裥连衣裙，读者可以根据这三种连衣裙进行拓展设计。

一、H型连衣裙

H型连衣裙是连衣裙中的基础款，主要将上半身的原型衣与下半身的H型基础裙相结合。如图6-77所示，腰省、袖窿省四个省道使布料贴合人体，这种手法也可以用在紧身旗袍的制作中。

（一）采样

1. 布样长度

（1）前片：裙长加6～8cm。

（2）后片：裙长加6～8cm。

2. 布样宽度

（1）前片：1/4臀围加6～8cm。

（2）后片：1/4臀围加6～8cm。

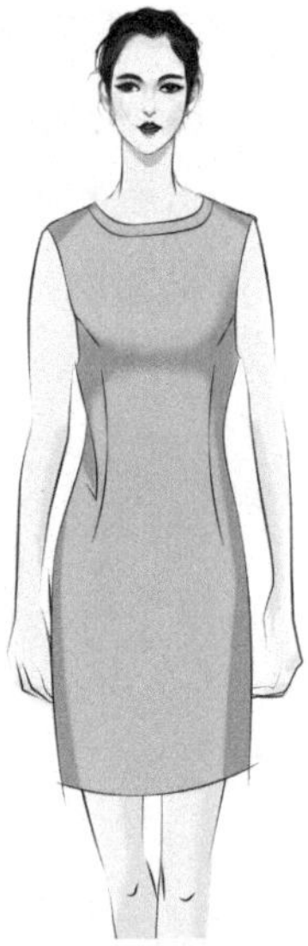

图6-77　H型连衣裙

（二）布样化样

1. 前片

在白坯布上由右往左量取5cm做垂直线即前中心线，在前中心线上从上往下量取28cm做一条水平线为胸围线（BL），胸围线往下量取17～18cm做一条水平线为腰围线（WL），腰围线往下量取16～17cm做一条水平线为臀围线（HL），如图6-78所示。

2. 后片

在白坯布上由左往右量取5cm做垂直线即后中心线，在后中心线上从上往下量取28cm做一条水平线为胸围线（BL），胸围线往下量取17～18cm做一条水平线为腰围线（WL），腰围线往下量取16～17cm做一条水平线为臀围线（HL），如图6-79所示。

（三）前片立体裁剪步骤

（1）贴领围标记带。圆领的H型连衣裙，需要在原前颈点的基础上下落2～3cm，重新贴上新的领围线，如图 6-80 所示。

（2）固定白坯布。将事先准备好的前片白坯布固定在人台上，使白坯布上的前中心线、胸围线、腰围线、臀围线与人台的前中心线、胸围线、腰围线、臀围线对齐并用双针固定，如图 6-81 所示。

（3）抚平胸围线、臀围线。水平抚平胸围线和臀围线，使白坯布上的胸围线、臀围线与人台的胸围线、臀围线对齐并固定，如图 6-82 所示。

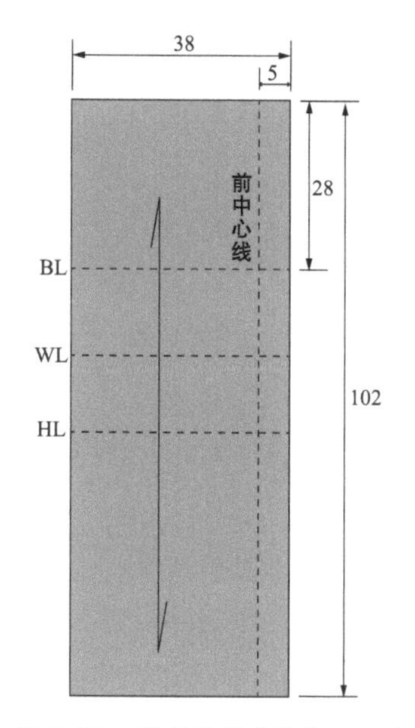

图 6-78　前片化样（单位：cm）

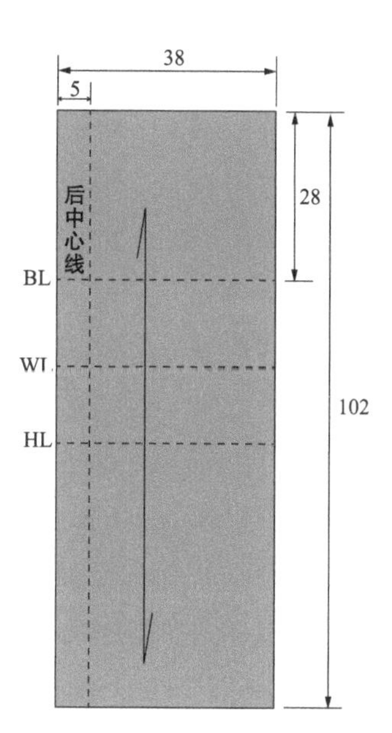

图 6-79　后片化样（单位：cm）

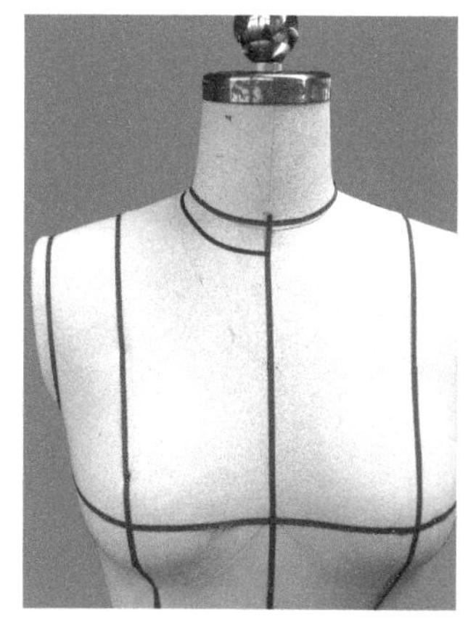

图 6-80　贴领围标记带

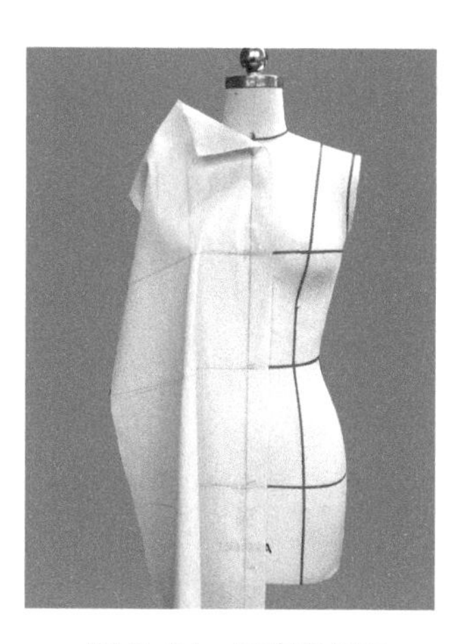

图 6-81　固定白坯布

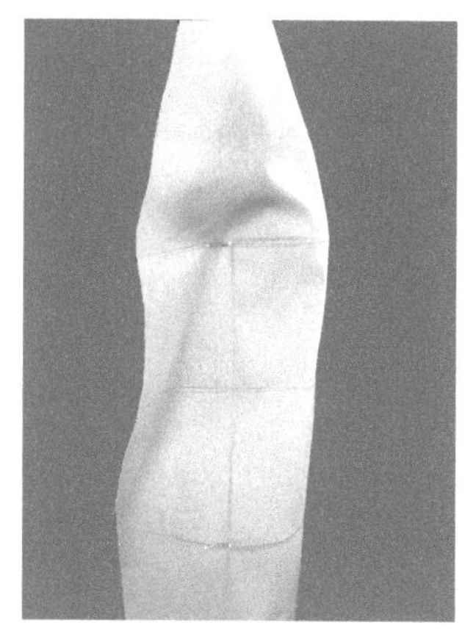

图 6-82　抚平胸围线、臀围线

（4）抚平侧缝线。因胸围线与臀围线处已固定，可直接用多针固定侧缝线，此时一定要通过打剪刀口来抚平，否则很难使布料与人台贴合，如图 6-83 所示。

（5）抚平领围线。沿前领围的标记带预留 1～2cm 进行修剪，一边抚平领围一边打剪刀口，使其服帖、圆顺，如图 6-84 所示。

（6）抚平肩部。直接抚平肩部，将肩部多余的量推向袖窿，在肩端点用针固定，如图 6-85 所示。

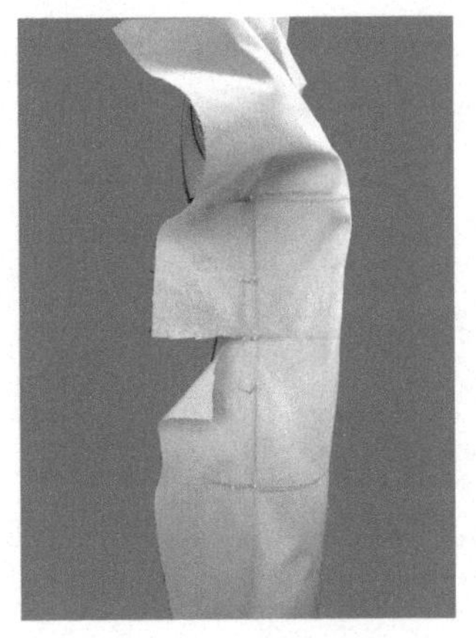

图 6-83 抚平侧缝线

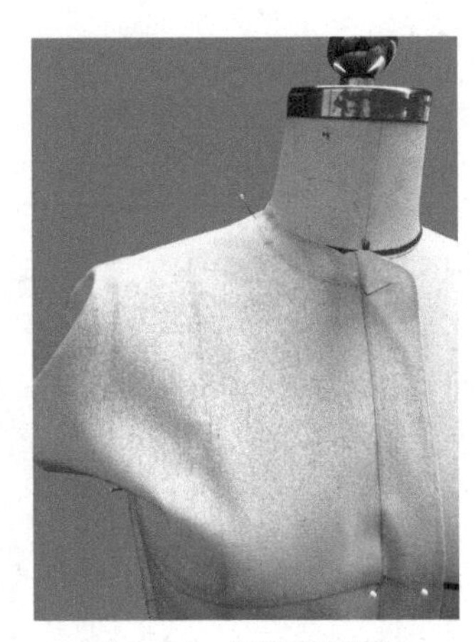
图 6-84 抚平领围线

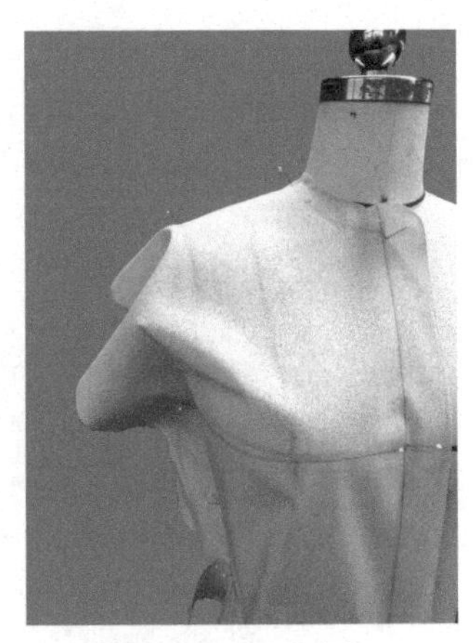
图 6-85 抚平肩部

（7）确定袖窿省。将胸围线上部与肩端点之间的余量捏成袖窿省，并用珠针固定在胸、背宽点，如图 6-86 所示。需要注意的是，省尖点需指向 BP 点。

（8）捏取腰省。将腰部多余的松量捏成腰省，腰省的位置在公主线处，两端的省尖不能超过胸围线和臀围线，双针固定在腰省两侧，如图 6-87 所示。

（9）点影。沿标记带进行点影，其次省尖处也要点影，依次确定省尖消失点位置，如图 6-88 所示。

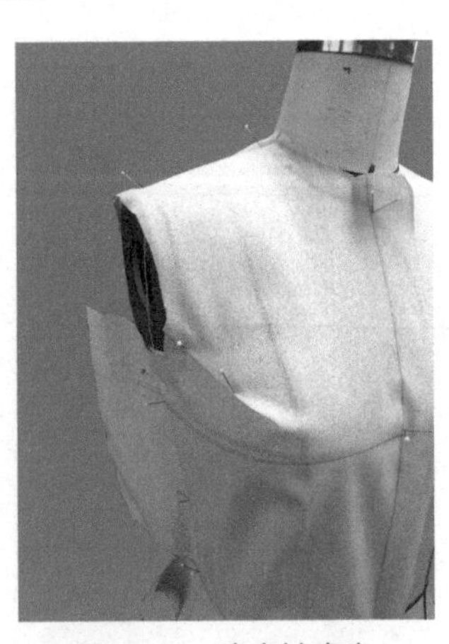
图 6-86 确定袖窿省

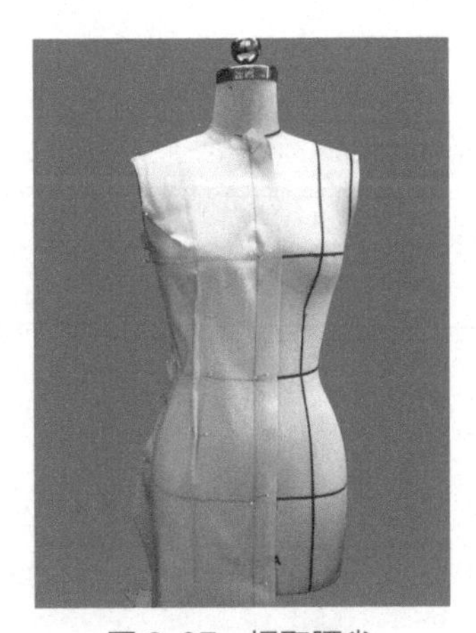
图 6-87 捏取腰省

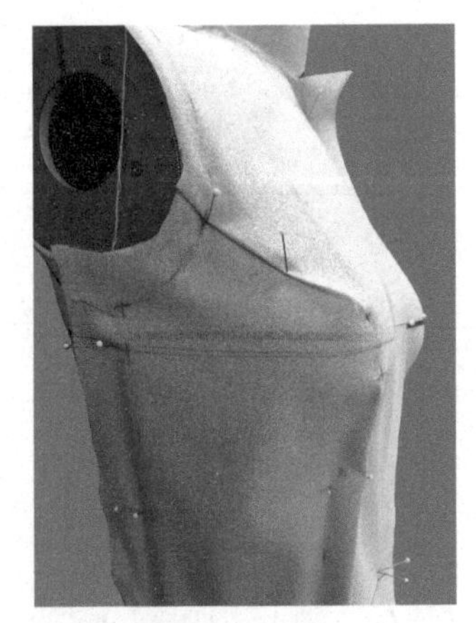
图 6-88 点影

（四）后片立体裁剪步骤

（1）固定白坯布。将事先准备好的后片白坯布固定在人台上，使白坯布上的后中心线、胸围线、腰围线、臀围线与人台的后中心线、胸围线、腰围线、臀围线对齐并用双针固定，如

图 6-89 所示。

（2）抚平领围线、肩线。沿后领围的标记带预留 1～2cm 进行修剪，一边抚平领围一边打剪刀口，使其服帖、圆顺，同时直接抚平肩部，在肩端点用针固定，如图 6-90 所示。

（3）抚平后袖窿弧线。顺着标记带往下边打剪刀口边抚平袖窿弧线，如图 6-91 所示。

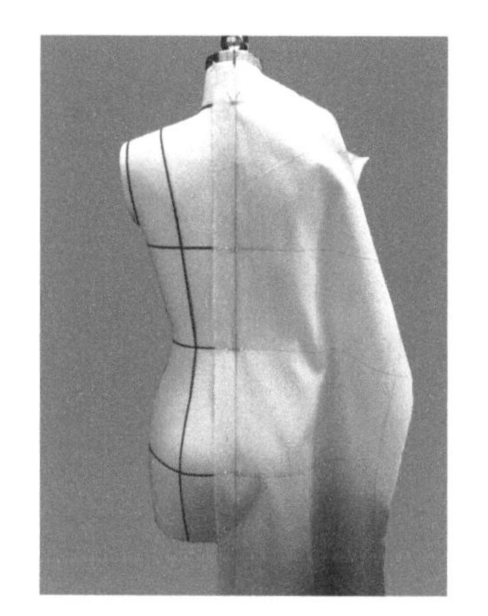

图 6-89　固定白坯布

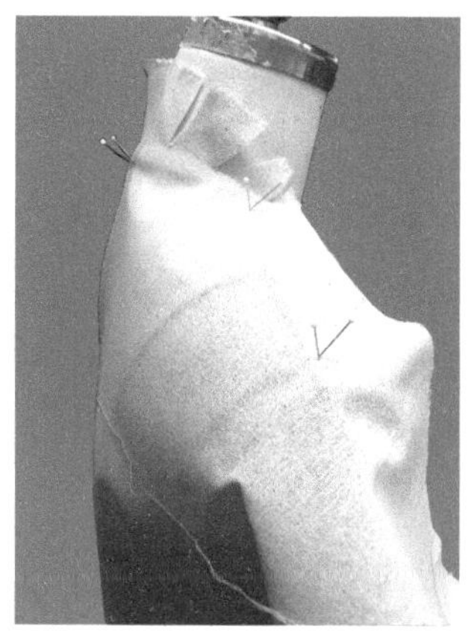

图 6-90　抚平领围线、肩线

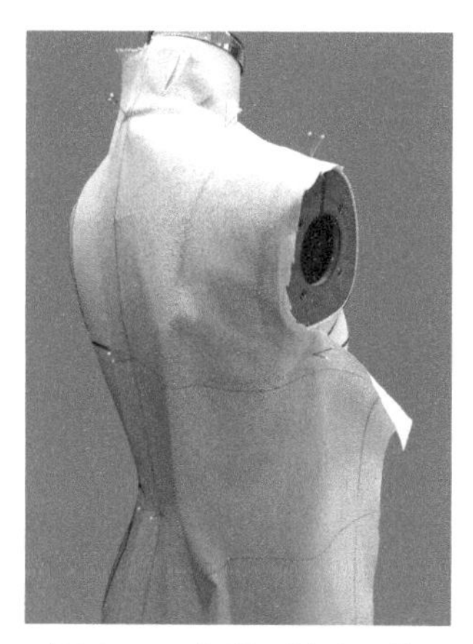

图 6-91　抚平后袖窿弧线

（4）抚平侧缝线。由上往下自然抚平侧缝线，需要注意的是，要通过打剪刀口的方式进行抚平，否则很难使面料贴合人台，如图 6-92 所示。

（5）捏取后腰省。将腰部多余的松量捏成腰省，腰省的位置在公主线处，用双针在腰省两侧固定，如图 6-93 所示。

（6）点影。沿标记带进行点影，其次省尖处也要点影，依次确定省尖消失点位置，如图 6-94 所示。

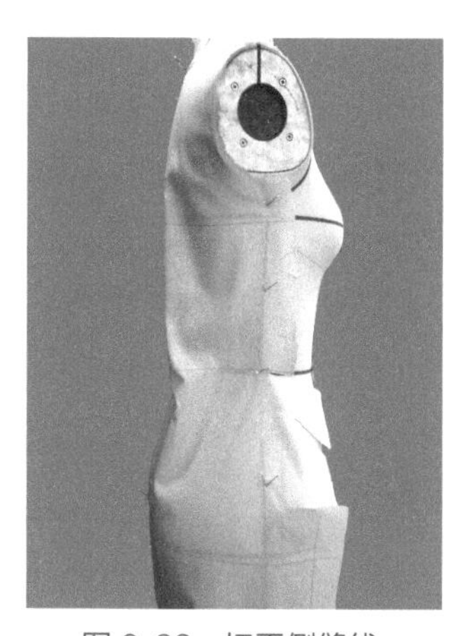

图 6-92　抚平侧缝线

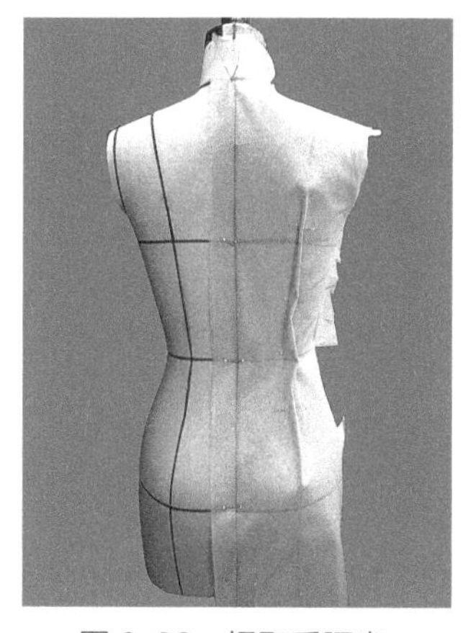

图 6-93　捏取后腰省

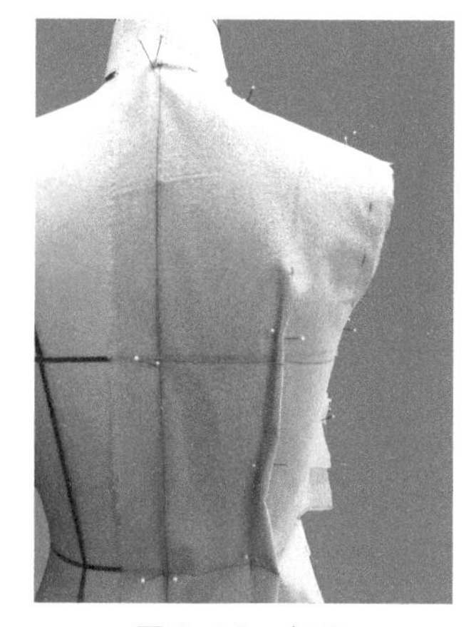

图 6-94　点影

（7）样片修剪。将前后裙片白坯布从人台取下，用尺子将点影进行化样修整，如图 6-95 所示。

（8）将修整好的白坯布别合在人台上进行审视，观察整体效果，如图 6-96 所示。

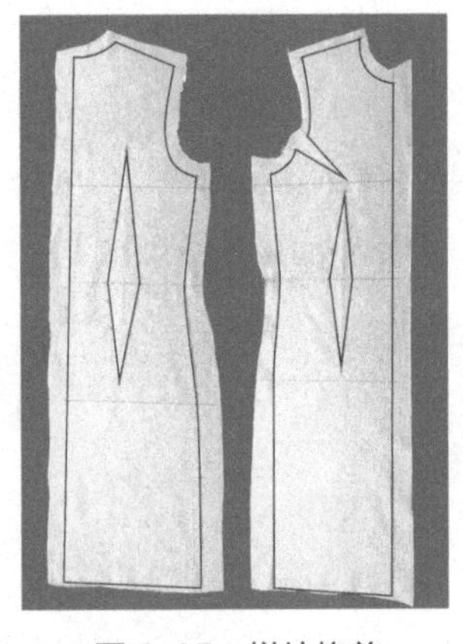

图 6-95　样片修剪

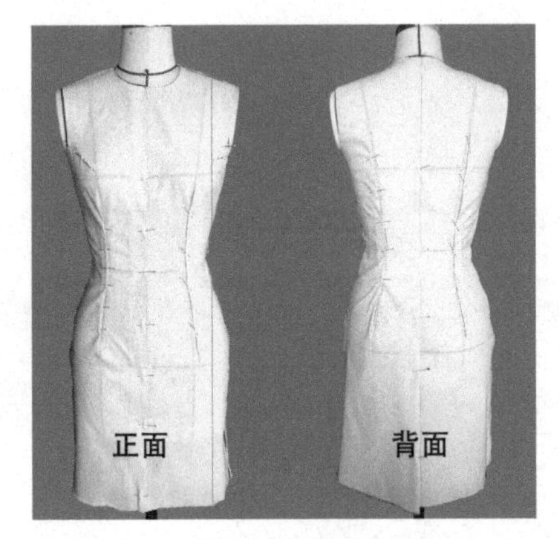

图 6-96　H 型连衣裙制作完成

二、公主线连衣裙

公主线连衣裙是一款较为经典的连衣裙款式，它充分利用公主线连省成缝的特点，彰显女性身材的曲线美。公主线连衣裙的上半身利用公主线收省变得紧身，而下半身借用公主线加入松量，使其形成上紧下松的波浪造型，如图 6-97 所示。

（一）采样

1. 布样长度

（1）前中片：裙长加 6～8cm。

（2）前侧片：裙长加 6～8cm。

（3）后中片：裙长加 6～8cm。

（4）后侧片：裙长加 6～8cm。

2. 布样宽度

（1）前中片：1/4 胸围加 6～8cm。

（2）前侧片：1/4 胸围加 6～8cm。

（3）后中片：1/4 胸围加 6～8cm。

（4）后侧片：1/4 胸围加 6～8cm。

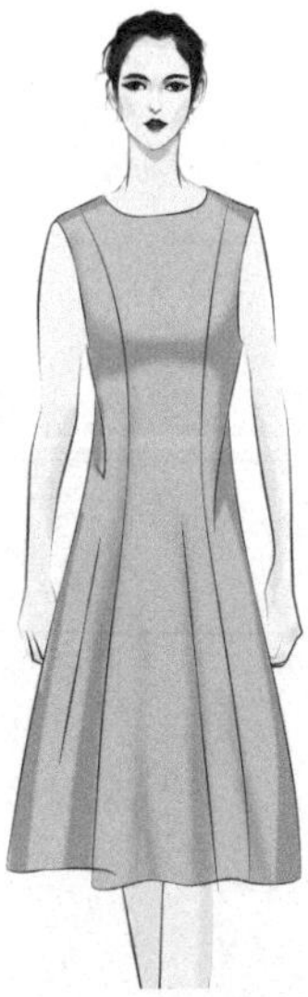

图 6-97　公主线连衣裙

（二）布样化样

1. 前中片

在白坯布上由右往左量取 5cm 做垂直线即前中心线，在前中心线上从上往下量取 28cm 做一条水平线为胸围线（BL），胸围线往下量取 17～18cm 做一条水平线为腰围线（WL），腰围线往下量取 16～17cm 做一条水平线为臀围线（HL），如图 6-98 所示。

2. 前侧片

将白坯布对折，折痕即为中心线，在中心线上从上往下量取 28cm 做一条水平线为胸围线（BL），胸围线往下量取 17～18cm 做一条水平线为腰围线（WL），腰围线往下量取 16～17cm 做一条水平线为臀围线（HL），如图 6-99 所示。

3. 后中片

在白坯布上由左往右量取 5cm 做垂直线即后中心线，在后中心线上从上往下量取 28cm 做一条水平线为胸围线（BL），胸围线往下量取 17～18cm 做一条水平线为腰围线（WL），腰围线往下量取 16～17cm 做一条水平线为臀围线（HL），如图 6-100 所示。

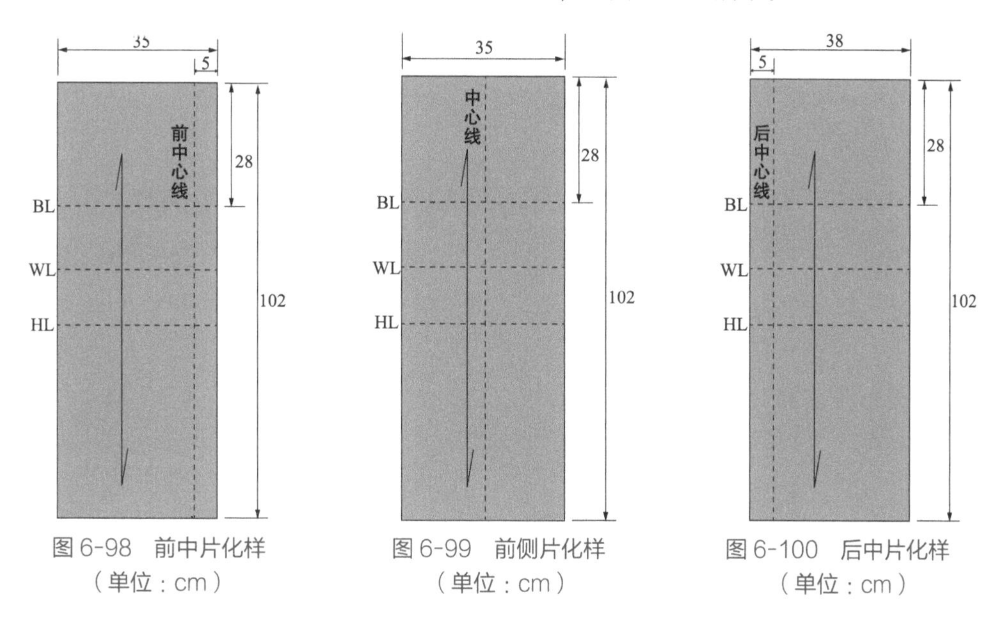

图 6-98　前中片化样（单位：cm）

图 6-99　前侧片化样（单位：cm）

图 6-100　后中片化样（单位：cm）

4. 后侧片

将白坯布对折，折痕即为中心线，在中心线上从上往下量取 28cm 做一条水平线为胸围线（BL），胸围线往下量取 17～18cm 做一条水平线为腰围线（WL），腰围线往下量取 16～17cm 做一条水平线为臀围线（HL），如图 6-101 所示。

（三）前中片立体裁剪步骤

（1）固定白坯布。将事先准备好的前片白坯布固定在人台上，使白坯布上的前中心线、胸围线、腰围线、臀围线与人台的前中心线、胸围线、腰围线、臀围线对齐并用双针固定，如

图 6-102 所示。

（2）抚平领围线、肩线。沿前领围的标记带预留 1～2cm 进行修剪，一边抚平领围线一边打剪刀口，使其服帖、圆顺，同时直接抚平肩部并在公主线处用针固定，如图 6-103 所示。

（3）固定公主线。以前中心线为基准线，往左抚平胸围线和腰围线，在公主线处停止并固定，同时纵向抚平公主线。需要注意的是，只需抚平腰围线以上的公主线，腰围线以下的暂不做处理，如图 6-104 所示。

（4）点影。沿标记带进行点影，只需将腰围线以上的部分进行点影，如图 6-105 所示。

（5）样片修剪。将白坯布取下进行修剪，腰围线以上的部分按照点影进行化样。接着量取腰围线距离即 A、B 两点的距离为 a（cm），在白坯布底端往上量取 4cm 找到 C 点，然后以 C 点为基准点，做一条水平线与前中心线垂直并找到 D 点（C、D 两点的距离为 a+15cm，15cm 为波浪裙摆量），最后连接 B、D 两点得到前中片，如图 6-106 所示。

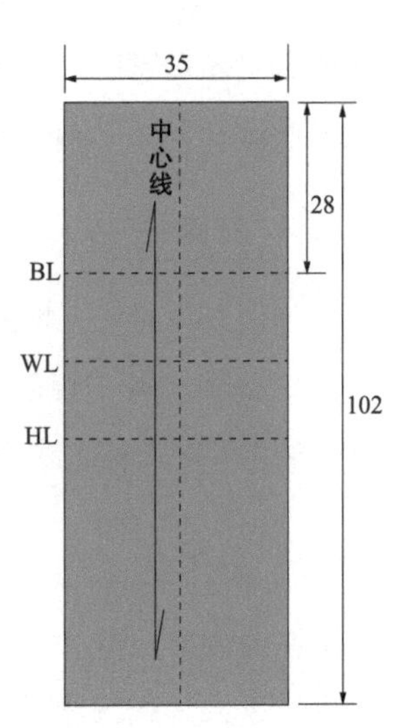

图 6-101　后侧片化样（单位：cm）

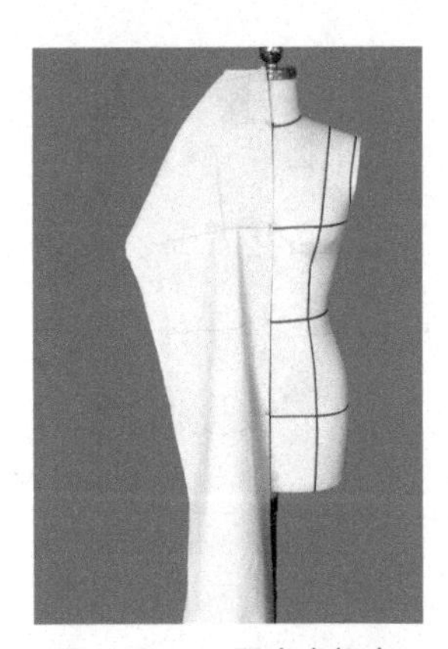
图 6-102　固定白坯布

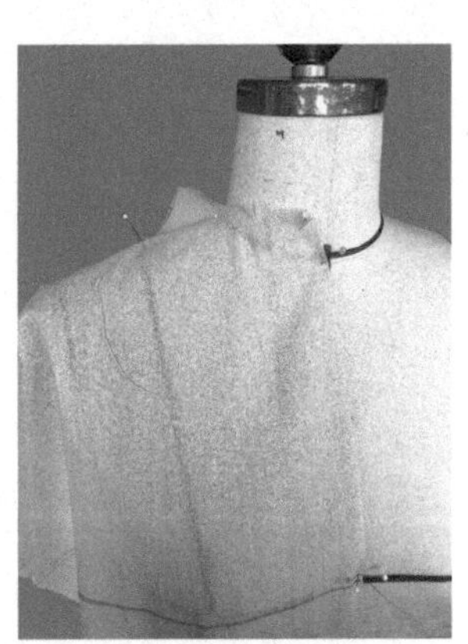
图 6-103　抚平领围线、肩线

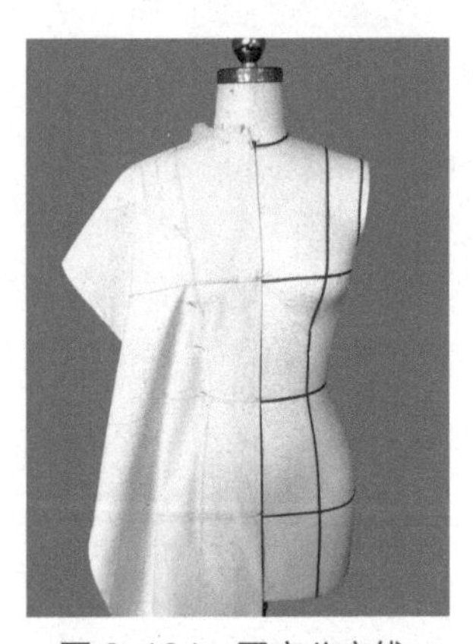
图 6-104　固定公主线

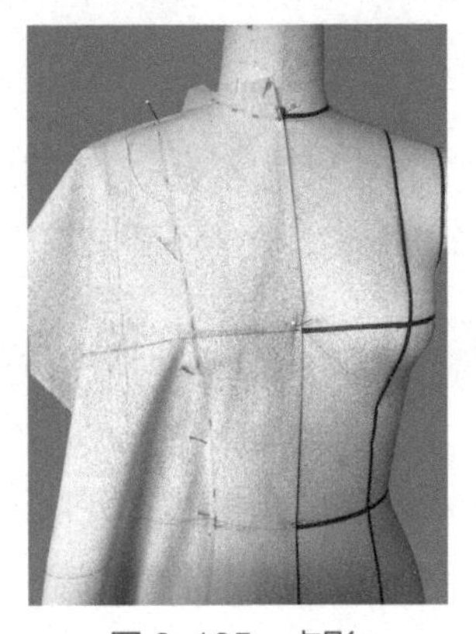
图 6-105　点影

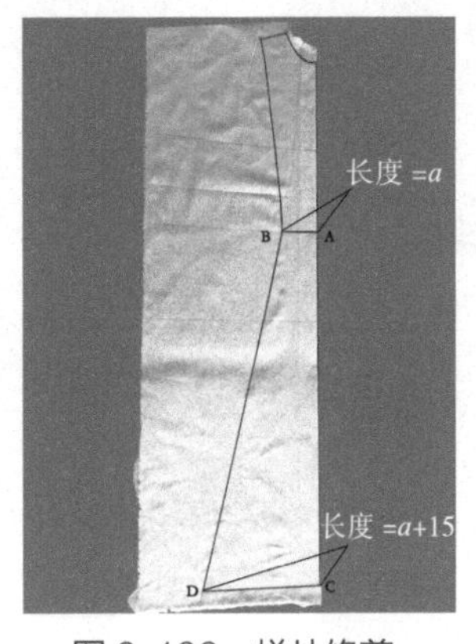

图 6-106　样片修剪

（四）前侧片立体裁剪步骤

（1）固定白坯布。将事先准备好的前侧片白坯布固定在人台上，使白坯布上的中心线固定在前公主线与侧缝线 1/2 处，这样固定中心线更方便接下来抚平公主线，如图 6-107 所示。

（2）抚平胸围线、腰围线。以中心线为基准分别向两侧抚平胸围线和腰围线并固定，如图 6-108 所示。

（3）抚平袖窿弧线和肩线。顺着标记带往上边打剪刀口边抚平袖窿弧线，同时抚平肩线如图 6-109 所示。

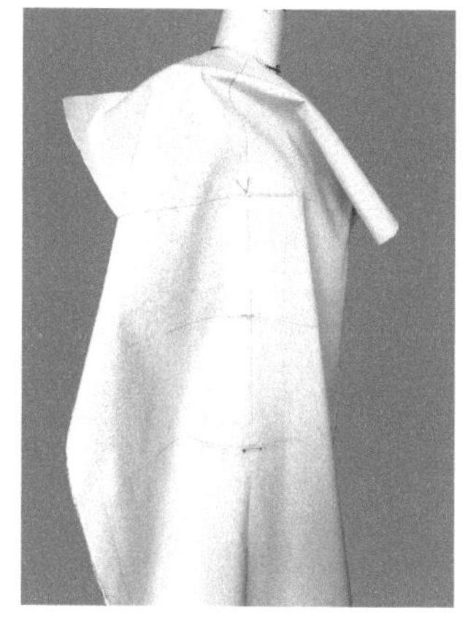
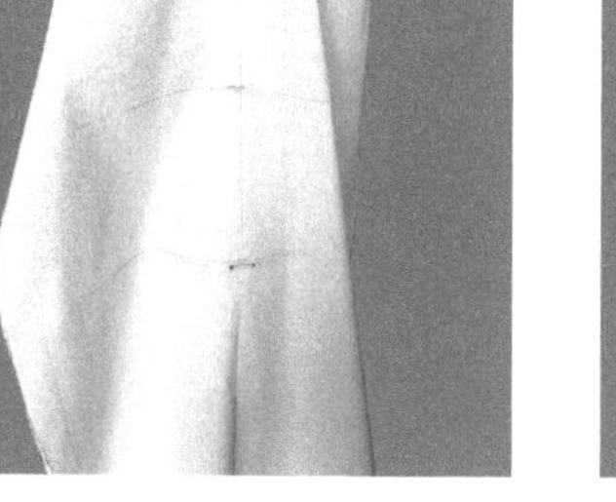

图 6-107　固定白坯布

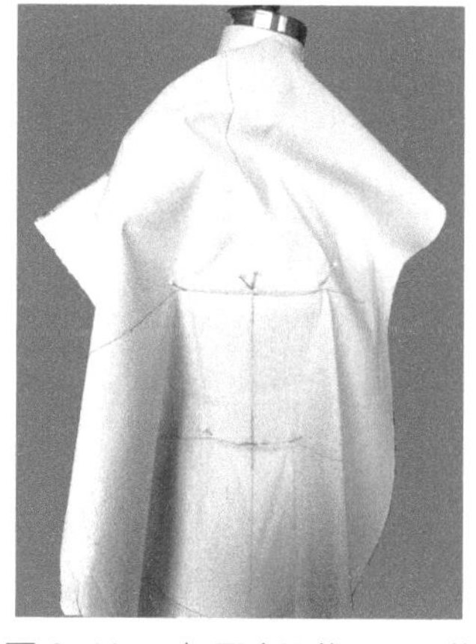

图 6-108　抚平胸围线、腰围线

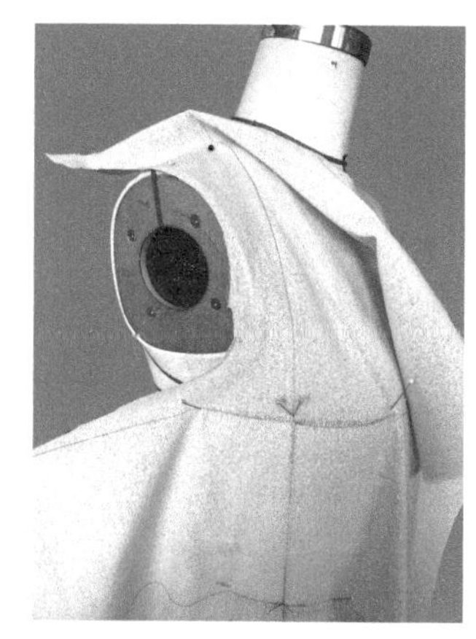

图 6-109　抚平袖窿弧线和肩线

（4）固定公主线。纵向抚平公主线并固定，若此时布料较多的话可以进行部分修剪。需要注意的是，只需抚平腰围线以上的公主线，腰围线以下的暂不做处理，如图 6-110 所示。

（5）点影。沿标记带进行点影，只需将腰围线以上的部分进行点影，如图 6-111 所示。

（6）样片修剪。将白坯布取下进行修剪，腰围线以上的部分按照点影进行化样，如图 6-112 所示。接着将白坯布沿化样的中心线对折，量取腰围线距离即 A、B 两点的距离为 a（cm），从

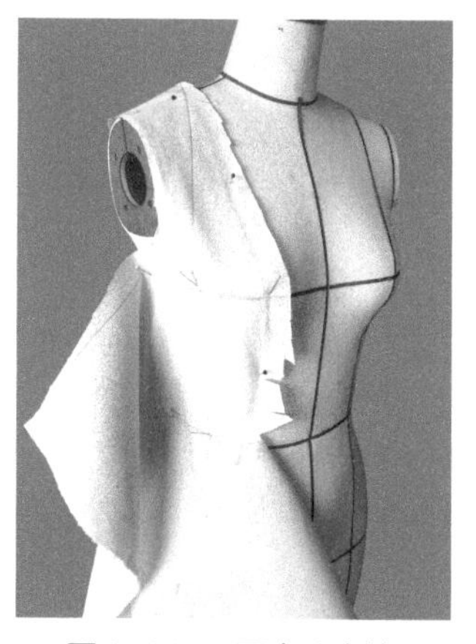

图 6-110　固定公主线

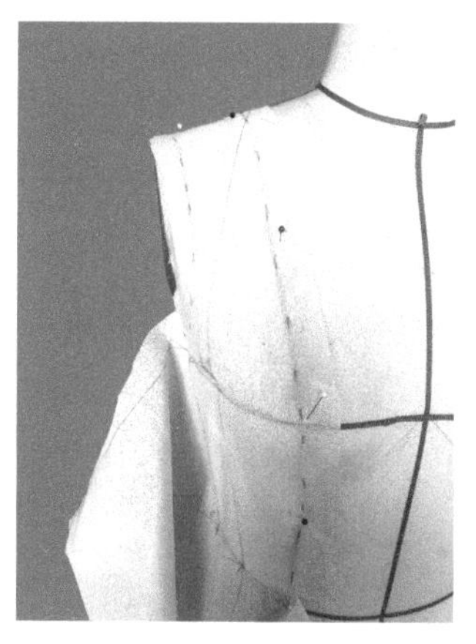

图 6-111　点影

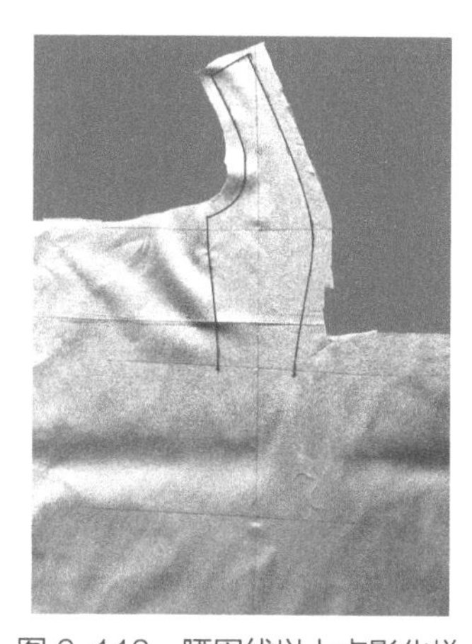

图 6-112　腰围线以上点影化样

白坯布底端往上量取 4cm 找到 C 点然后以 C 点为基准点，做一条水平线与前中心线垂直并找到 D 点（C、D 两点的距离为 a+15cm，15cm 为波浪裙摆量），最后连接 B、D 两点连接得到前侧片，如图 6-113 所示。

（7）前中片以及前侧片样片如图 6-114 所示。

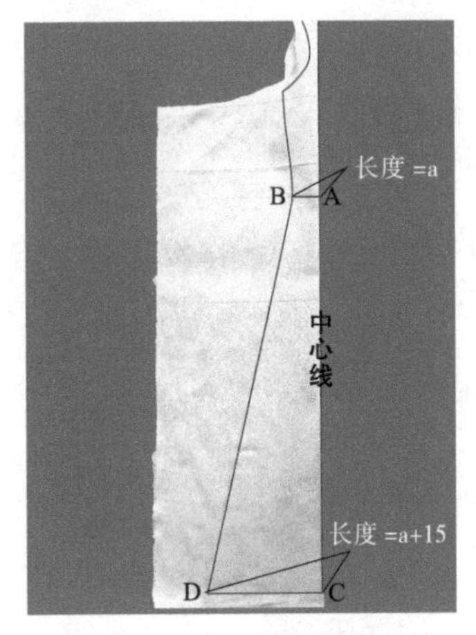

图 6-113　样片修剪

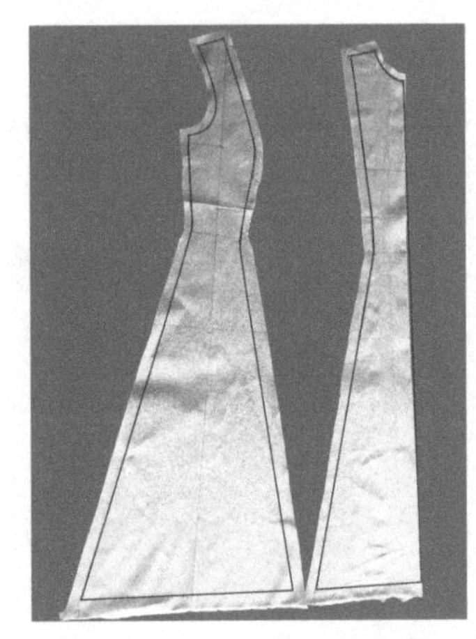

图 6-114　前中片以及前侧片样片

（五）后中片立体裁剪步骤

（1）固定白坯布。将事先准备好的后片白坯布固定在人台上，使白坯布上的后中心线、胸围线、腰围线、臀围线与人台的后中心线、胸围线、腰围线、臀围线对齐并用双针固定，如图 6-115 所示。

（2）抚平领围线、肩线。沿后领围线的标记带预留 1～2cm 进行修剪，一边抚平领围线一边打剪刀口，使其服帖、圆顺，同时直接抚平肩部并在公主线处用针固定，如图 6-116 所示。

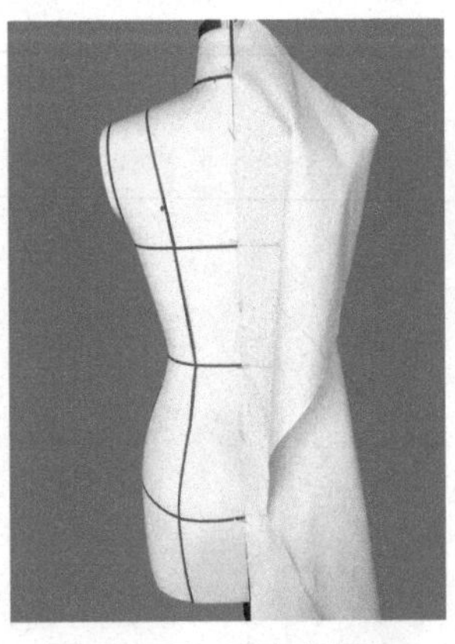

图 6-115　固定白坯布

图 6-116　抚平领围线、肩线

（3）固定公主线。以后中心线为基准线，往右抚平胸围线和腰围线，在公主线处停止并固定，同时纵向抚平公主线。需要注意的是，只需抚平腰围线以上的公主线，腰围线以下的暂不做处理，如图 6-117 所示。

（4）点影。沿标记带进行点影，只需将腰围线以上的部分进行点影，如图 6-118 所示。

（5）样片修剪。将白坯布取下进行修剪，腰围线以上的部分按照点影进行化样。接着量取腰围线距离即 A、B 两点的距离为 a（cm），从白坯布底端往上量取 4cm 找到 C 点，然后以 C 点为基准点，做一条水平线与后中心线垂直并找到 D 点（C、D 两点的距离为 a+15cm，15cm 为波浪裙摆量），最后连接 B、D 两点连接得到后中片，如图 6-119 所示。

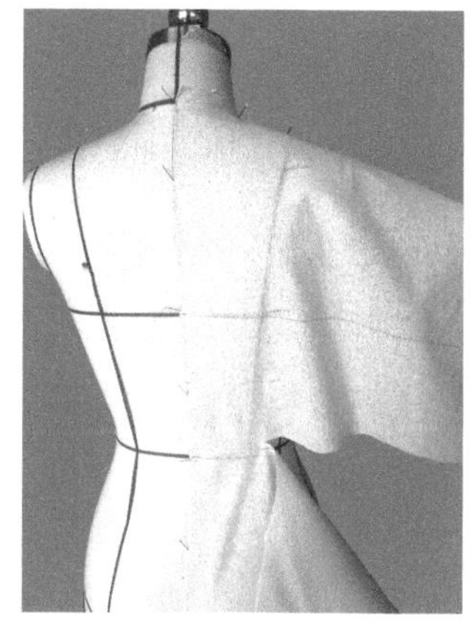

图 6-117　固定公主线

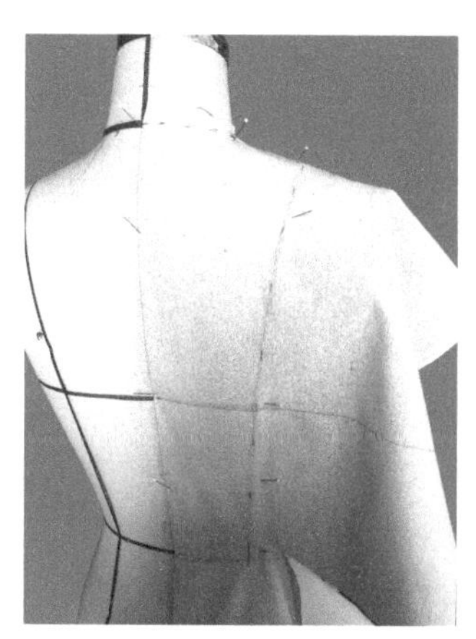

图 6-118　点影

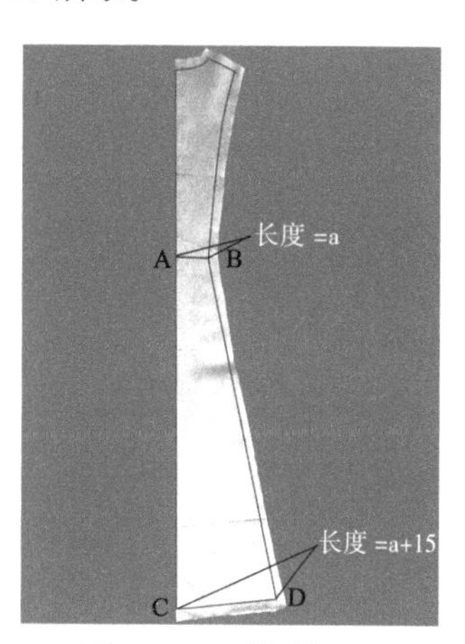

图 6-119　样片修剪

（六）后侧片立体裁剪步骤

（1）固定白坯布。将事先准备好的后侧片白坯布固定在人台上，使白坯布上的中心线固定在后公主线与侧缝线 1/2 处，这样固定中心线更方便接下来抚平公主线，如图 6-120 所示。

（2）抚平胸围线、腰围线。以中心线为基准分别向两侧抚平胸围线和腰围线并固定，如图 6-121 所示。

（3）抚平袖窿弧线和肩线。顺着标记带往上，边打剪刀口边抚平袖窿弧线，同时抚平肩线如图 6-122 所示。

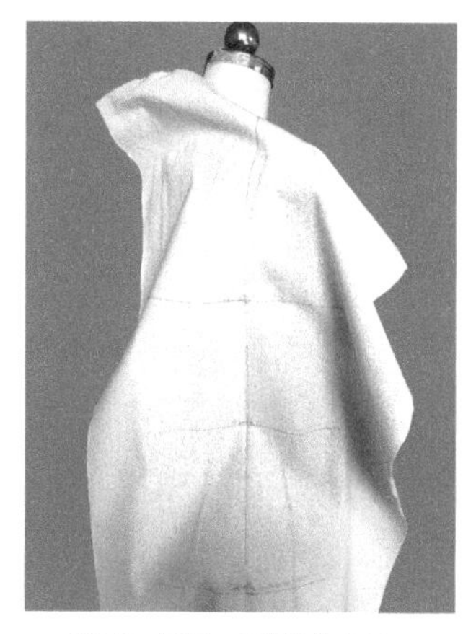

图 6-120　固定白坯布

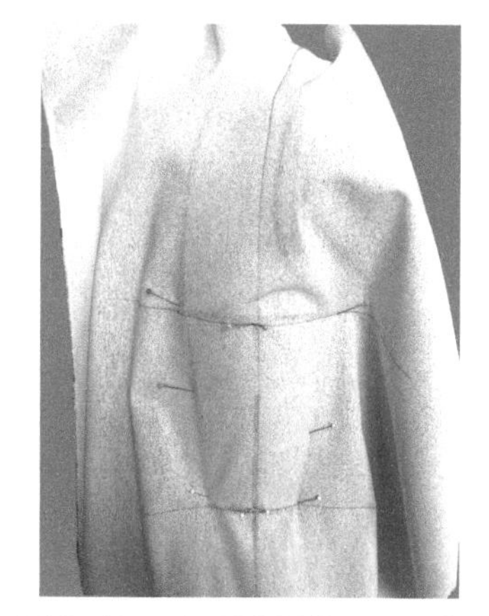

图 6-121　抚平胸围线、腰围线

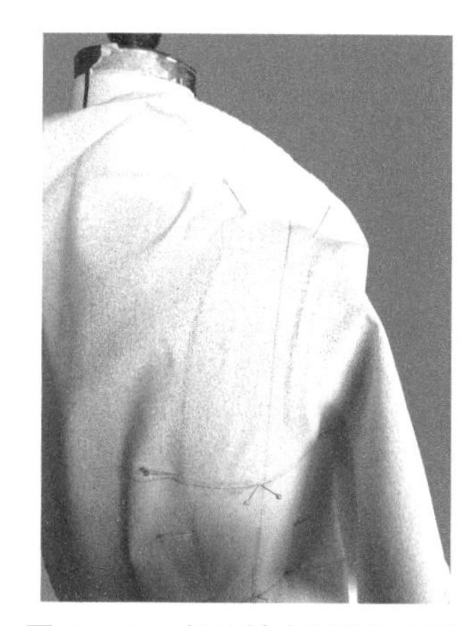

图 6-122　抚平袖窿弧线和肩线

（4）固定公主线。纵向抚平公主线并固定，若此时布料较多的话可以进行部分修剪。需要注意的是，只需抚平腰围线以上的公主线，腰围线以下的暂不做处理，如图 6-123 所示。

（5）点影。沿标记带进行点影，只需将腰围线以上的部分进行点影。

（6）样片修剪。将白坯布取下进行修剪，腰围线以上的部分按照点影进行化样。接着将白坯布沿化样的中心线对折，量取腰围线距离即 A、B 两点的距离为 a（cm），在白坯布底端找到 C 点并以 C 点为基准点，做一条水平线与前中心线垂直并找到 D 点（C、D 两点的距离为 a+15cm，15cm 为波浪裙摆量），最后连接 B、D 两点连接得到前侧片，如图 6-124 所示。

（7）后中片以及后侧片样片如图 6-125 所示。

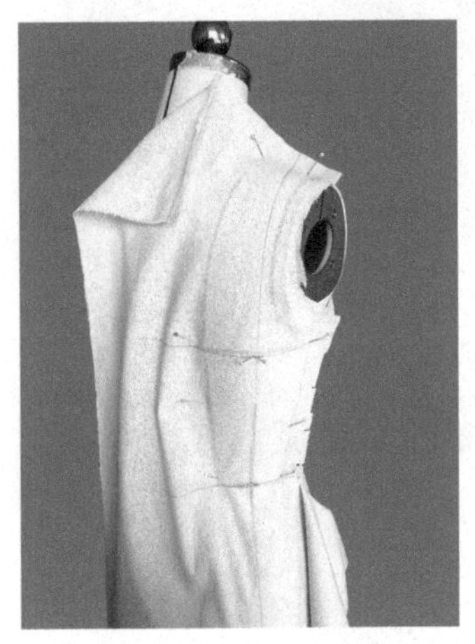

图 6-123　固定公主线

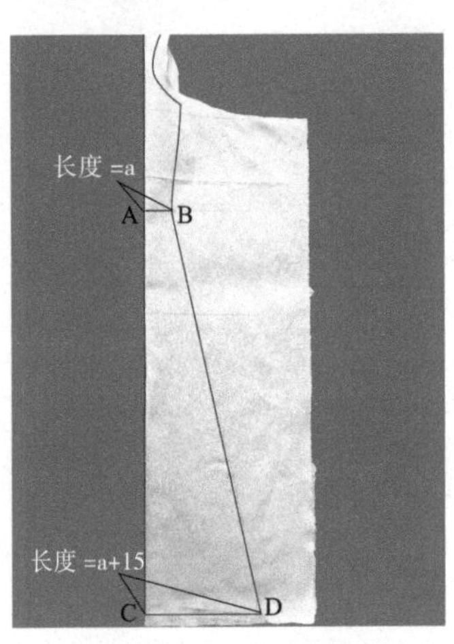

图 6-124　样片修剪

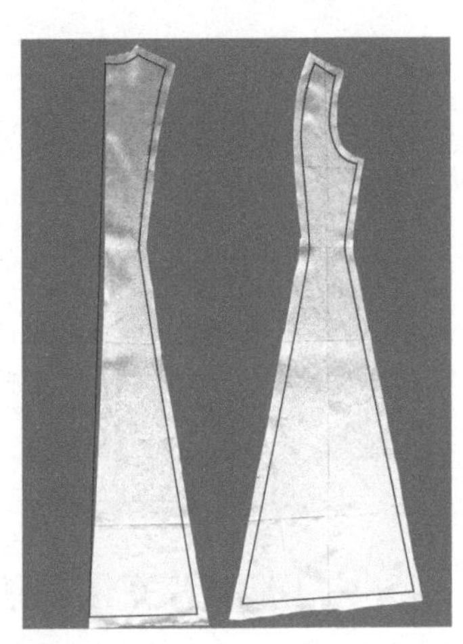

图 6-125　后中片以及后侧片样片

（8）将修整好的白坯布别合在人台上进行审视，观察整体效果，如图 6-126 所示。

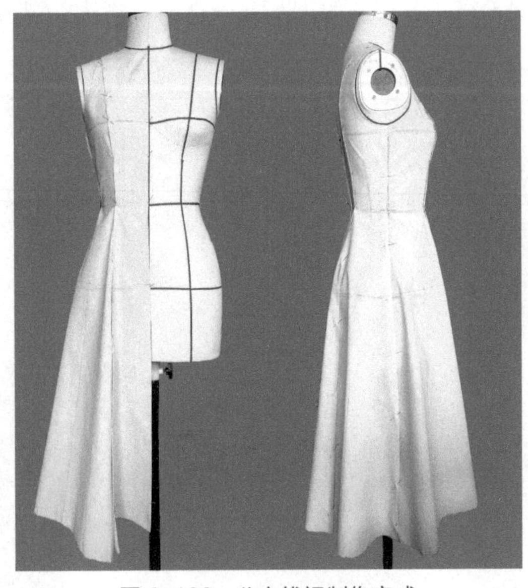

图 6-126　公主线裙制作完成

三、褶裥连衣裙

褶裥连衣裙是将衣身多余的布料或省量用褶裥的方式进行处理，这种处理方式也是最常见的，褶裥在收缩松量的同时还带来了褶裥造型的设计，因此褶裥连衣裙颇受女性青睐。本书中的褶裥连衣裙是一个修身款式，因此褶裥的处理尤为重要，裙身的前面可分解成三片，左侧的上片、下片和右侧的一整片，褶裥主要集中在胸腰处，如图 6-127 所示。与前两款连衣裙的不同之处在于，此款采用斜丝进行设计。

图 6-127　褶裥连衣裙

（一）采样

1. 布样长度

（1）左上片：侧颈点至前腰围线加 8～12cm。

（2）左下片：裙长减 30cm 后加 6～8cm。

（3）右片：裙长加 8～12cm。

2. 布样宽度

（1）左上片：左侧侧缝线至右侧侧缝线加 8～12cm。

（2）左下片：左侧侧缝线至右侧公主线加 6～8cm。

（3）右片：裙长加 20～30cm。

（二）布样化样

1. 左上片

在白坯布从右至左量取 5cm 做一条垂直线即领围线，如图 6-128 所示。

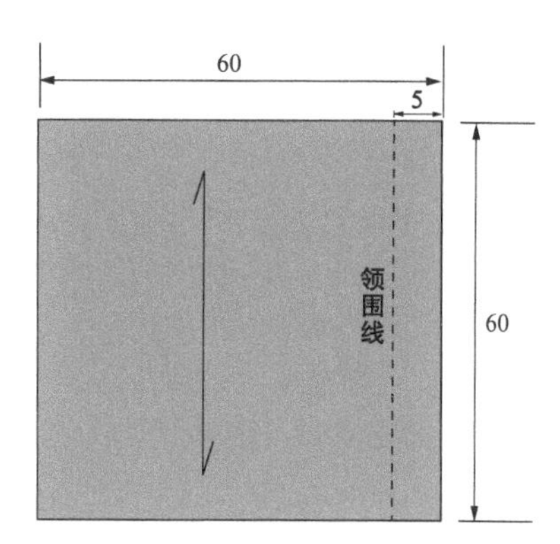

图 6-128　左上片化样（单位：cm）

2. 左下片

在白坯布从左至右量取 13cm 做一条垂直线即前中心线，在前中心线上从上往下量取 24cm 做一条水平线即臀围线（HL），如图 6-129 所示。

3. 右片

在白坯布从右至左量取 5cm 做一条垂直线即领围线，如图 6-130 所示。

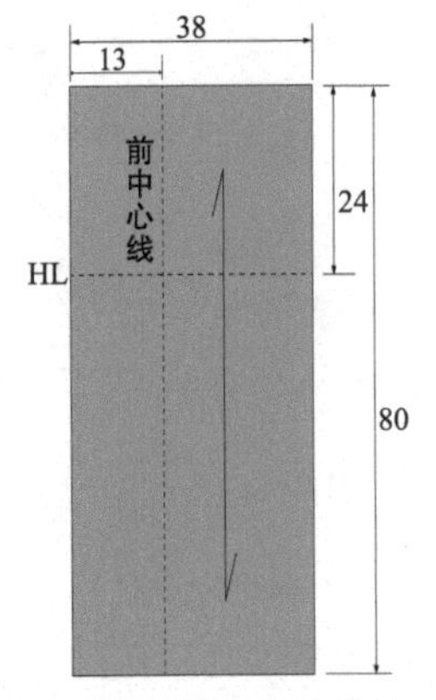

图 6-129　左下片化样（单位：cm）

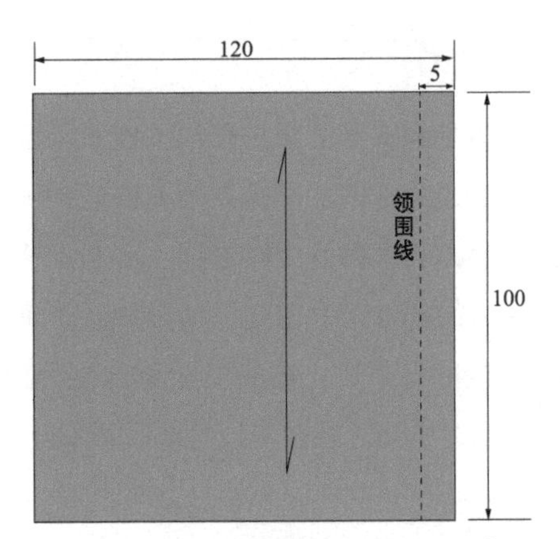

图 6-130　右片化样（单位：cm）

（三）左上片立体裁剪步骤

（1）贴标记带。根据款式图，在人台上贴出 V 领造型线，如图 6-131 所示。

（2）固定白坯布。将事先准备好的前上片白坯布固定在人台上。沿白坯布的领围线向内折 5cm 并熨烫保证不漏毛缝，将熨烫好的领围线沿标记带进行固定，此时上半身布料的丝缕方向为斜丝，如图 6-132 所示。

（3）抚平袖窿弧线。顺着人台往下抚平袖窿弧线，将多余的松量进行转移，如图 6-133 所示。

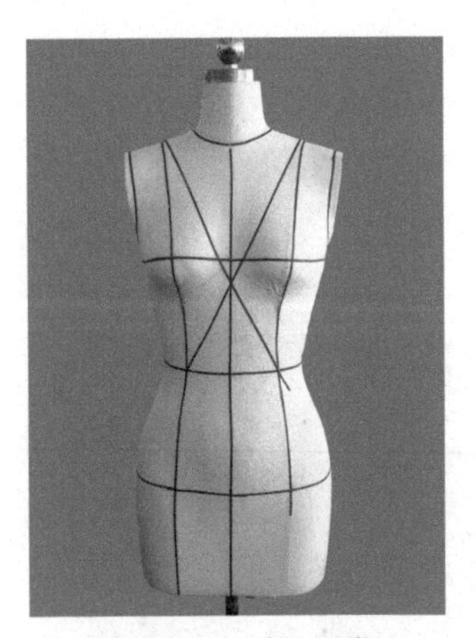

图 6-131　贴标记带

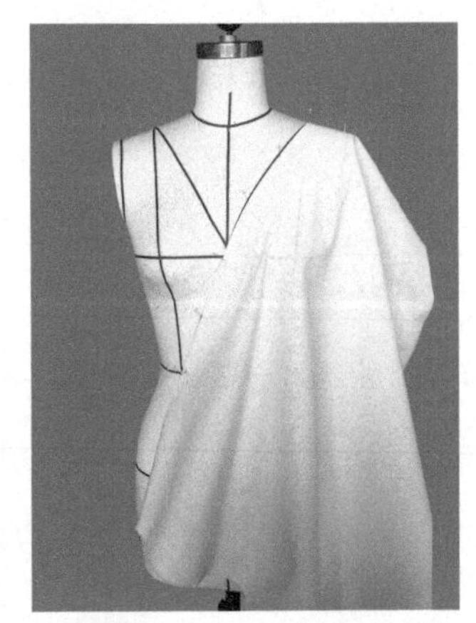

图 6-132　固定白坯布

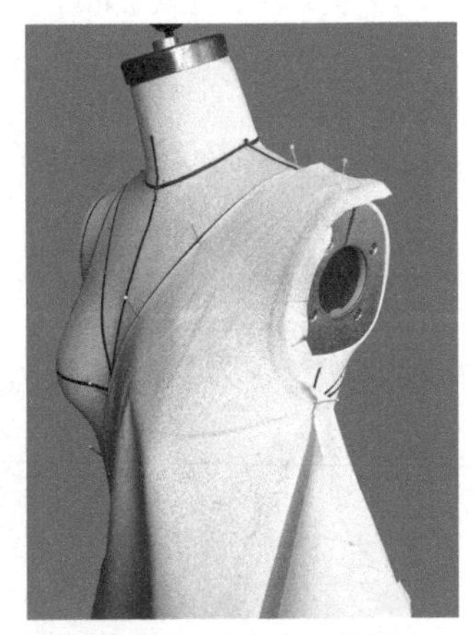

图 6-133　抚平袖窿弧线

（4）抚平侧缝线。往下抚平侧缝线并在腰围线处固定，如图 6-134 所示。

（5）捏取褶裥。此时右侧公主线与侧缝线之间堆积着大量松量，可在腰围线处捏取第一个褶裥（褶裥大小以一个指头为准），如图 6-135 所示。

（6）处理褶裥。将多余的松量全部均匀地处理成褶裥，褶裥集中在右侧公主线与中心线处，固定好褶裥，如图 6-136 所示。需要注意的是，此时布料为斜丝，因此在处理褶裥时不应用力拉扯以避免变形。

（7）点影。修剪多余布料并进行点影，如图 6-137 所示。

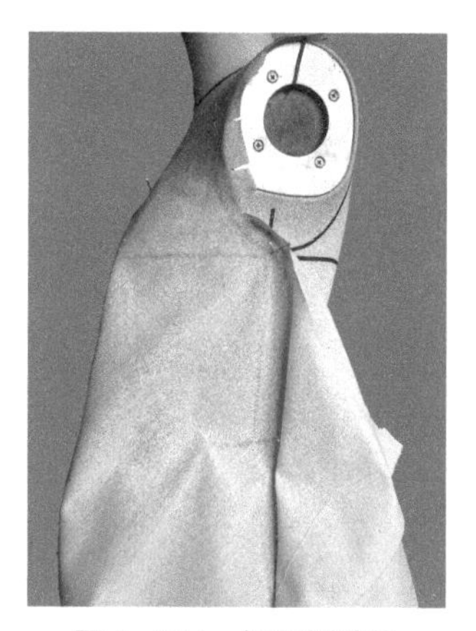

图 6-134　抚平侧缝线

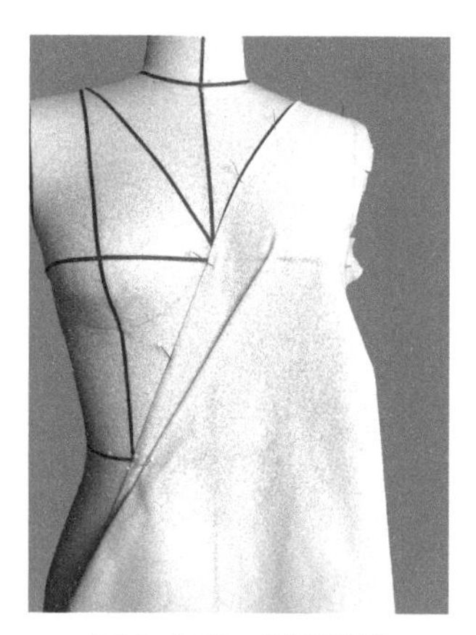

图 6-135　捏取褶裥

图 6-136　处理褶裥

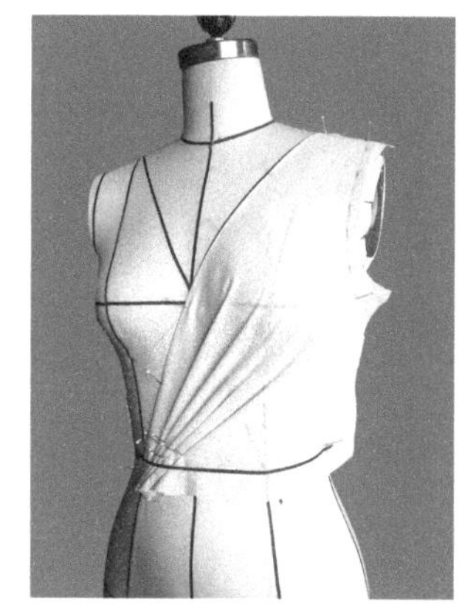

图 6-137　点影

（四）左下片立体裁剪步骤

（1）固定白坯布。将事先准备好的前下片白坯布固定在人台上，使白坯布上的前中心线、臀围线与人台的前中心线、臀围线对齐并用双针固定，如图 6-138 所示。

（2）抚平臀围线。水平抚平臀围线并固定，使白坯布臀围线与人台臀围线对齐，如图 6-139 所示。

（3）抚平右侧公主线。上下抚平右侧公主线并固定，如图 6-140 所示。

（4）抚平侧缝线。以臀围线为基准向上抚平侧缝线，如图 6-141 所示。

（5）确定腰省。将腰围线上多余的布料分成两份，捏取两个省。注意两个省量不等分，中间省量略大于侧腰省，如图 6-142 所示。

（6）点影。修剪多余布料并进行点影，如图 6-143 所示。

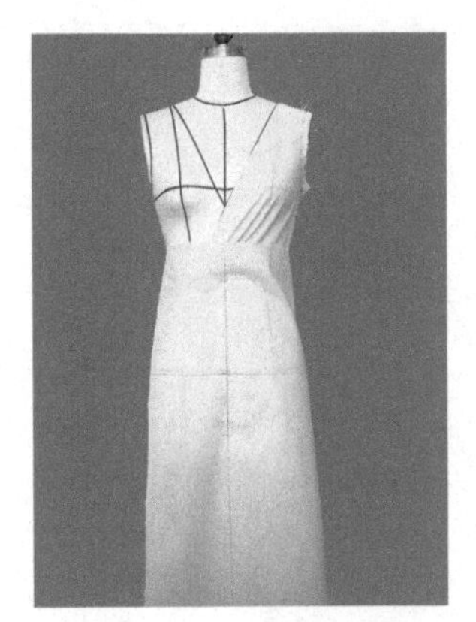
图 6-138　固定白坯布

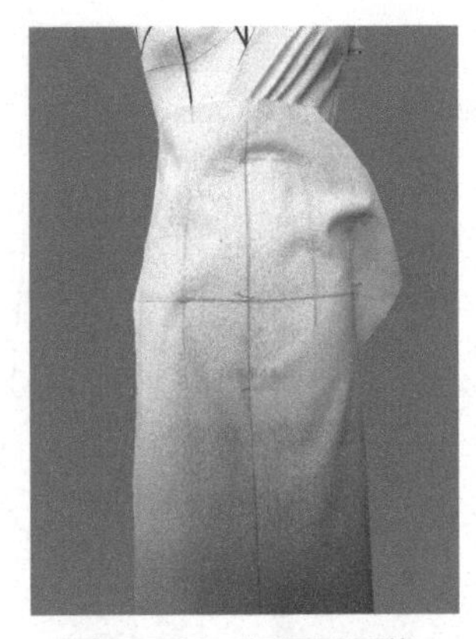
图 6-139　抚平臀围线

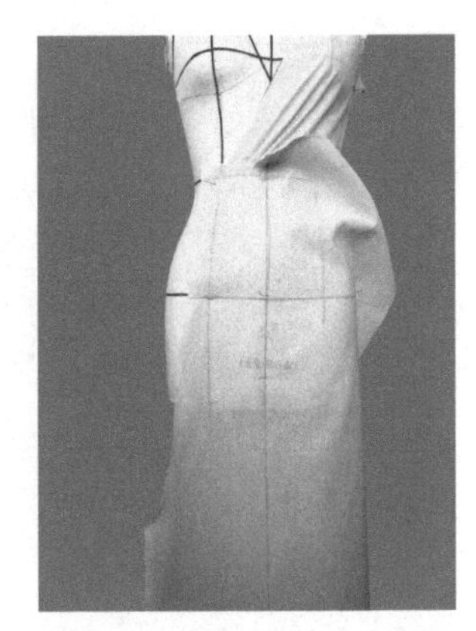
图 6-140　抚平右侧公主线

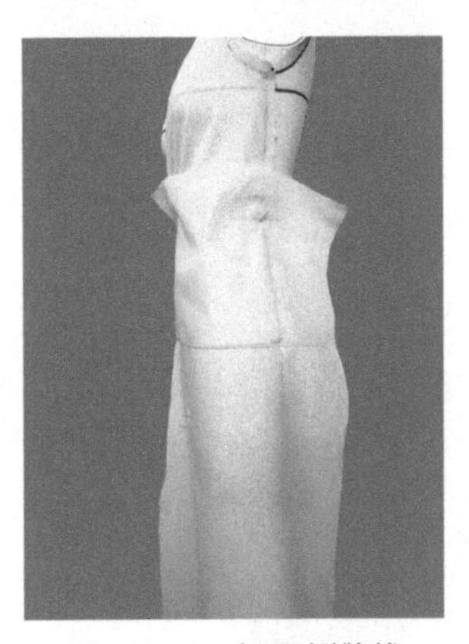
图 6-141　抚平侧缝线

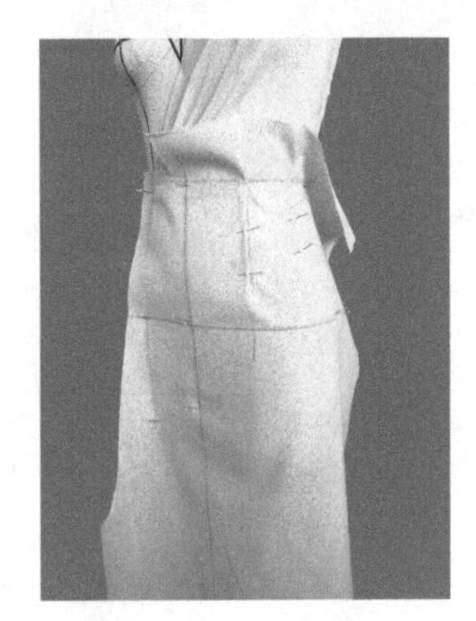
图 6-142　确定腰省

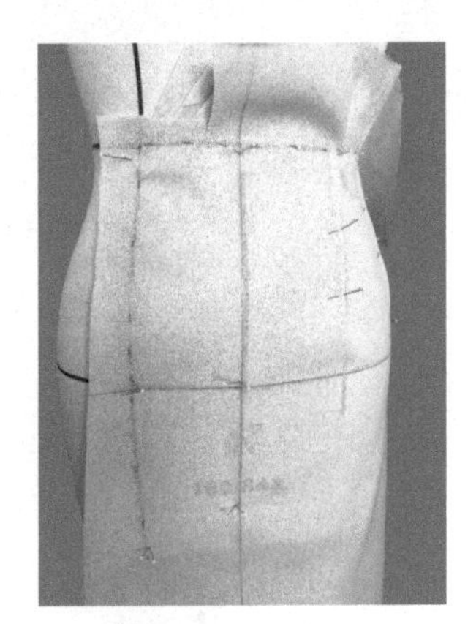
图 6-143　点影

（五）右片立体裁剪步骤

（1）固定白坯布。将事先准备好的右片白坯布固定在人台上。沿白坯布的领围线向内折 5cm 并熨烫保证不漏毛缝，将熨烫好的领围线沿标记带进行固定，此时上半身布料的丝缕方向为斜丝，如图 6-144 所示。

（2）抚平袖窿弧线。顺着人台往下抚平袖窿弧线，将多余的松量进行转移，同时捏取第一个褶裥，如图 6-145 所示。

（3）慢慢抚平侧缝线。注意不要一次性抚平侧缝线至底部，先慢慢抚平 5～6cm 并固定，如图 6-146 所示。

（4）处理腰部褶裥。将腰部的松量进行褶裥处理，注意一边捏取褶裥

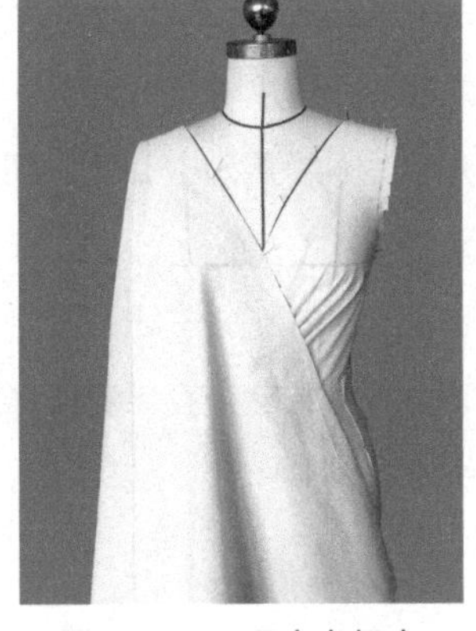
图 6-144　固定白坯布

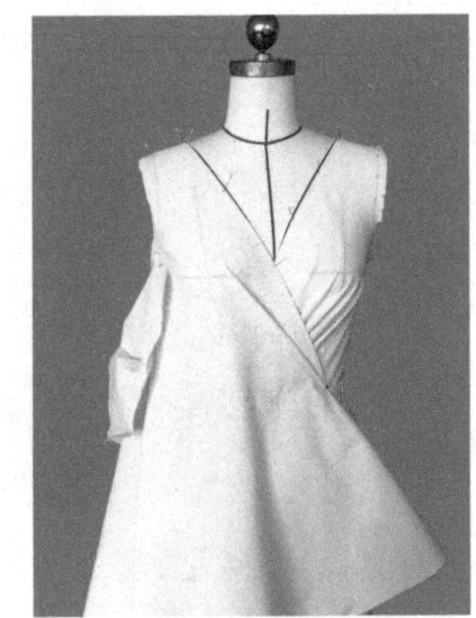
图 6-145　抚平袖窿弧线

一边抚平侧缝线，同时侧缝线上不能有多余的褶皱，必须抚平，如图 6-147 所示。

（5）处理臀部褶裥。在处理臀部褶裥时，将右侧多余的布料向上提形成向上的褶裥形态，使布料包裹住人台的侧臀达到包臀裙的效果，如图 6-148 所示。

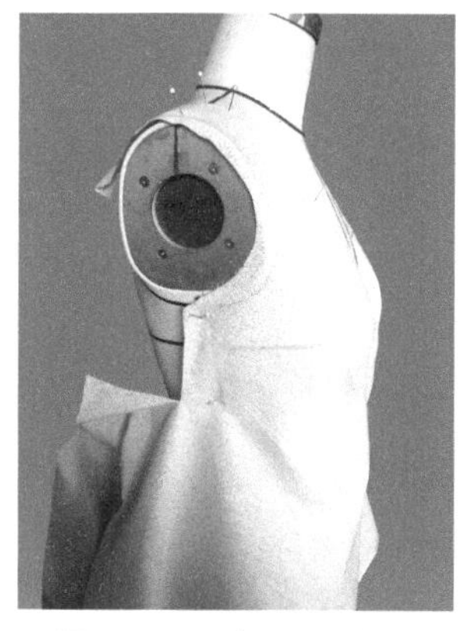

图 6-146　抚平侧缝线

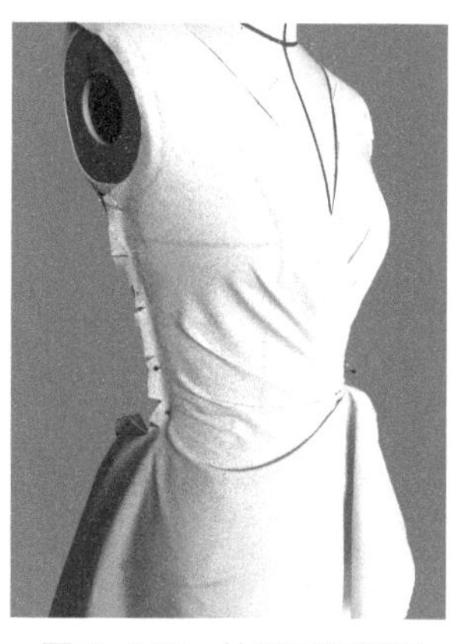

图 6-147　处理腰部褶裥

图 6-148　处理臀部褶裥

（6）处理腰部堆积褶裥。所有的褶裥布料全部堆积在腰部，此时可沿着珠针位置将褶裥进行修剪，如图 6-149 所示。修剪的同时也要时刻观察褶裥的形态，保障最后效果的美观，如图 6-150 所示。

（7）完成制作。手工制作蝴蝶结将其固定在褶裥毛缝处并修剪裙身侧缝线，最后完成褶裥连衣裙制作，如图 6-151 所示。

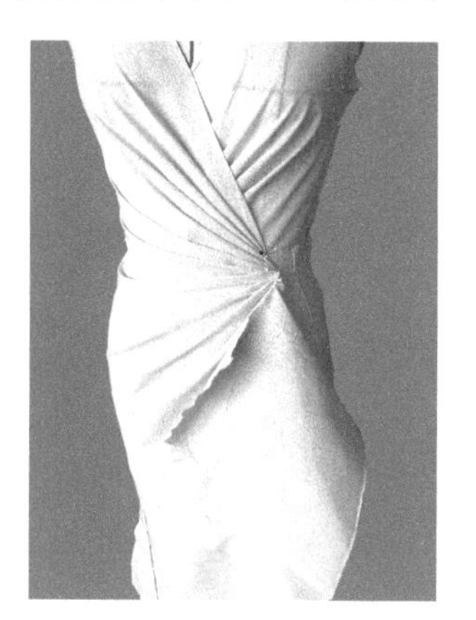

图 6-149　修剪褶裥

图 6-150　观察褶裥的形态

图 6-151　褶裥连衣裙制

本章视频二维码

第七章
成衣服装的立体裁剪与设计

通过前几章的学习，我们已经初步掌握了服装的立体裁剪步骤，本章通过介绍具体的成衣立裁来将前几章的知识进行归纳和总结。服装的成衣包括许多种类，本章列举了三种最为常见的服装成衣——衬衫、西装和大衣。

衬衫是一种可以内穿也可以外穿的上衣，一般由衣片、袖片、领片三大部分组成，衬衫起初多为男士服装，在20世纪50年代逐渐出现女士衬衫，并成为常用服装之一。在现代服饰设计中，衬衫款式变化较多，基础型衬衫一般较为常见，且与西装搭配较多。现代西装外套多数用于商务场合，随着人们穿搭方式的变化，西装也不再局限于商务场合，日常穿搭中的休闲西装也越来越流行。大衣也是现代都市女性中最常见的服装，适合春、秋、冬三个季节穿，其款式多样，显得人大方、富有魅力，深受人们喜爱。

第一节　衬衫的立体裁剪

一、基础型衬衫

衬衫是服装中的基础款式，基础型衬衫是衬衫款式中变化最少的，如图7-1所示。它由翻领、衣身、袖子三部分组成，同时，它的立体裁剪手法综合运用了原型上衣、翻领以及原装袖的立体裁剪方法。

（一）采样

1. 布样长度

（1）前片：衣长加6～8cm。

（2）后片：衣长加6～8cm。

（3）袖片：袖长加6～8cm。

2. 布样宽度

（1）前片：1/4臀围加6～8cm。

（2）后片：1/4臀围加6～8cm。

（3）袖片：袖肥宽加6～8cm。

图7-1　基础型衬衫

（二）布样化样

1. 前片

从右至左量取 8cm，从上至下做一条垂直线即前中心线。在前中心线上从上往下量取 28cm 做一条水平线为胸围线（BL），依次向下量取 16cm、17cm 做腰围线（WL）和臀围线（HL），如图 7-2 所示。

2. 后片

从左至右量取 5cm，从上至下做一条垂直线即后中心线。在后中心线上从上往下量取 28cm 做一条水平线为胸围线（BL），依次向下量取 16cm、17cm 做腰围线（WL）和臀围线（HL），如图 7-3 所示。

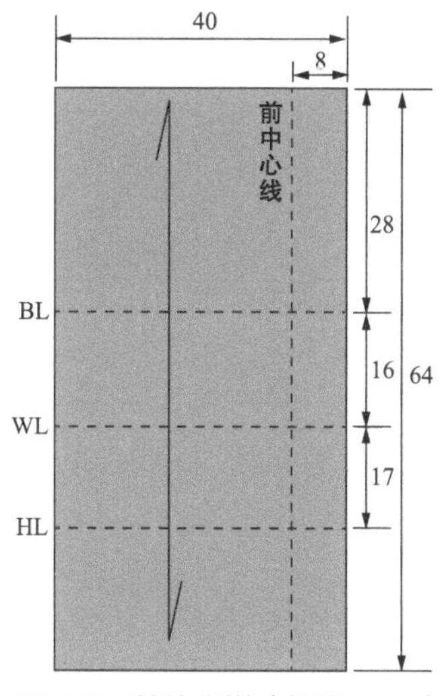

图 7-2　前片化样（单位：cm）

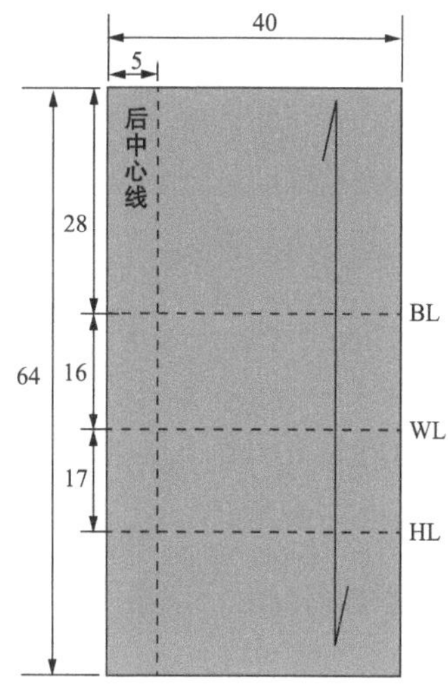

图 7-3　后片化样（单位：cm）

3. 领座

从左至右量取 4cm，从上至下做一条垂直线即后中心线，在后中心线上从下往上量取 2cm 做水平线即领围线，在领围线的基础上往上量取 1.3cm 做水平线即起翘线。需要注意的是，在领围线上距后中心线 3cm 处做一个小标记，如图 7-4 所示。

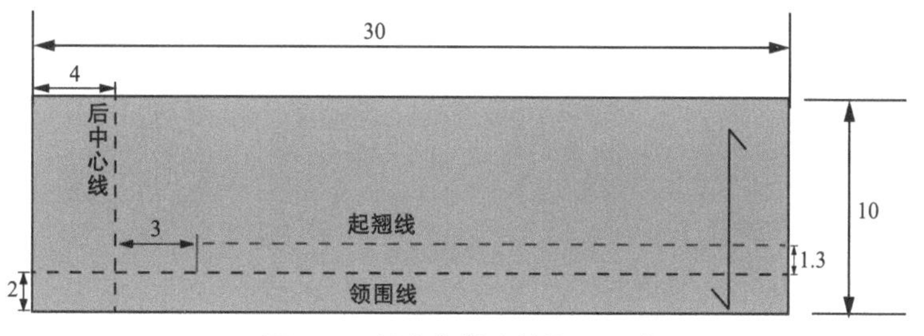

图 7-4　领座化样（单位：cm）

4. 领面

从左至右量取 4cm，从上至下做一条垂直线即后中心线，在后中心线上由下往上量取 2cm 做水平线，在水平线的基础上往上量取 4cm 做一条弧线即领围线。需要注意的是，在领围线上距后中心线 3cm 处做一个小标记，如图 7-5 所示。

（三）前片立体裁剪步骤

（1）贴标记带。根据款式图贴上标记带，如图 7-6 所示。注意前片有一定的叠门量即门襟。

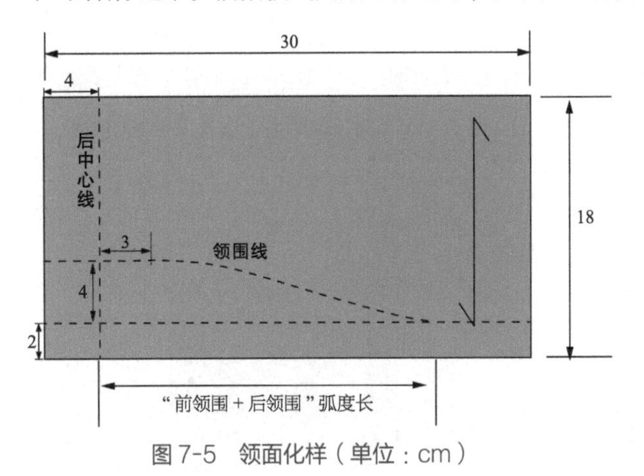

图 7-5　领面化样（单位：cm）

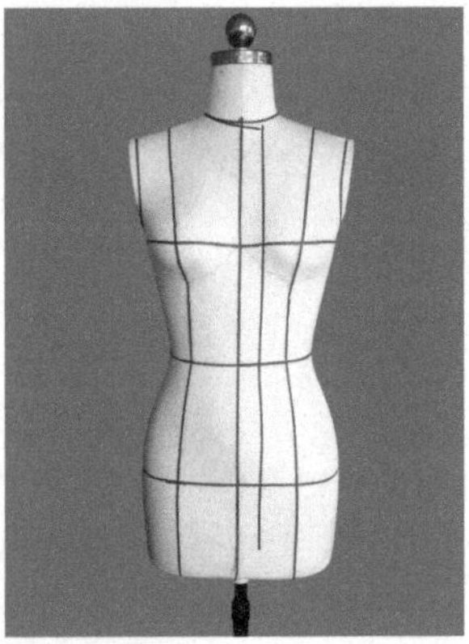

图 7-6　贴标记带

（2）固定白坯布。将事先准备好的白坯布固定在人台上，使白坯布上的前中心线、胸围线、腰围线、臀围线与人台的前中心线、胸围线、腰围线、臀围线对齐，用双针在前中心线上固定，如图 7-7 所示。

（3）抚平胸围线与臀围线。将白坯布上的胸围线、臀围线与人台胸围线、臀围线对齐，水平抚平并固定，如图 7-8 所示。

（4）收腰省。将前片胸腰处多余的量进行收省处理，如图 7-9 所示。

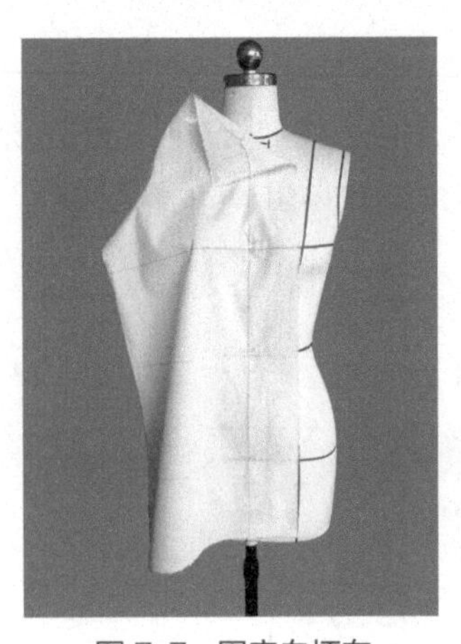

图 7-7　固定白坯布

图 7-8　抚平胸围线与臀围线

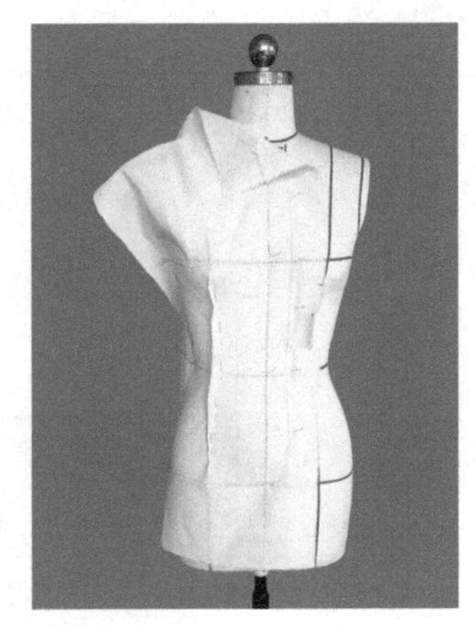

图 7-9　收腰省

（5）抚平领围线与肩线。沿前领围的标记带预留 1～2cm 进行修剪，一边抚平领围线一边打剪刀口，使其服帖、圆顺，同时抚平肩部，将肩部多余的量推向袖窿，在肩端点用双针固定，如图 7-10 所示。

（6）抚平袖窿弧线。顺势由上往下抚平袖窿弧线，将袖窿的余量继续向下转移，如图 7-11 所示。

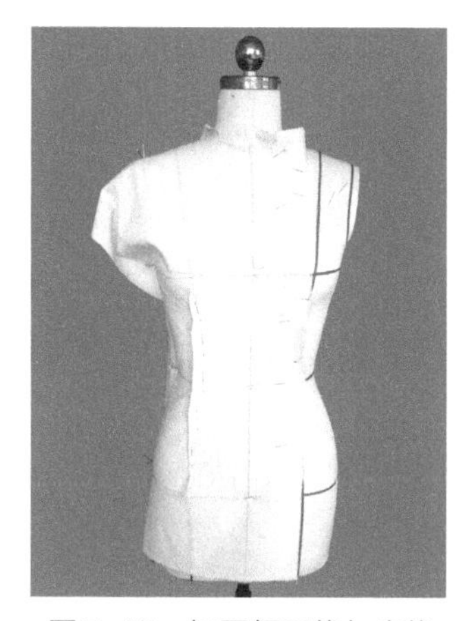

图 7-10　抚平领围线与肩线

图 7-11　抚平袖窿弧线

（7）捏取腋下省。腋下省的位置在袖窿下 6～8cm 处，如图 7-12 所示。

（8）点影。沿标记带进行点影，如图 7-13 所示。

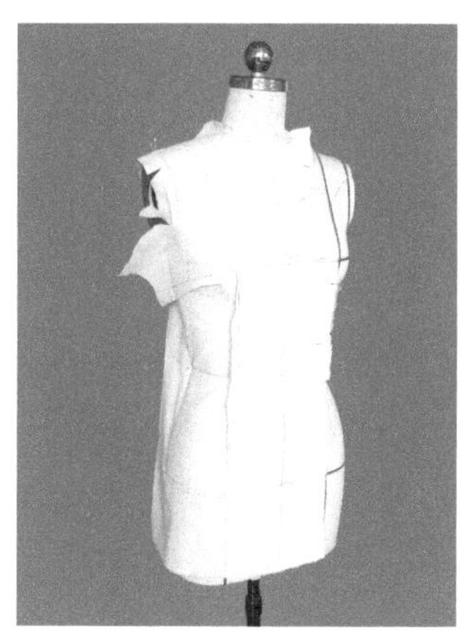

图 7-12　收腋下省

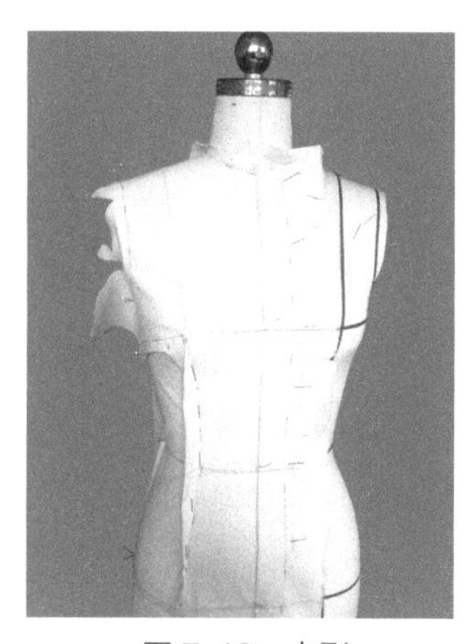

图 7-13　点影

（四）后片立体裁剪步骤

（1）固定白坯布。将事先准备好的白坯布固定在人台上，使白坯布上的后中心线、胸围线、腰围线与人台的后中心线、胸围线、腰围线对齐，用双针在后中心线上固定，如图 7-14 所示。

（2）抚平肩胛骨线，并在袖窿线处固定，如图 7-15 所示。

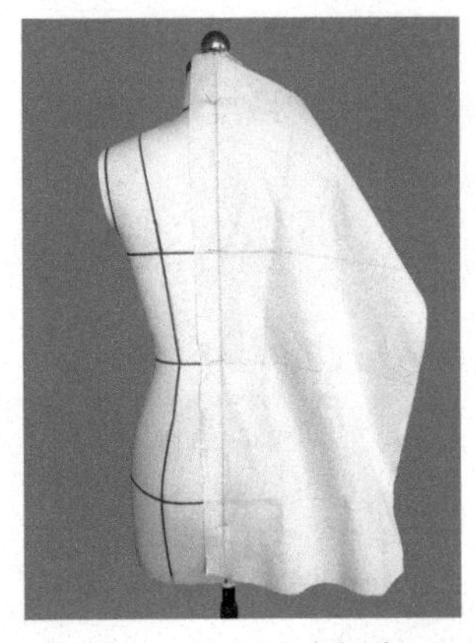

图 7-14　固定白坯布

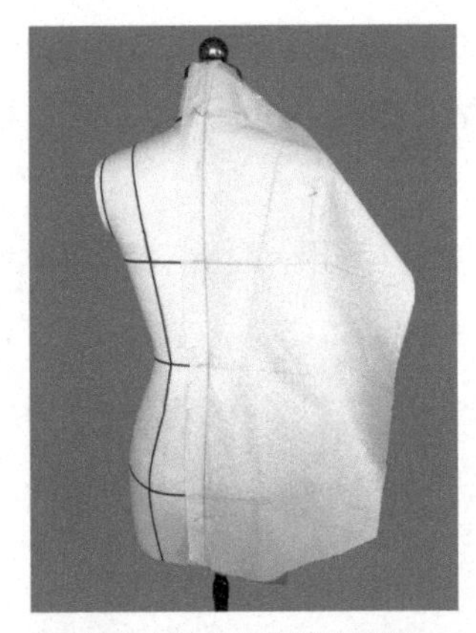

图 7-15　抚平肩胛骨线

（3）抚平领围线。沿后领围的标记带预留 1～2cm 进行修剪，一边抚平领围线一边打剪刀口，使其服帖、圆顺，如图 7-16 所示。

（4）抚平肩部。此时肩部会有一定的松量（0.5～0.7cm），将松量固定在后公主线处，如图 7-17 所示。

（5）收后腰省。在后公主线处捏取后腰省，同时要注意松量的控制，如图 7-18 所示。

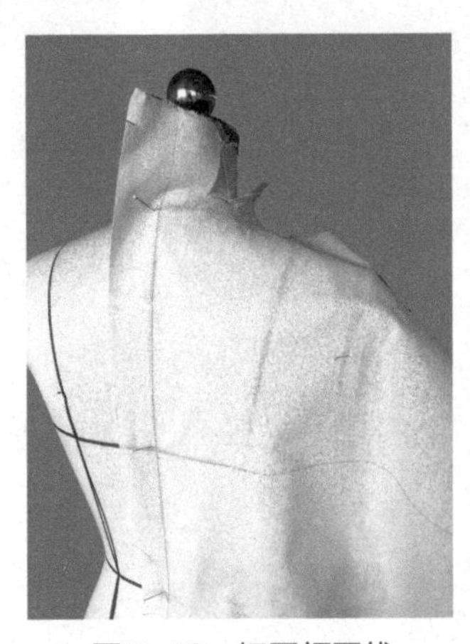

图 7-16　抚平领围线

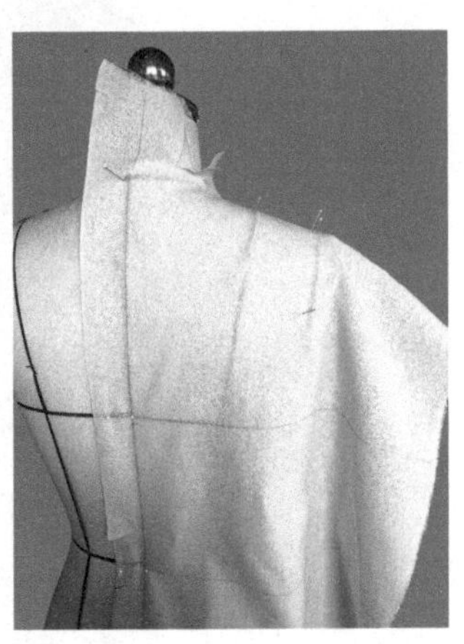

图 7-17　抚平肩部

（6）抚平袖窿弧线和侧缝线。在腰围线处若不能抚平可打剪刀口，通过拉扯布料来加大布料的松量，如图 7-19 所示。

（7）点影。沿标记带进行点影，如图 7-20 所示。

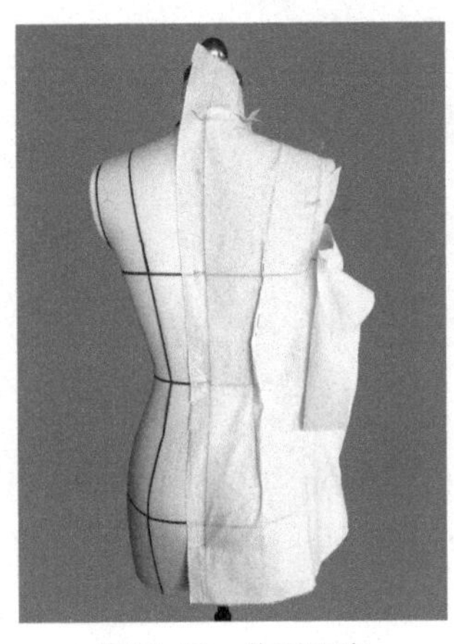

图 7-18　收后腰省

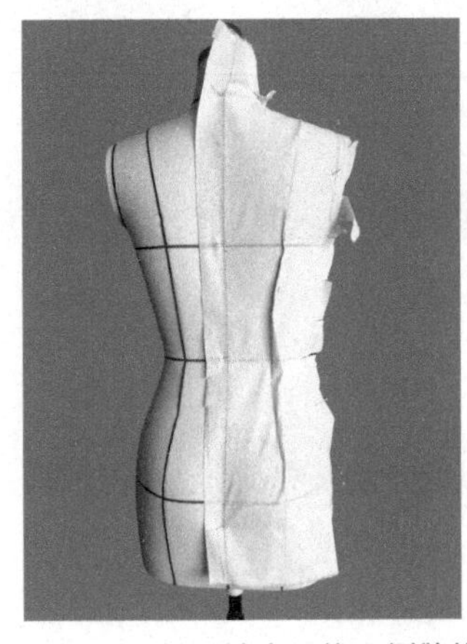

图 7-19　抚平袖窿弧线和侧缝线

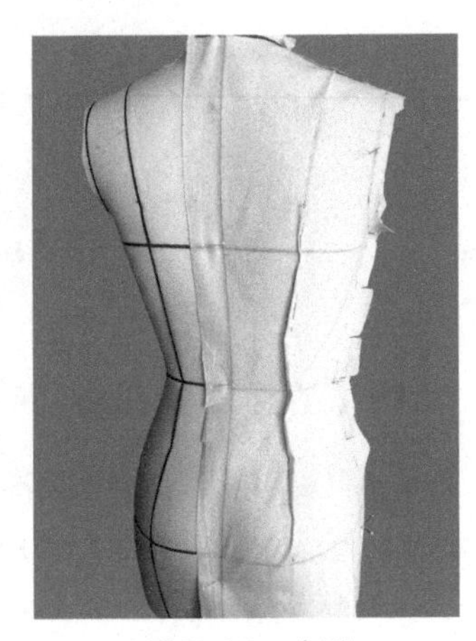

图 7-20　点影

（五）翻领立体裁剪步骤

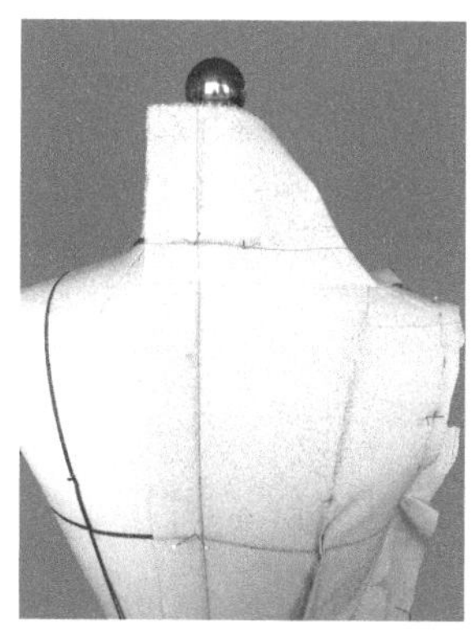
图 7-21　固定白坯布

（1）固定白坯布。将化样后准备好的领座白坯布固定在人台上，使白坯布上的后中心线、领围线与人台的后中心线、领围线对齐，用双针在后中心线上固定。在 3cm 标记点处，保证这一小段距离与人台后中心线垂直，用双针在标记点上固定，如图 7-21 所示。

（2）固定领围线。将白坯布继续向前缠绕至领口，此时，人台标记带领口应在坯布起翘线上，如图 7-22 所示。

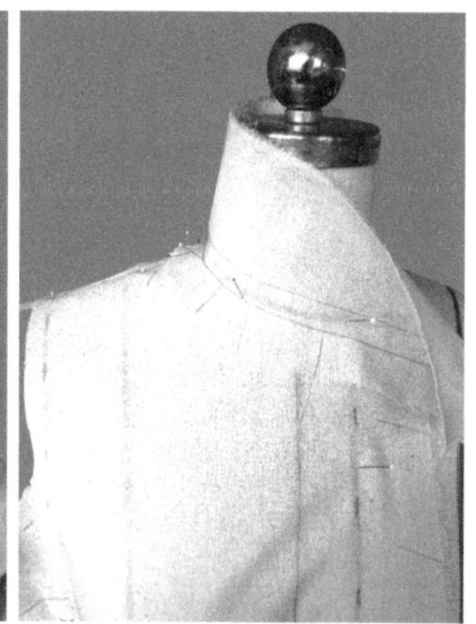
图 7-22　固定领围线

（3）确定领座造型线。在白坯布上贴出领座位置，如图 7-23 所示。

（4）固定领座上口线。将化样后准备好的领面白坯布与领座上口线固定，如图 7-24 所示。

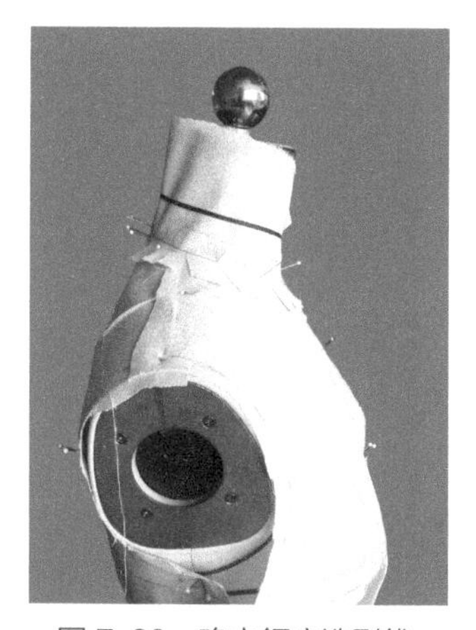
图 7-23　确定领座造型线

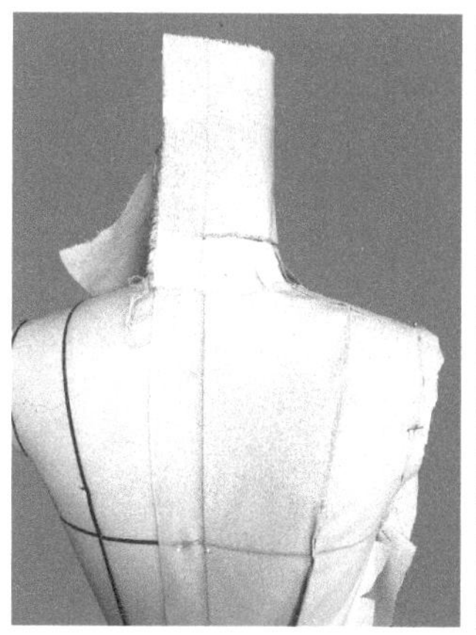
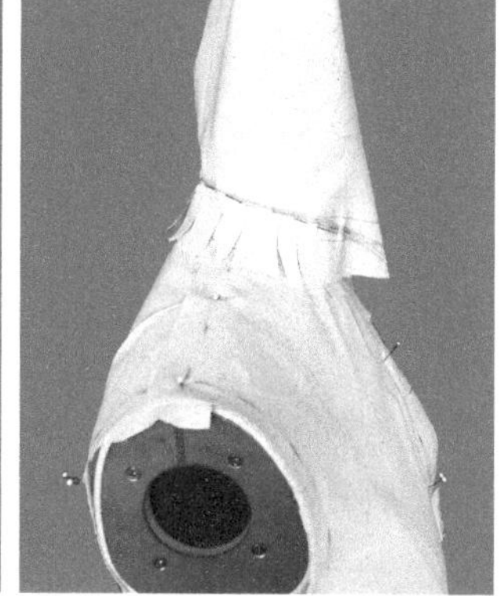
图 7-24　固定领座上口线

（5）翻折领面。将翻领的领面翻折下来，调整领面外口弧线的松量，如图 7-25 所示。

（6）确定翻领外口弧线，如图 7-26 所示。

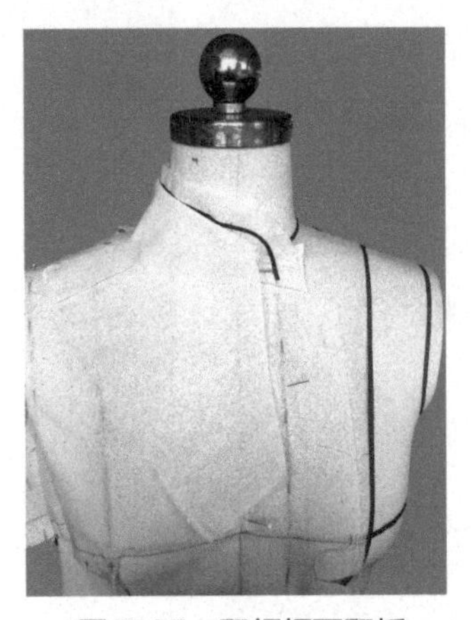

图 7-25　翻领领面翻折

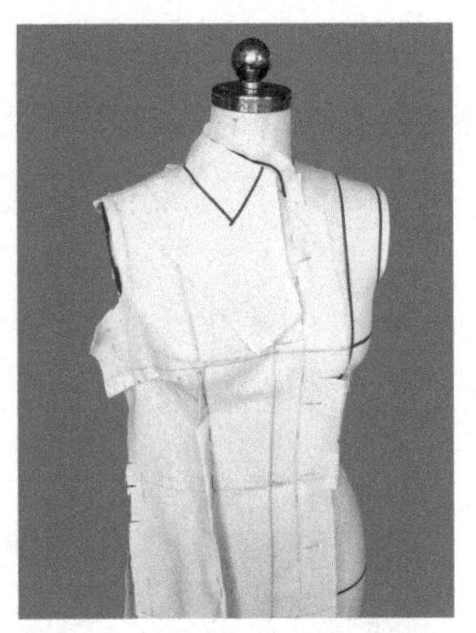

图 7-26　确定翻领外口弧线

（六）袖子

衬衫的袖子可以用立体裁剪的方法也可以用平面制版的方法进行制作，此处用的是平面制版的方法裁剪出袖子的样片，如图 7-27 所示。

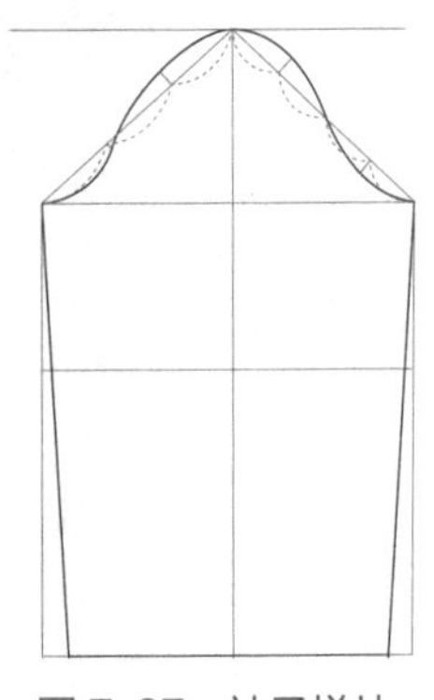

图 7-27　袖子样片

（七）样片修整和组装

（1）样片修剪。将白坯布从人台取下，用尺子将点影进行化样修整，如图 7-28 所示。

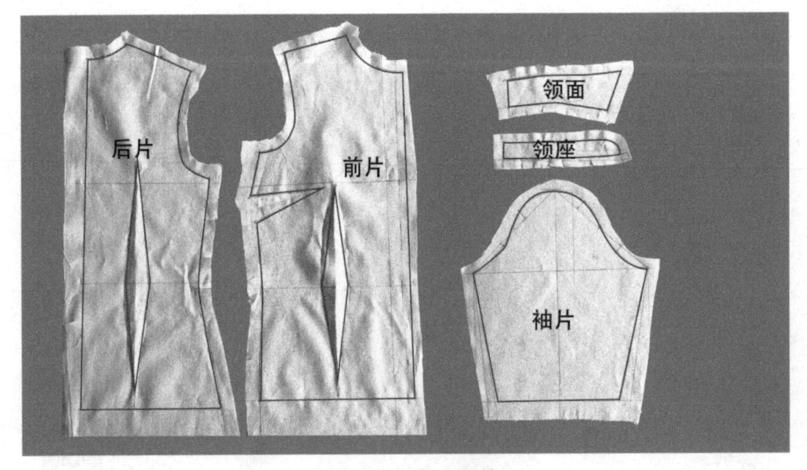

图 7-28　样片修剪

（2）将修整好的白坯布别合在人台上进行审视，观察整体效果，如图 7-29 所示。

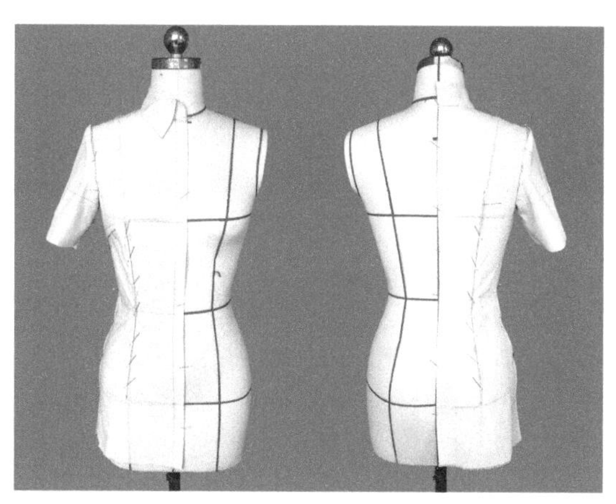
图 7-29　基础型衬衫制作完成

二、腰部细褶衬衫

本款为变化款无袖衬衫，在基础衬衫的基础上进行分割并添加细褶设计，提高整体的设计美感，本款主要涉及立翻领和衣身褶皱的处理，如图 7-30 所示。

图 7-30　腰部细褶衬衫

（一）采样

1. 布样长度

（1）前片：2/3 衣长加 6～8cm。

（2）后片：2/3 衣长加 6～8cm。

（3）前下片：1/3 衣长加 6～8cm。

（4）后下片：1/3 衣长加 6～8cm。

2. 布样宽度

（1）前片：1/4 臀围加 6～8cm。

（2）后片：1/4 臀围加 6～8cm。

（3）前下片：1/4 臀围加 6～8cm。

（4）后下片：1/4 臀围加 6～8cm。

（二）布样化样

1. 前片

从右至左量取 8cm，从上至下做一条垂直线即前中心线。在前中心线上从上往下量取 28cm

做一条水平线为胸围线（BL），依次向下量取 16cm、17cm 做腰围线（WL）和臀围线（HL），如图 7-31 所示。

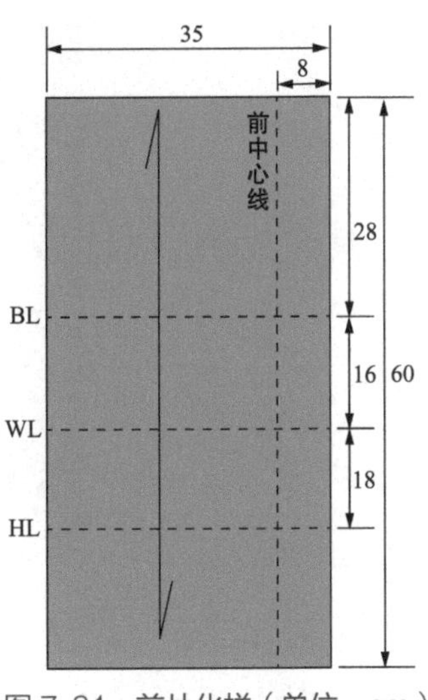

图 7-31　前片化样（单位：cm）

2. 后片

从左至右量取 5cm，从上至下做一条垂直线即后中心线。在后中心线上从上往下量取 28cm 做一条水平线为胸围线（BL），依次向下量取 16cm、17cm 做腰围线（WL）和臀围线（HL），如图 7-32 所示。

3. 前下片

从右至左量取 8cm，从上至下做一条垂直线即前中心线。在前中心线上从上往下量取 5cm 做一条水平线为腰围线（WL），如图 7-33 所示。

4. 后下片

从左至右量取 8cm，从上至下做一条垂直线即后中心线。在后中心线上找到 1/2 的点做一条水平线为臀围线（HL），如图 7-34 所示。

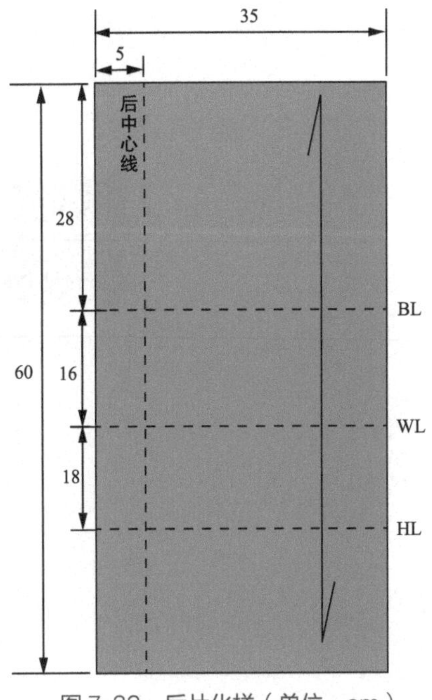

图 7-32　后片化样（单位：cm）

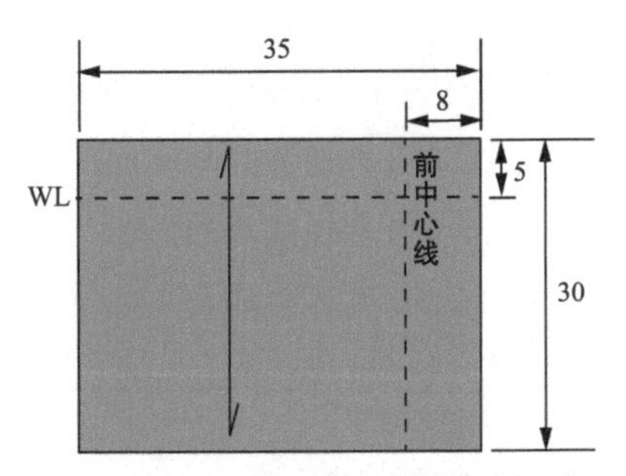

图 7-33　前下片化样（单位：cm）

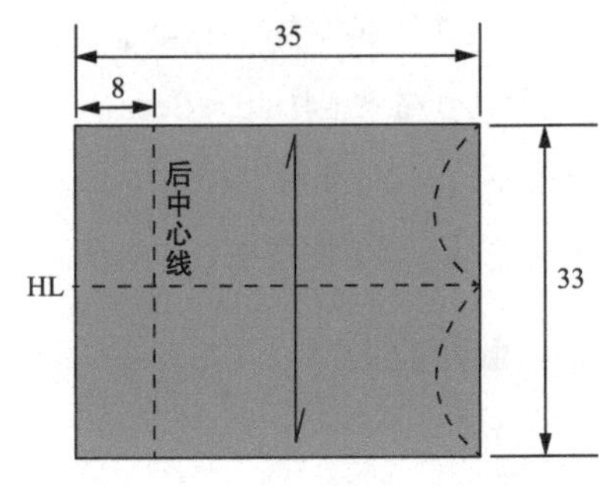

图 7-34　后下片化样（单位：cm）

（三）前片立体裁剪步骤

（1）贴标记带。根据款式图贴上标记带，如图 7-35 所示。注意前片有一定的叠门量即门襟。

（2）固定白坯布。将事先准备好的白坯布固定在人台上，使白坯布上的前中心线、胸围线、腰围线与人台的前中心线、胸围线、腰围线对齐，用双针在前中心线上固定，如图 7-36 所示。

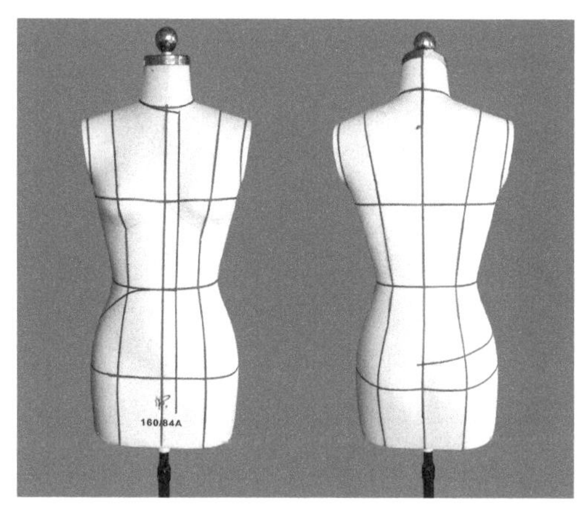

图 7-35　贴标记带

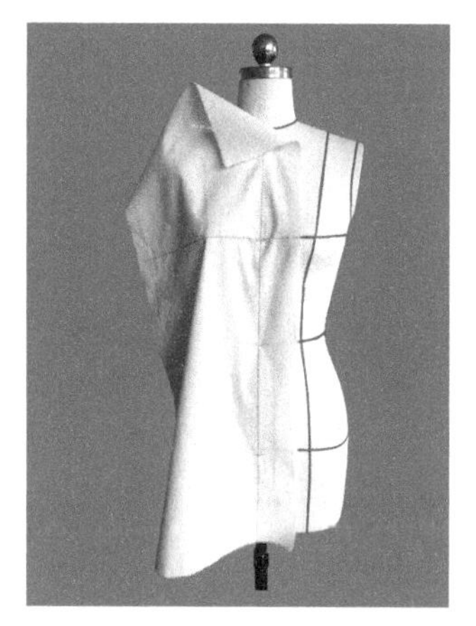

图 7-36　固定白坯布

（3）抚平领围线与肩线。沿前领围的标记带预留 1～2cm 进行修剪，一边抚平领围线一边打剪刀口，使其服帖、圆顺，同时抚平肩部，将肩部多余的量推向袖窿，在肩端点外用双针固定，如图 7-37 所示。

（4）抚平袖窿弧线。顺势由上往下抚平袖窿线，将袖窿的余量继续向下转移，如图 7-38 所示。

（5）抚平侧缝线。抚平袖窿腋下以下的侧缝线，注意此时的侧缝线要保持顺滑不能有褶皱，抚平至臀部位置的分割线并固定，如图 7-39 所示。

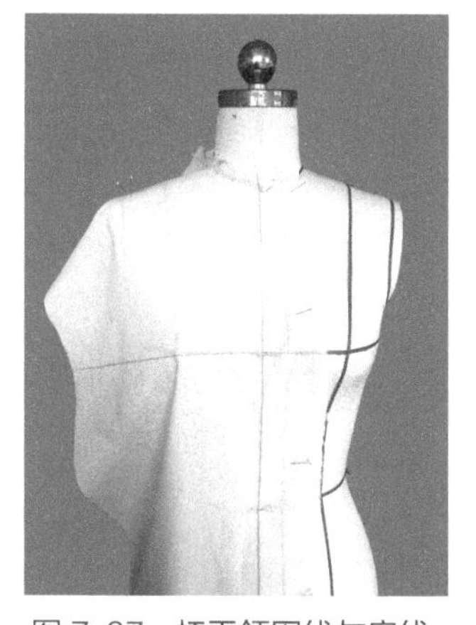

图 7-37　抚平领围线与肩线

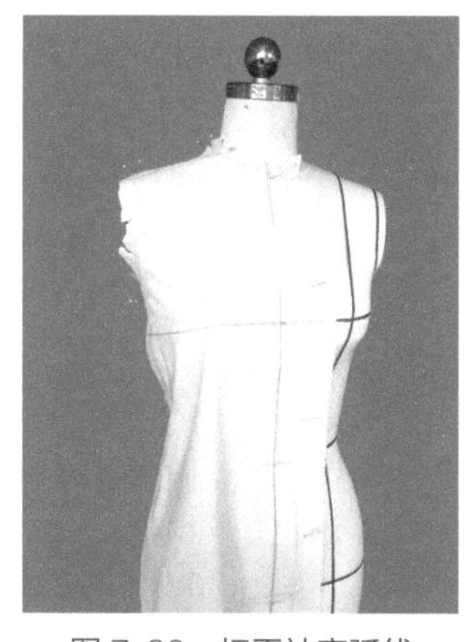

图 7-38　抚平袖窿弧线

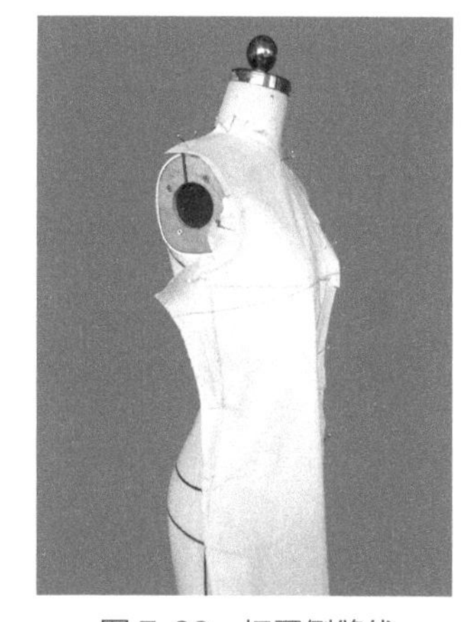

图 7-39　抚平侧缝线

（6）腰部捏褶。此时通过省道转移的方法将前片多余的松量全部转移到腰部，在腰部位置捏取小细褶，通过捏褶的方式达到收腰的效果，如图 7-40 所示。

（7）点影。沿标记带进行点影，如图 7-41 所示。

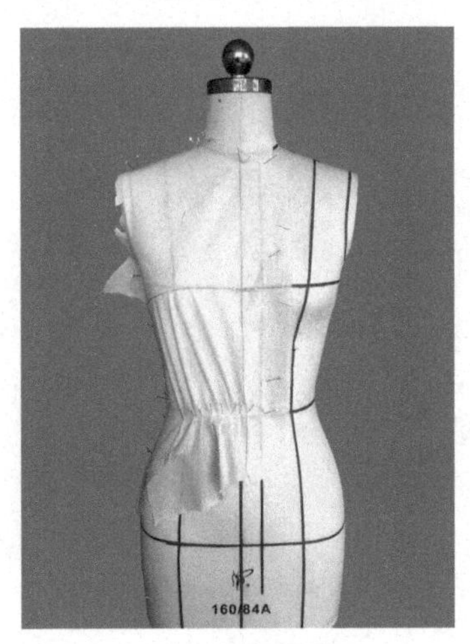

图 7-40　腰部捏褶

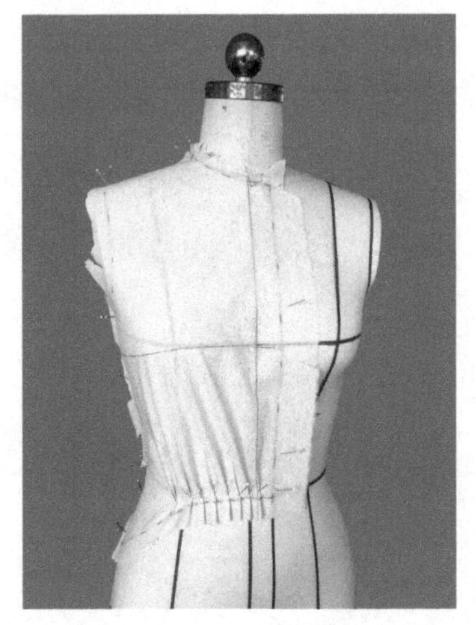
图 7-41　点影

（四）前下片立体裁剪步骤

（1）固定白坯布。将事先准备好的白坯布固定在人台上，使白坯布上的前中心线、腰围线、与人台的前中心线、腰围线对齐，用双针在前中心线上固定，如图 7-42 所示。

（2）抚平腰部分割线。从右往左顺着分割线抚平分割线，如图 7-43 所示。

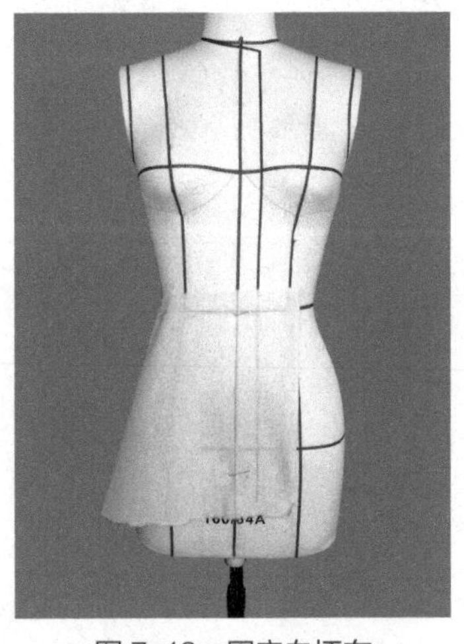
图 7-42　固定白坯布

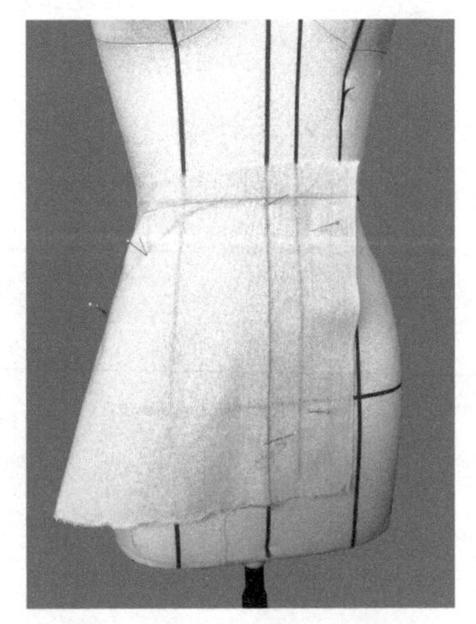
图 7-43　抚平腰部分割线

（3）抚平侧缝线。此时衬衫的下摆会因为臀腰差的关系呈现 A 字形外扩的样子，属于正常现象，如图 7-44 所示。

（4）点影。沿标记带进行点影，如图 7-45 所示。

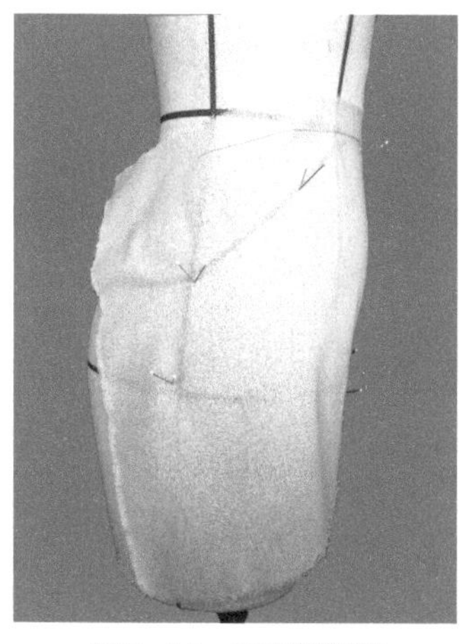

图7-44　抚平侧缝线

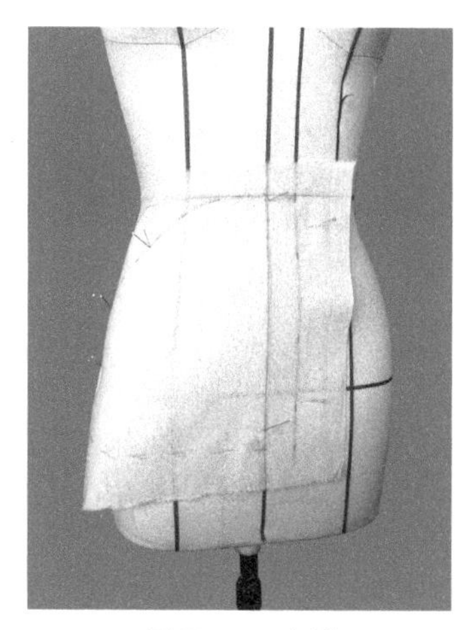
图7-45　点影

（五）后片立裁步骤

（1）固定白坯布。将事先准备好的白坯布固定在人台上，使白坯布上的后中心线、胸围线、腰围线与人台的后中心线、胸围线、腰围线对齐，用双针在后中心线上固定，如图7-46所示。

（2）抚平领围线、肩线。沿后领围的标记带预留1～2cm进行修剪，一边抚平领围线一边打剪刀口，使其服帖、圆顺，同时往右抚平肩部在肩端点固定，如图7-47所示。

（3）抚平袖窿弧线。从上往下，顺着袖窿弧线打剪刀口抚平，如图7-48所示。

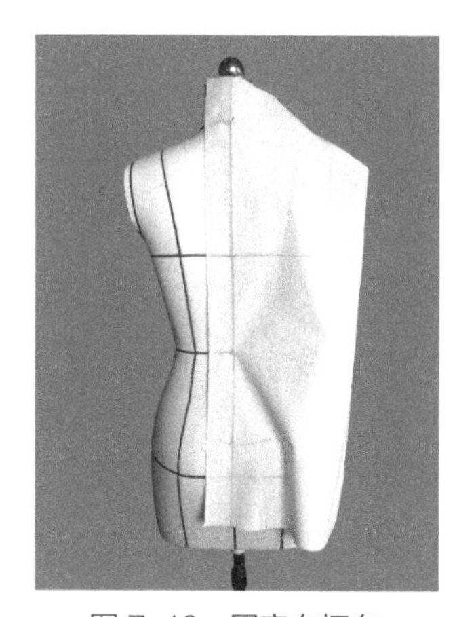
图7-46　固定白坯布

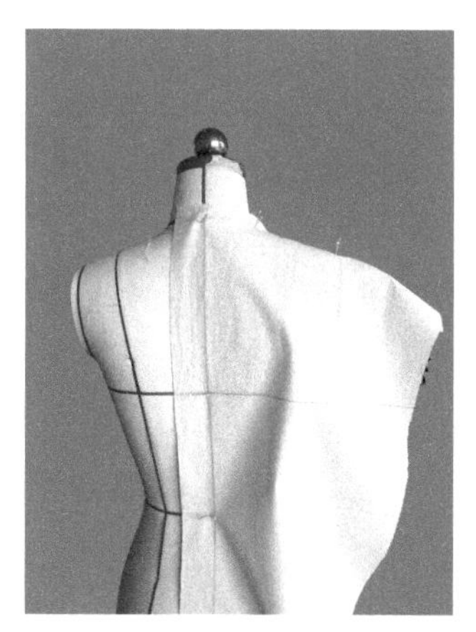
图7-47　抚平领围线、肩线

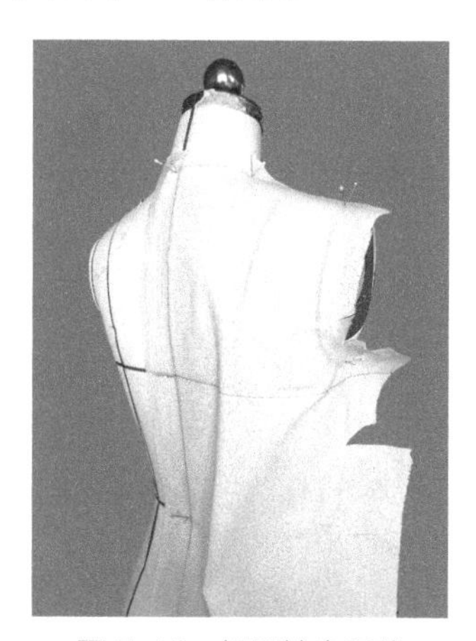
图7-48　抚平袖窿弧线

（4）抚平侧缝线。在袖窿底部往下抚平侧缝线，在侧腰处若出现布料紧绷无法抚平，需要通过打剪刀口或轻微拉扯布料，增加其弹性，如图7-49所示。

（5）后腰部捏褶。此时用转移省道的方法将前片多余的松量全部转移到腰部，在腰部位置捏取小细褶，通过捏褶的方式达到收腰的效果，如图7-50所示。

（6）点影。沿标记带进行点影，如图 7-51 所示。

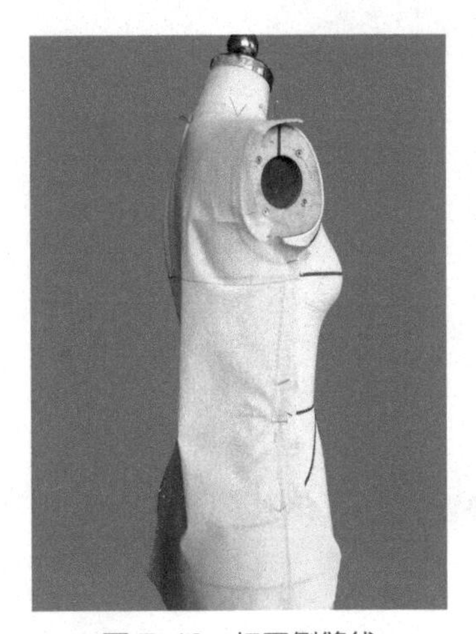

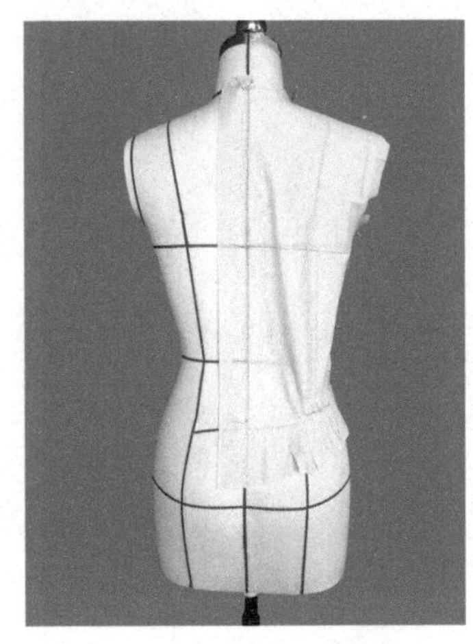

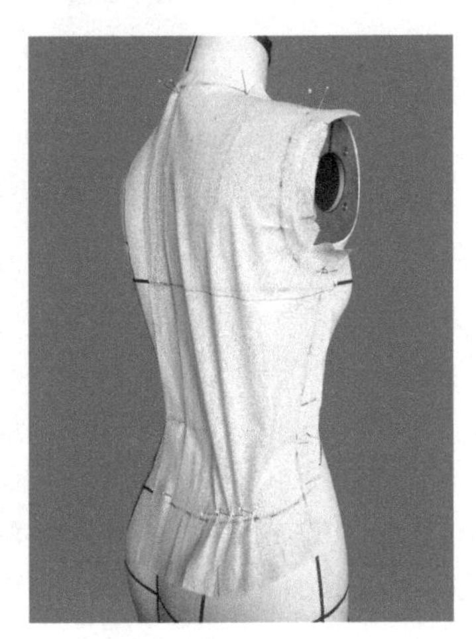

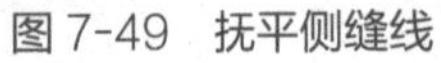

图 7-49　抚平侧缝线　　图 7-50　后腰部捏褶　　图 7-51　点影

（六）后下片立体裁剪步骤

（1）固定白坯布。将事先准备好的白坯布固定在人台上，使白坯布上的后中心线、臀围线与人台的后中心线、臀围线对齐，用双针在后中心线上固定，如图 7-52 所示。

（2）抚平腰部割线、侧缝线。从左往右顺着分割线抚平分割线，随后往下抚平侧缝线，与前下片一样，此时的下摆呈 A 字形外扩的样式，如图 7-53 所示。

（3）点影。沿标记带进行点影。

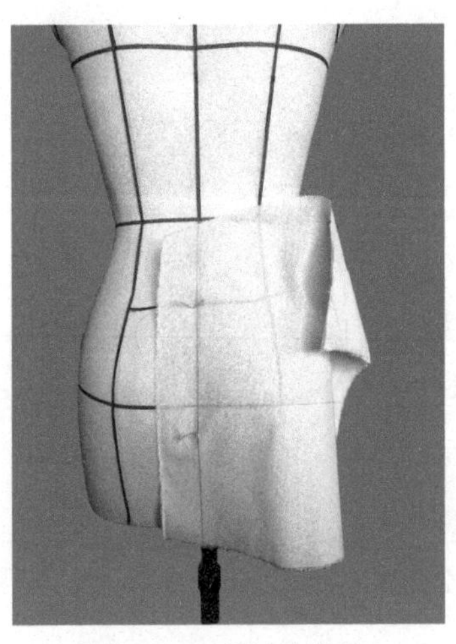

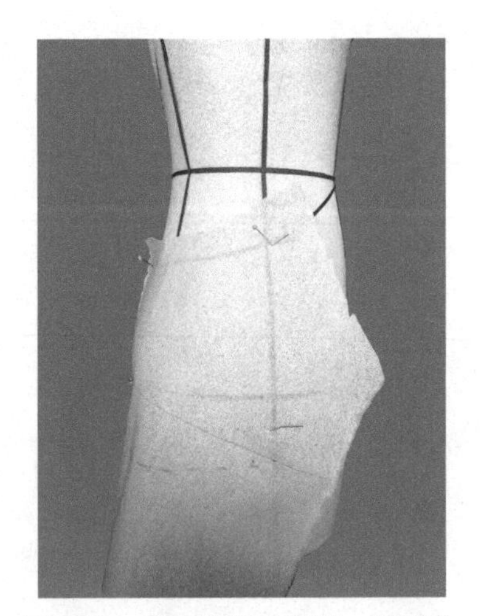

图 7-52　固定白坯布　　图 7-53　抚平腰部分割线、侧缝线

（七）翻领立体裁剪步骤

按照原型基础款衬衫中立翻领的制作原理，立裁出立翻领即可（参考第七章第一节中基础型衬衫翻领立体裁剪步骤）。

（八）样片修整和组装

（1）样片修剪。将白坯布从人台取下，用尺子将点影进行化样修整，如图7-54所示。

（2）将修整好的白坯布别合在人台上进行审视，观察整体效果，如图7-55所示。

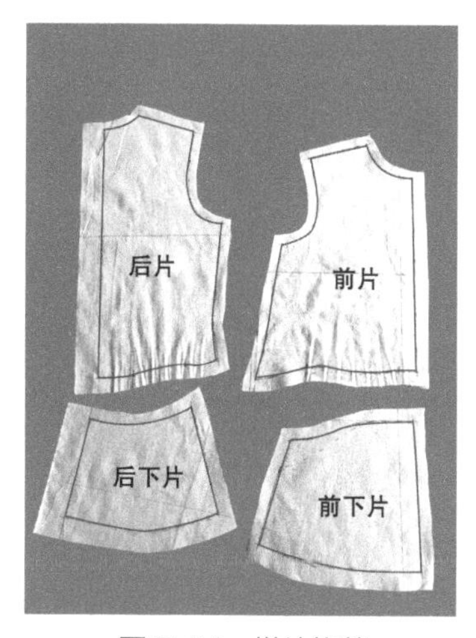

图7-54 样片修剪

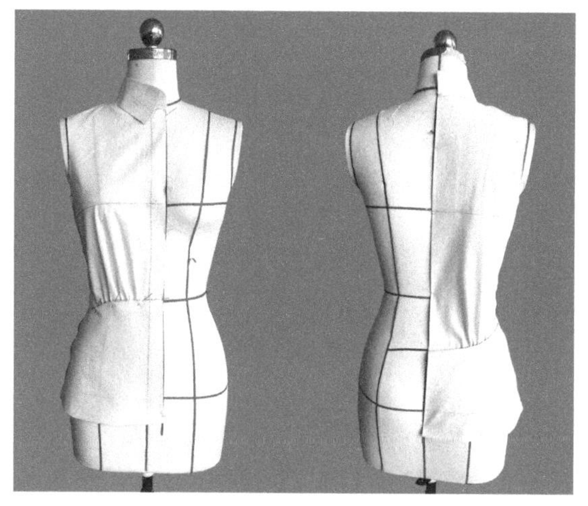

图7-55 腰部细褶衬衫制作完成

第二节 西装的立体裁剪

女士西装的款式众多，从衣片来说有四片式、六片式、八片式等；从穿着场合来说有职场专用的正装西装，也有日常的休闲西装；从西装领型来说有枪驳领西装、青果领西装等。虽然西装的款式、风格众多，但是其版型的常规标准，还是有一些共同之处的，只要掌握了基础型西装（即四片式西装），读者就可以在基本造型手法上，运用不同的分割、收省、转省等手法进行举一反三的练习。

一、枪驳领西装

枪驳领西装是最常见的西装款式之一，也是日常职业西装中最常用的。如图7-56所示，本款枪驳领西装为前开两粒扣，分割线将衣片分割成八片结构，前后衣身分别为四片，在处理这种服装时，一定要把握好分割线的位置以及曲线的圆润和顺滑。

图7-56 枪驳领西装

（一）采样

1. 布样长度

（1）前中片：衣长加6～8cm。

（2）前侧片：衣长加 6～8cm。

（3）后中片：衣长加 6～8cm。

（4）后侧片：衣长加 6～8cm。

2. 布样宽度

（1）前中片: 1/4 臀围加 6～8cm。

（2）前侧片: 1/4 臀围加 6～8cm。

（3）后中片: 1/4 臀围加 6～8cm。

（4）后侧片: 1/4 臀围加 6～8cm。

（二）布样化样

1. 前中片

从右至左量取 13cm，从上至下做一条垂直线即前中心线。在前中心线上从上往下量取 28cm 做一条水平线为胸围线（BL），依次向下量取 16cm、17cm 做腰围线（WL）和臀围线（HL），如图 7-57 所示。

2. 前侧片

将白坯布对折找到中心线即为中心线，在中心线上从上往下量取 30cm 做水平线为腰围线（WL），再做出臀围线（HL），如图 7-58 所示。

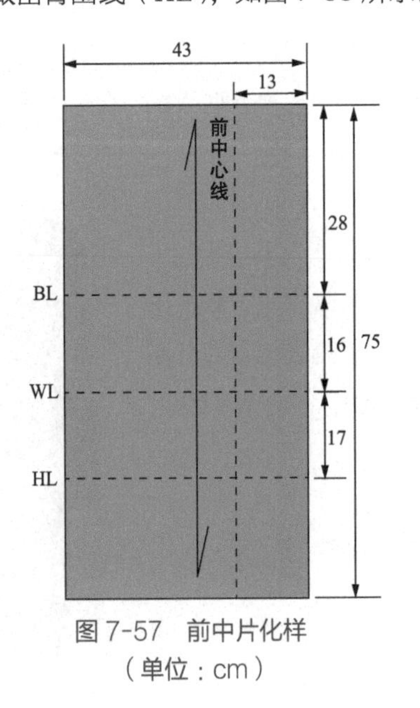

图 7-57 前中片化样
（单位：cm）

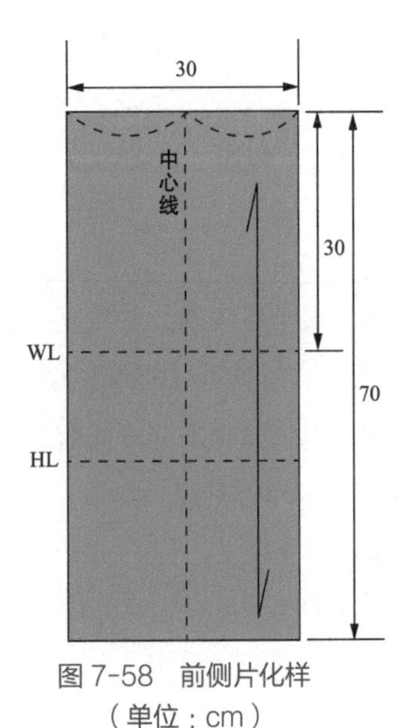

图 7-58 前侧片化样
（单位：cm）

3. 后中片

从左至右量取5cm，从上至下做一条垂直线即后中心线。在后中心线上从上往下量取28cm做一条水平线为胸围线（BL），依次向下量取16cm、17cm做腰围线（WL）和臀围线（HL），如图7-59所示。

4. 后侧片

将白坯布对折找到中心线即为中心线，在中心线上从上往下量取30cm做水平线为腰围线（WL），再做出臀围线（HL），如图7-60所示。

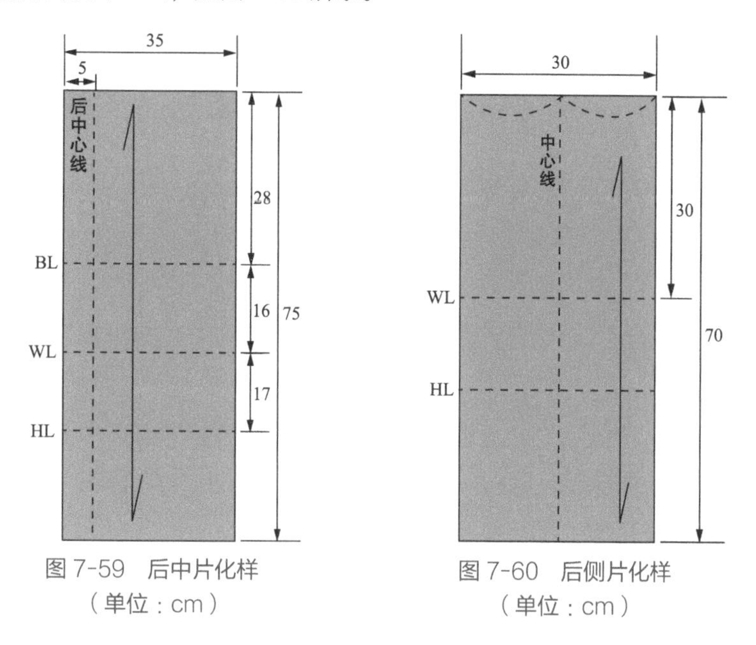

图7-59　后中片化样（单位：cm）

图7-60　后侧片化样（单位：cm）

5. 翻领

从左至右量取4cm，从上至下做一条垂直线即后中心线，在后中心线上由下往上量取2cm，做一条水平垂直线，即领围线。在领围线距离后中心线3cm处做点标记，如图7-61所示。

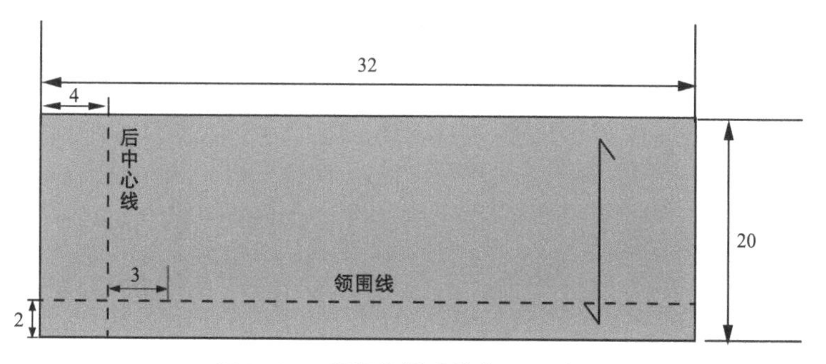

图7-61　翻领化样（单位：cm）

（三）前中片立体裁剪步骤

（1）贴标记带。根据款式图贴上标记带，其中包括领围线、驳领翻折线、驳领和翻领造型线以及前片、后片分割线，如图 7-62 所示。

（2）固定白坯布。将事先准备好的前中片白坯布固定在人台上，使白坯布上的前中心线、胸围线、腰围线、臀围线与人台的前中心线、胸围线、腰围线、臀围线对齐并用双针固定，如图 7-63 所示。

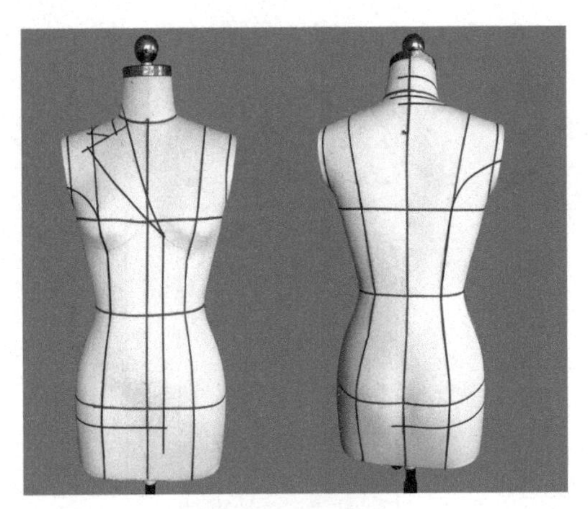

图 7-62　贴标记带

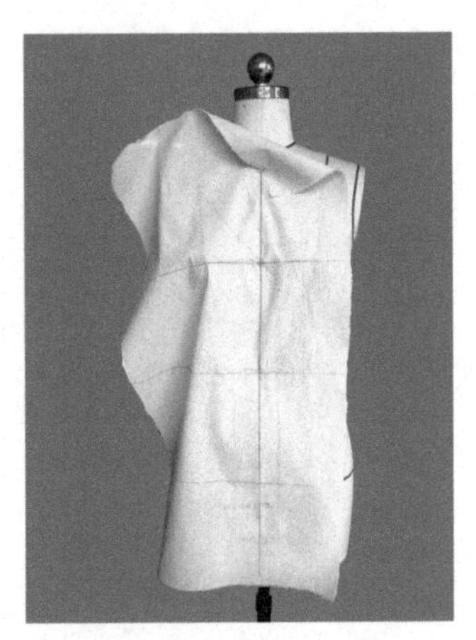

图 7-63　固定白坯布

（3）固定驳口止点。固定驳口止点以及驳口止点以下的位置，如图 7-64 所示。

（4）抚平领围线和肩线。往上抚平前中片的领围线和肩线，此时领子处有较多的标记带，一定要区分衣片领围线和枪驳领的造型线，如图 7-65 所示。

（5）确定驳领轮廓线。沿翻折线翻折布料并绘制驳领形状，如图 7-66 所示。

（6）抚平袖窿线、分割线。从上往下依次抚平袖窿线和分割线，如图 7-67 所示。

（7）点影。沿标记带进行点影，如图 7-68 所示。

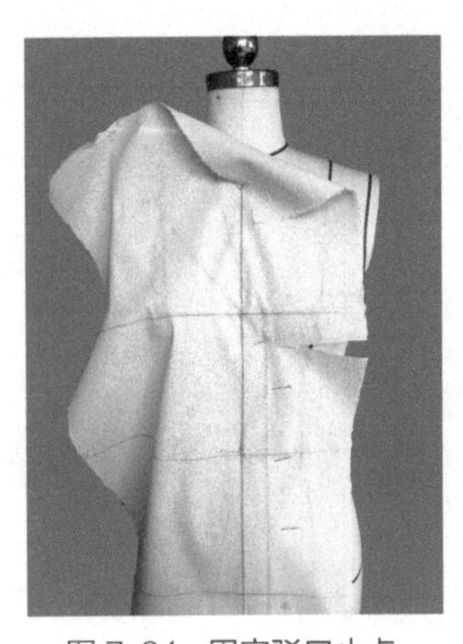

图 7-64　固定驳口止点

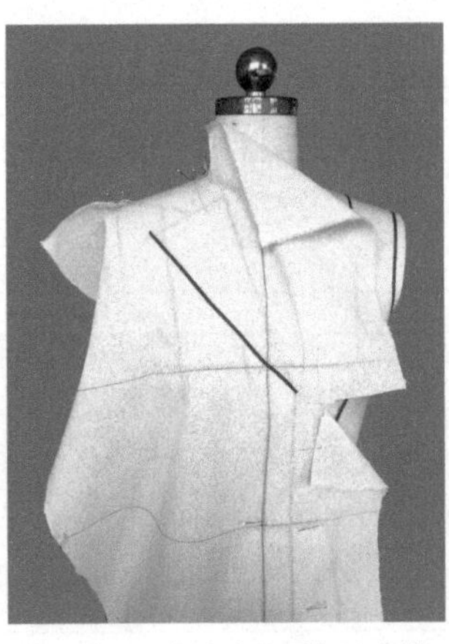

图 7-65　抚平领围线和肩线

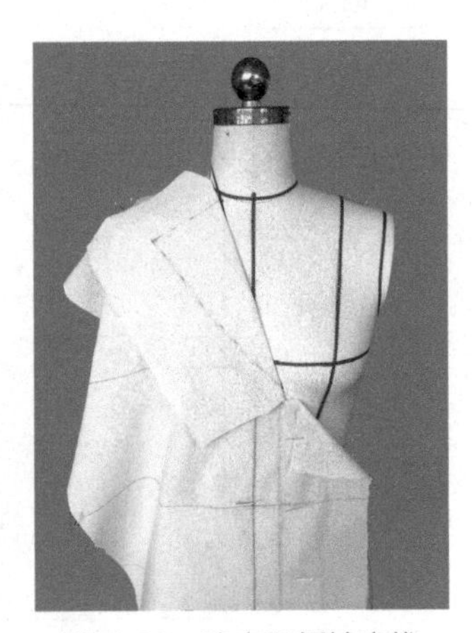

图 7-66　确定驳领轮廓线

图 7-67　抚平袖窿线、分割线

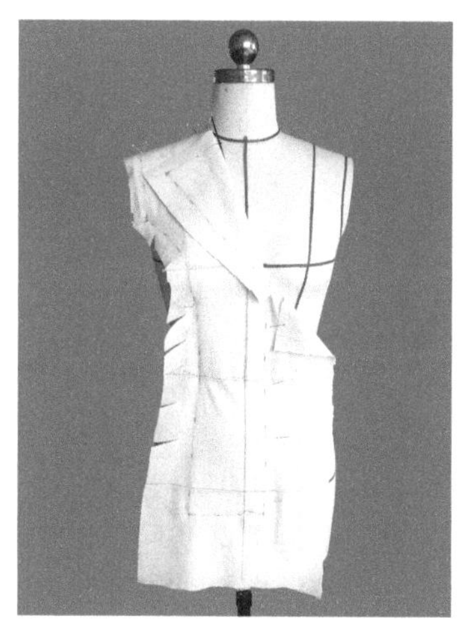
图 7-68　点影

（四）前侧片立体裁剪步骤

（1）固定白坯布。将事先准备好的前侧片固定在人台上，使白坯布上的中心线固定在前公主线与侧缝线 1/2 处，如图 7-69 所示。

（2）制定松量。在中心线两侧分别捏取 0.5～1cm 作为松量用双针固定，如图 7-70 所示，若想让西装特别贴身也可以不制定松量。

（3）分别向四周抚平侧缝线、分割线以及袖窿弧线并固定，如图 7-71 所示。

（4）点影。沿标记带进行点影，如图 7-72 所示。

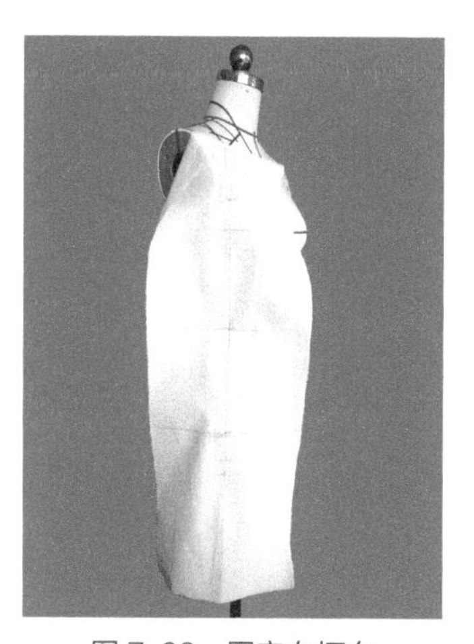
图 7-69　固定白坯布

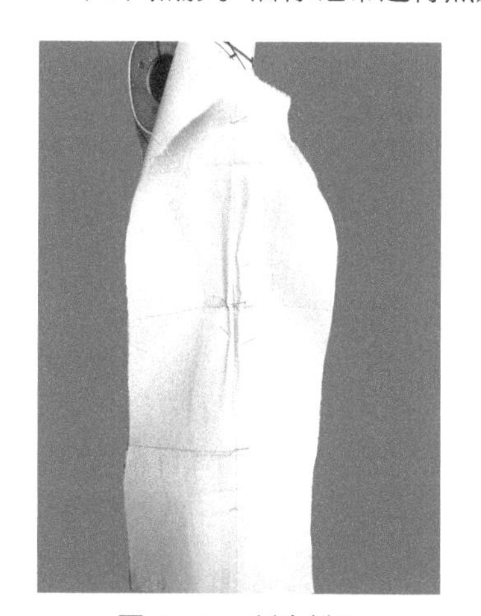
图 7-70　制定松量

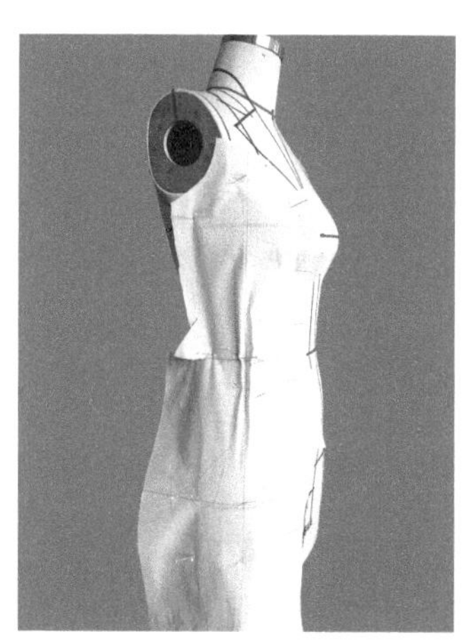
图 7-71　抚平侧缝线、分割线以及袖窿弧线

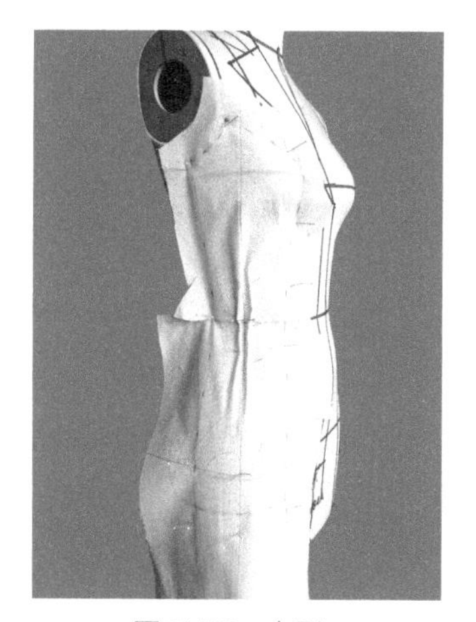
图 7-72　点影

（五）后中片立体裁剪步骤

（1）固定白坯布。将事先准备好的白坯布固定在人台上，使白坯布上的后中心线、胸围线、腰围线与人台的后中心线、胸围线、腰围线对齐，用双针在后中心线上固定，如图7-73所示。

（2）抚平领围线、肩线。沿领围的标记带预留1～2cm进行修剪，一边抚平领围一边打剪刀口，使其服帖、圆顺，同时往右抚平肩部在肩端点固定，如图7-74所示。

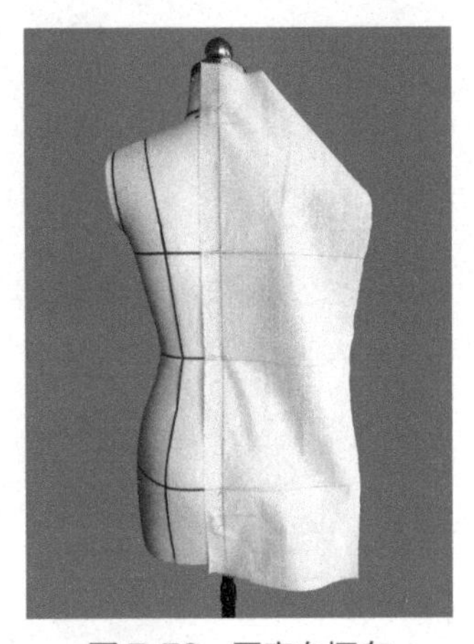

图7-73 固定白坯布

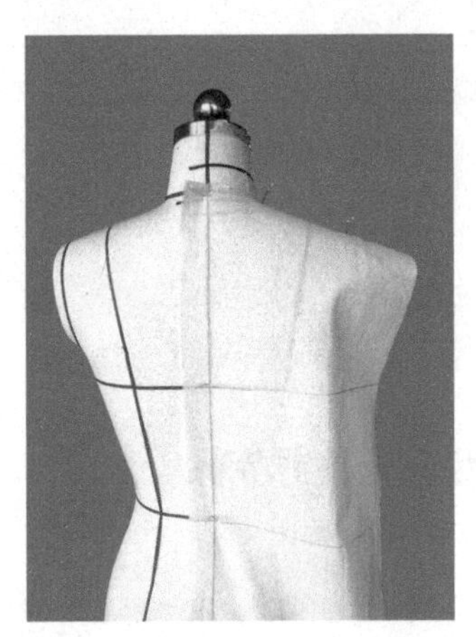

图7-74 抚平领围线、肩线

（3）抚平袖窿线、分割线。从上往下依次抚平袖窿线和分割线，如图7-75所示。

（4）点影。沿标记带进行点影，如图7-76所示。

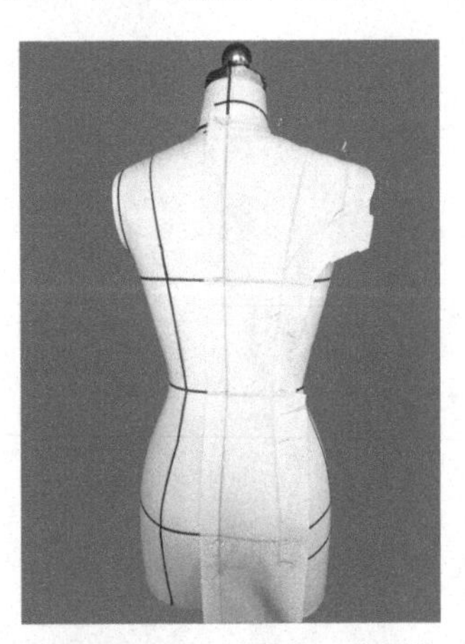

图7-75 抚平袖窿线、分割线

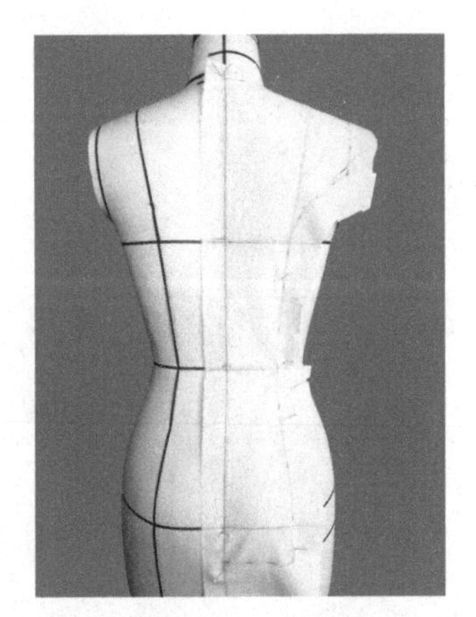

图7-76 点影

（六）后侧片立体裁剪步骤

（1）固定白坯布。将事先准备好的后侧片白坯布固定在人台上，使白坯布上的中心线固定在后公主线与侧缝线1/2处，如图7-77所示。

（2）制定松量。在中心线两侧分别捏取0.5～1cm作为松量并用双针固定，如图7-78所示，若想让西装特别贴身也可以不制定松量。

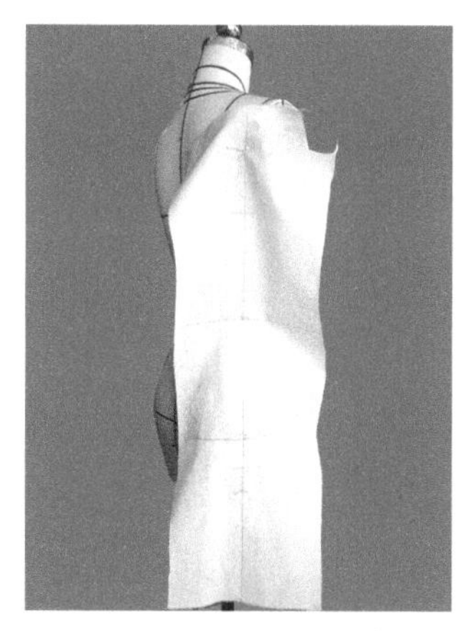

图 7-77　固定白坯布

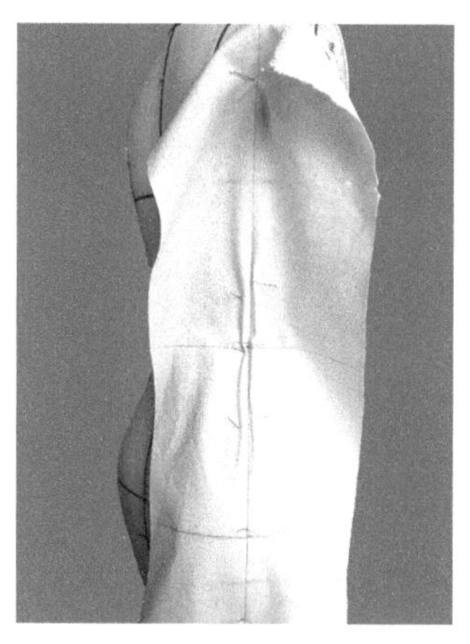

图 7-78　制定松量

（3）分别向四周抚平侧缝线、分割线以及袖窿弧线并固定，如图 7-79 所示。

（4）点影。沿标记带进行点影，如图 7-80 所示。

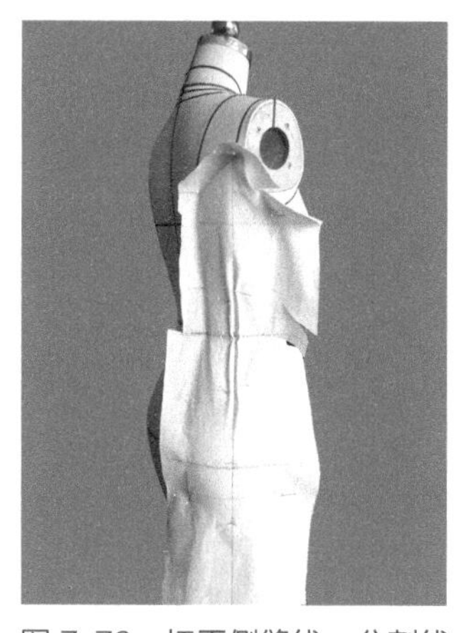

图 7-79　抚平侧缝线、分割线以及袖窿弧线

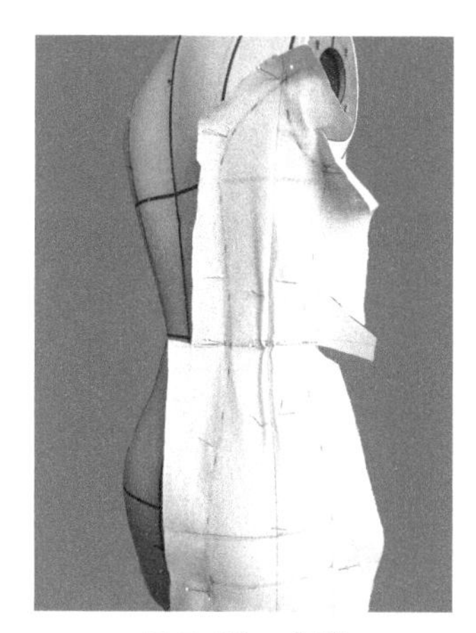

图 7-80　点影

（七）翻领、袖子立体裁剪步骤

按照枪驳领西装中翻领的制作原理，立体裁剪出翻领即可（参考第四章第二节中西装领的翻领立体裁剪步骤）。需要注意的是，在做翻领的时候一定要使前片与驳头相配合，确保翻折线的圆顺、服帖。具体步骤如图 7-81～图 7-83 所示。

西装的袖子可以用立体裁剪的方法也可以用平面制版的方法进行制作。

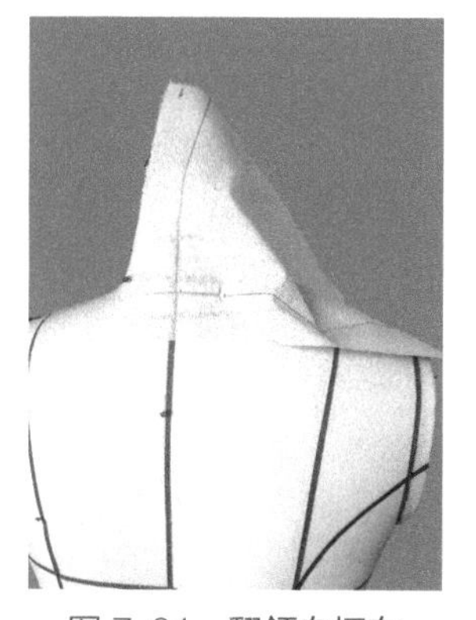

图 7-81　翻领白坯布

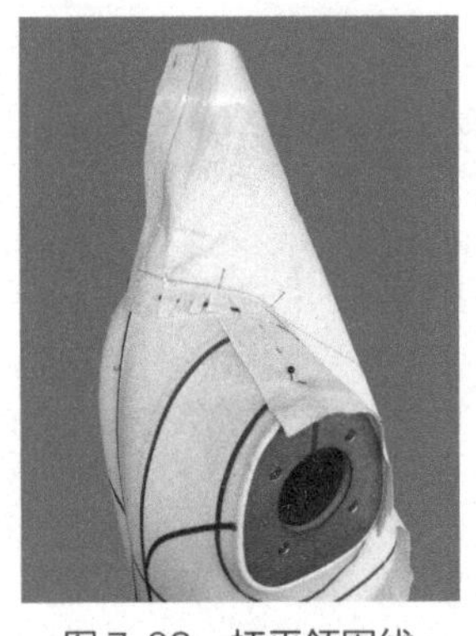
图7-82　抚平领围线

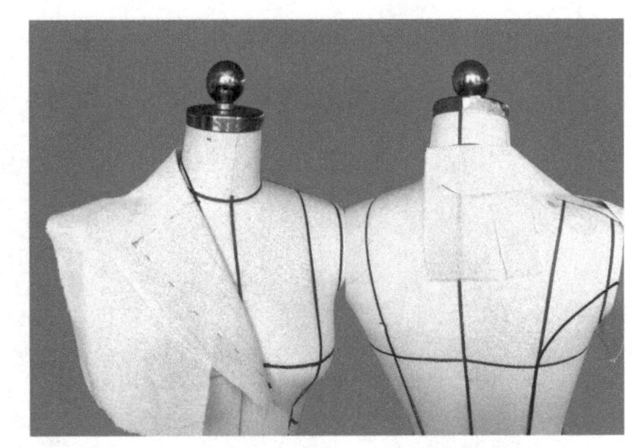
图7-83　翻折白坯布并调整领型

（八）样片修整和组装

（1）样片修剪。将白坯布从人台取下，用尺子将点影进行化样修整，如图7-84所示。

（2）将修整好的白坯布别合在人台上进行审视，观察整体效果，如图7-85所示。

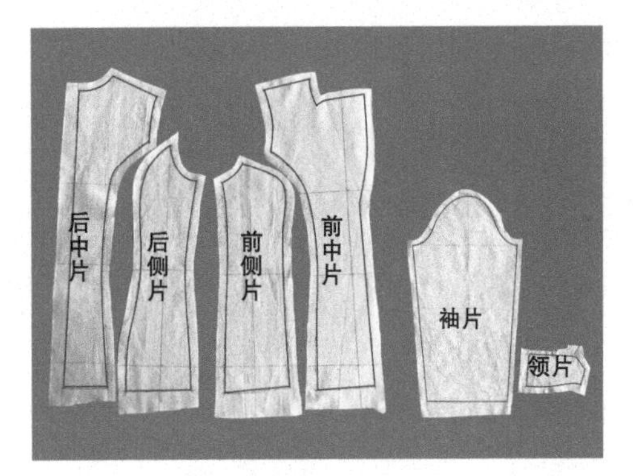

图7-84　样片修剪

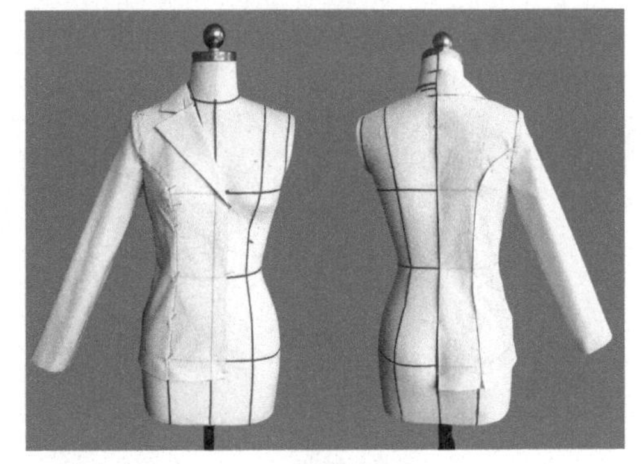
图7-85　枪驳领西装制作完成

二、青果领西装

图7-86　青果领西装

青果领西装和枪驳领西装的差别在于领子的不同，青果领没有驳头，整个领子像围脖一样包裹住脖子，如图7-86所示。青果领在男装中使用较多，但随着中性化服装的发展，青果领也经常在女装中出现，作为小礼服被女性穿出更多的韵味。本款青果领西装除了领子与上一款不同外，衣身结构由八片式变成了四片式，衣身的处理相对而言更简单一些。

（一）采样

1. 布样长度

（1）前片：衣长加25～30cm。

（2）后片：衣长加6～8cm。

2. 布样宽度

（1）前片：1/4臀围加17～25cm。

（2）后片：1/4臀围加6～8cm。

（二）布样化样

1. 前片

从右至左量取17cm，从上至下做一条垂直线即前中心线。在前中心线上从上往下量取45cm做一条水平线为胸围线（BL），依次向下量取16cm、17cm做腰围线（WL）和臀围线（HL），如图7-87所示。

2. 后片

从左至右量取5cm，从上至下做一条垂直线即后中心线。在后中心线上从上往下量取28cm做一条水平线为胸围线（BL），依次向下量取16cm、17cm做腰围线（WL）和臀围线（HL），如图7-88所示。

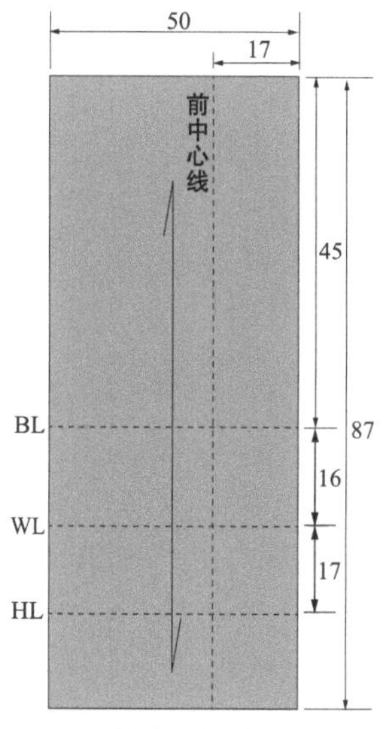

图7-87 前片化样（单位：cm）

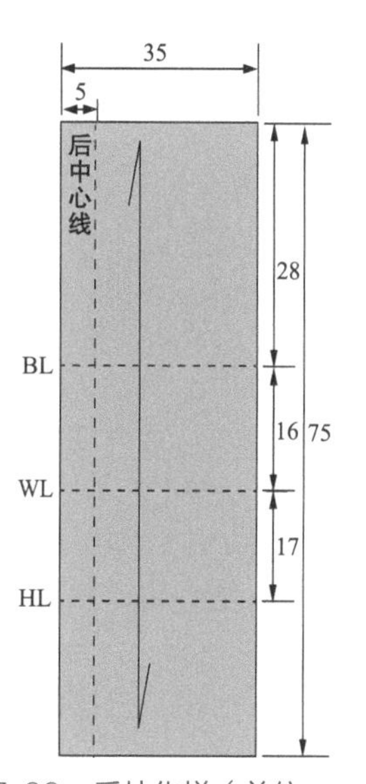

图7-88 后片化样（单位：cm）

（三）前片立体裁剪步骤

（1）贴标记带。根据款式图贴上标记带，其中包括领围线、青果领翻折线，如图7-89所示。

（2）固定白坯布。将事先准备好的前片白坯布固定在人台上，使白坯布上的前中心线、胸围线、腰围线、臀围线与人台的前中心线、胸围线、腰围线、臀围线对齐并用双针固定，如图 7-90 所示。

（3）固定驳口止点。固定驳口止点以及驳口止点以下的位置，如图 7-91 所示。

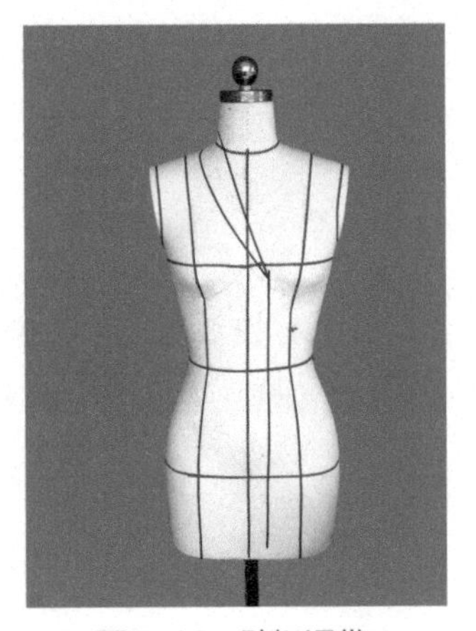

图 7-89　贴标记带

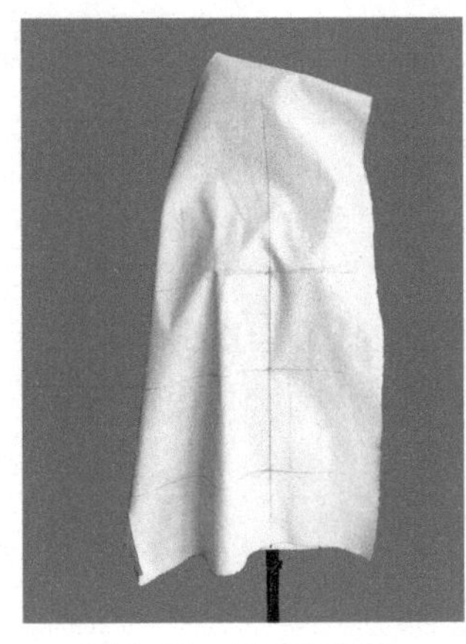

图 7-90　固定白坯布

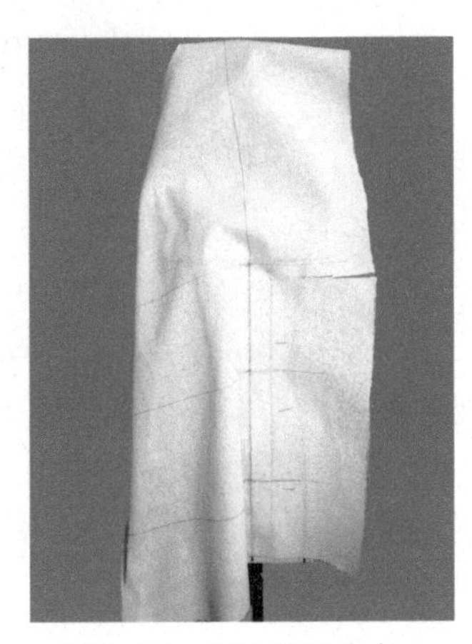

图 7-91　固定驳口止点

（4）抚平胸围线与臀围线。水平抚平胸围线与臀围线，将白坯布上的胸围线、臀围线与人台的胸围线、臀围线对齐，如图 7-92 所示。

（5）抚平侧缝线。在侧面由上往下抚平侧缝线，如图 7-93 所示。

（6）收腰省。在前公主线处进行收省设计，如图 7-94 所示。

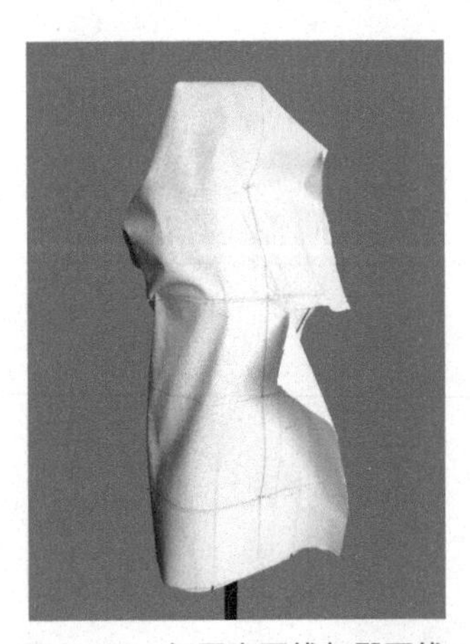

图 7-92　抚平胸围线与臀围线

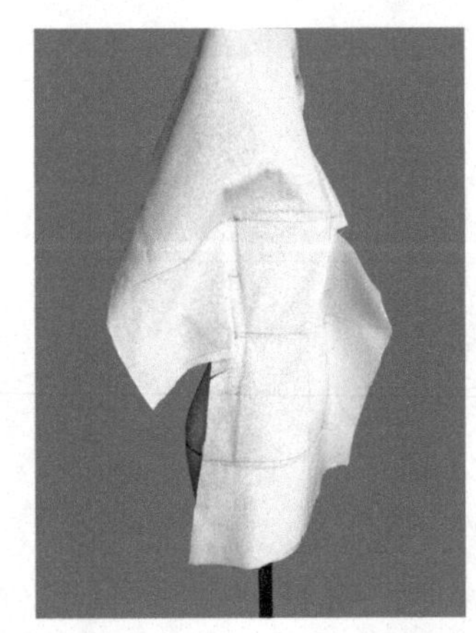

图 7-93　抚平侧缝线

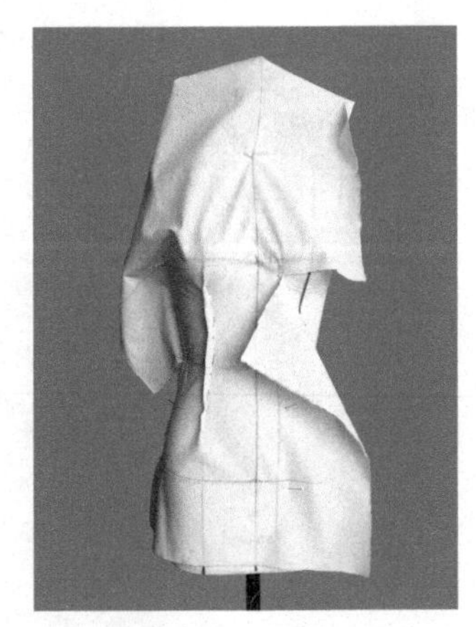

图 7-94　收腰省

（7）固定侧颈点。注意一定要抚平侧颈点与领口处，避免布料堆积，如图 7-95 所示。

（8）抚平肩部。抚平肩部并在肩端点固定，如图 7-96 所示。

（9）收腋下省。抚平袖窿弧线，将多余的松量转移至腋下并捏取腋下省固定，如图 7-97 所示。

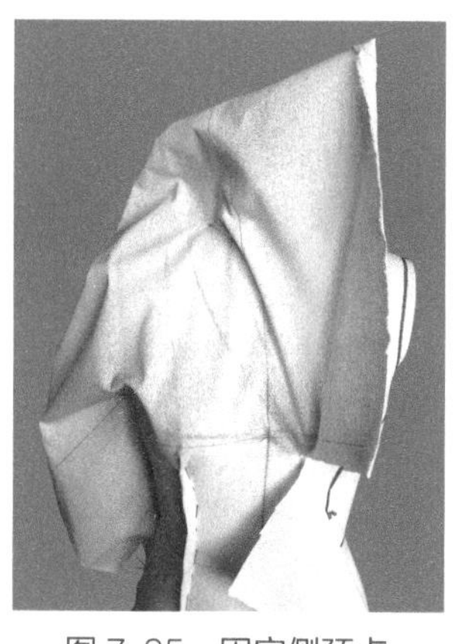

图 7-95　固定侧颈点

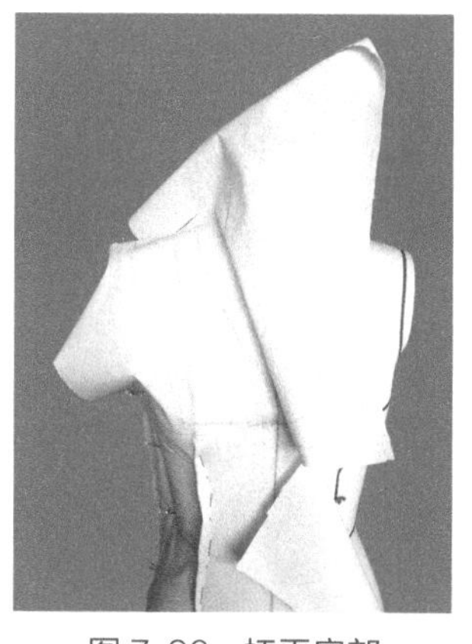

图 7-96　抚平肩部

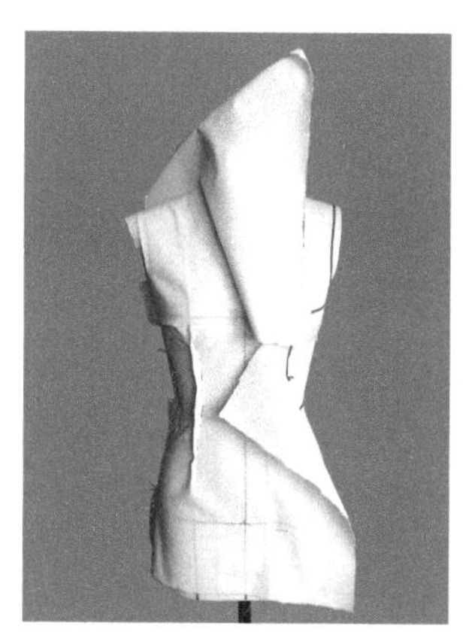

图 7-97　收腋下省

（10）抚平后领围线。拉起翻领部分，根据后领围线打剪刀口抚顺布料，如图 7-98 所示。随后翻折布料形成领座，如图 7-99 所示。

（11）调整青果领造型和松量。在侧颈点处要有一定的松量，避免青果领完全贴附在颈部，如图 7-100 所示。

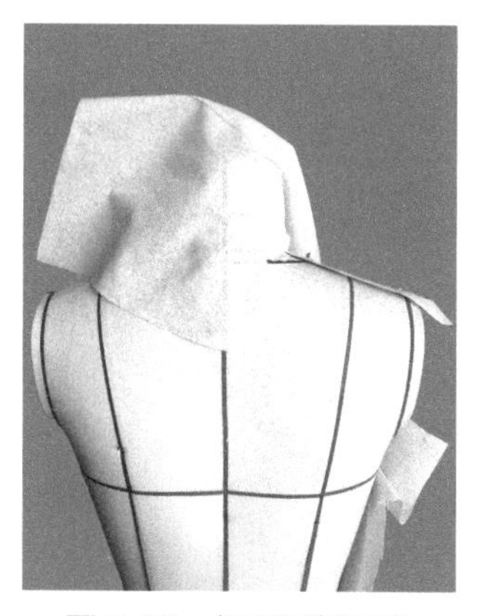

图 7-98　抚平后领围线

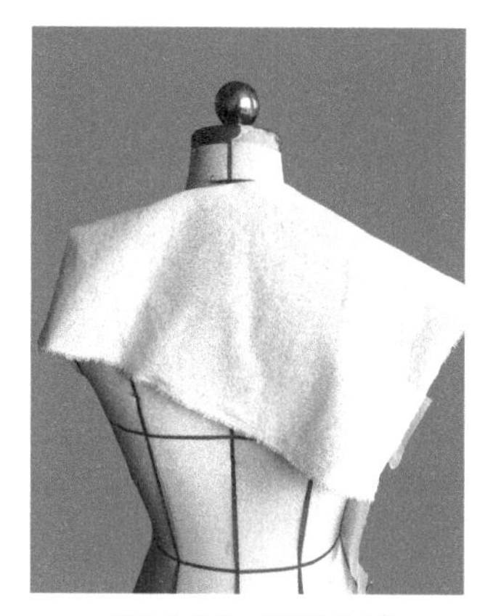

图 7-99　翻折布料

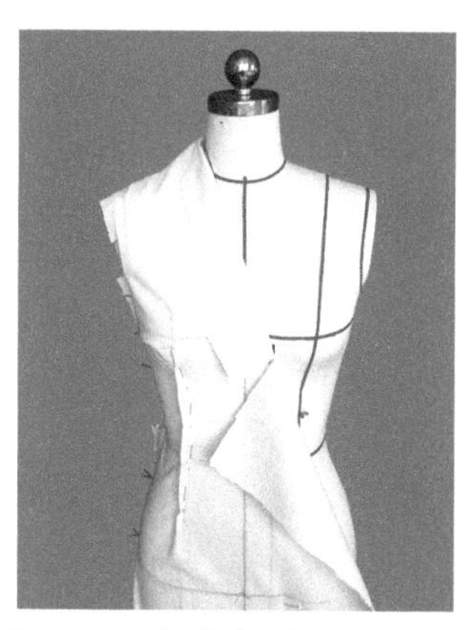

图 7-100　调整青果领造型和松量

（12）领部菱形省处理。将青果领翻起，沿翻折线捏取菱形省（菱形省位置一端起点在侧颈点处，另一端至点在前中心线上），如图 7-101 所示。

（13）点影。沿标记带进行点影，如图 7-102 所示。

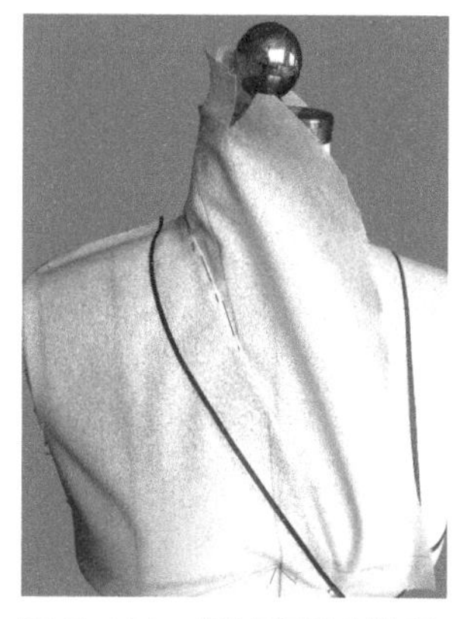

图 7-101　领部菱形省处理

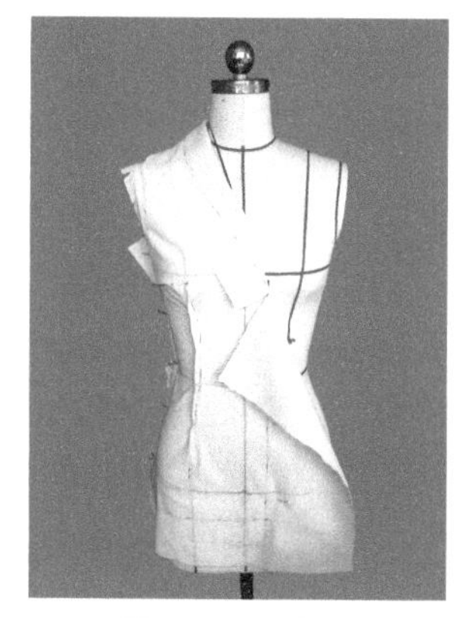

图 7-102　点影

（四）后片立体裁剪步骤

（1）固定白坯布。将事先准备好的白坯布固定在人台上，使白坯布上的后中心线、胸围线、腰围线与人台的后中心线、胸围线、腰围线对齐，用双针在后中心线上固定，如图 7-103 所示。

（2）抚平肩胛骨线、臀围线，如图 7-104 所示。

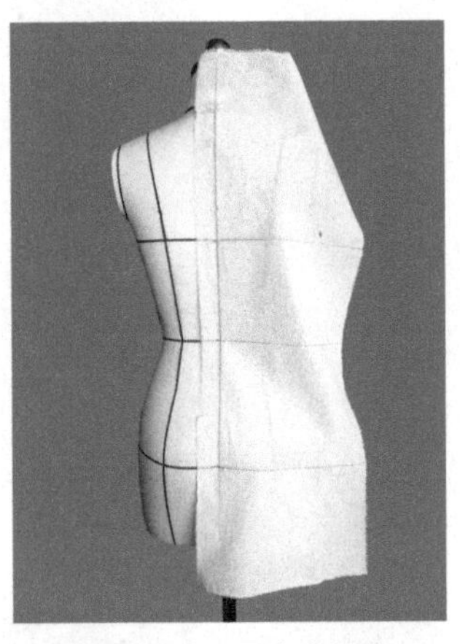

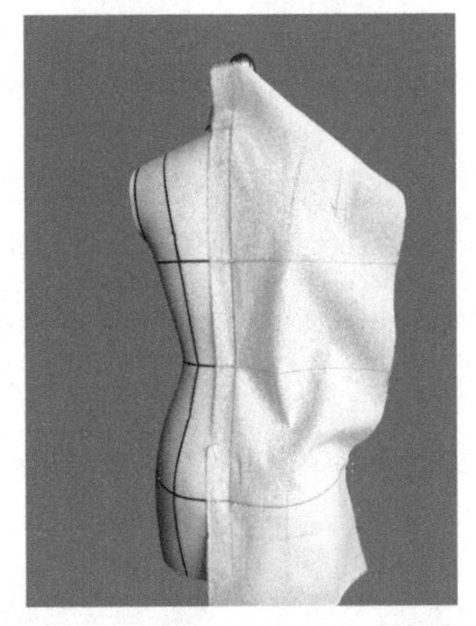

图 7-103　固定白坯布　　图 7-104　抚平肩胛骨线、臀围线

（3）抚平领围线、肩部。沿后领围的标记带预留 1～2cm 进行修剪，一边抚平领围线一边打剪刀口，使其服帖、圆顺，此时肩部会有一定的松量（0.5～0.7cm），将松量固定在后公主线处，如图 7-105 所示。

（4）抚平袖窿弧线、侧缝线。在腰围线处若不能抚平可打剪刀口，通过拉扯布料来加大布料的松量，如图 7-106 所示。

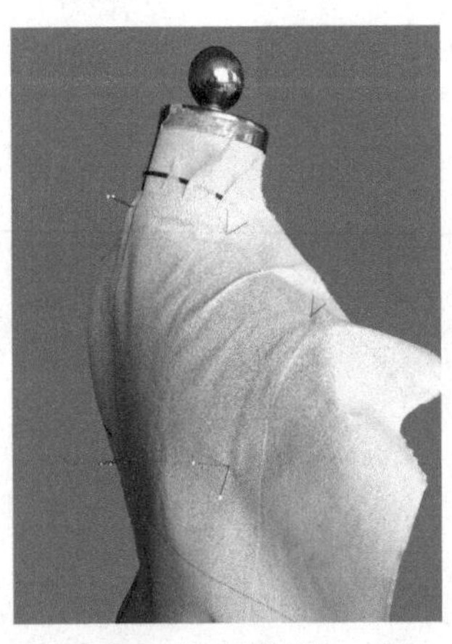

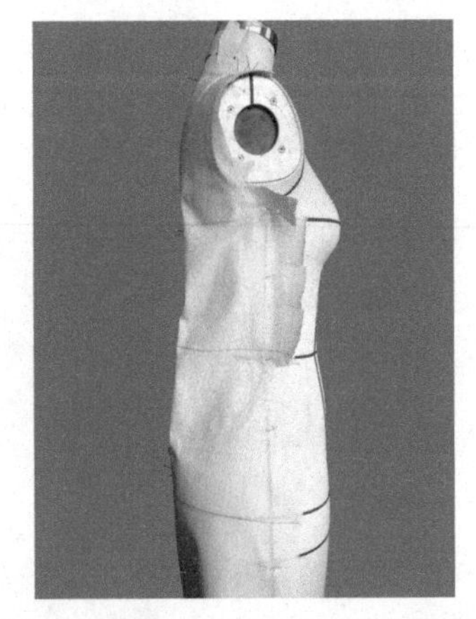

图 7-105　抚平领围线、肩部　图 7-106　抚平袖窿弧线、侧缝线

（5）收后腰省。在后公主线处捏取后腰省，同时要注意松量的控制，如图 7-107 所示。

（6）点影。沿标记带进行点影，如图 7-108 所示。

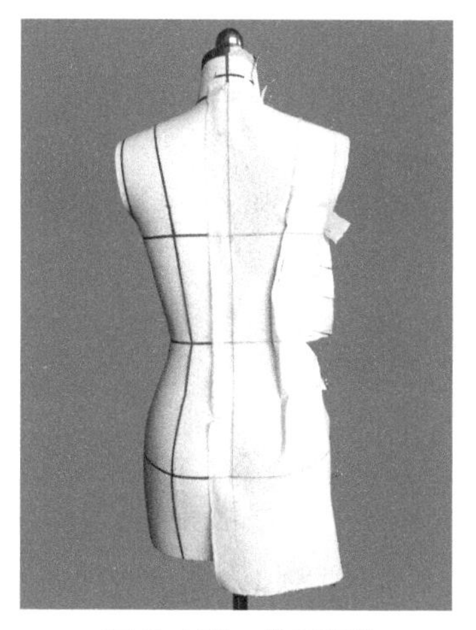

图 7-107　收后腰省

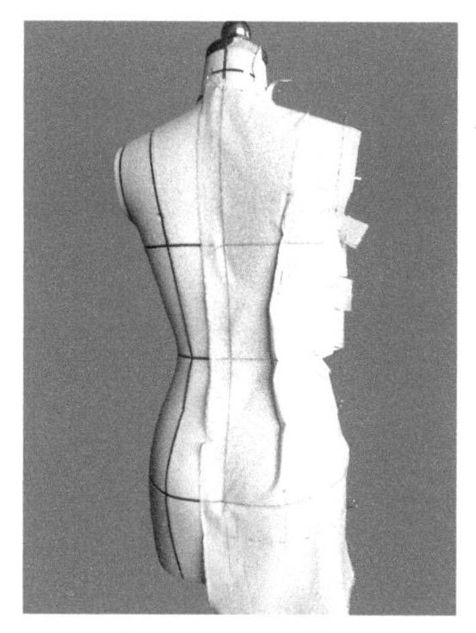
图 7-108　点影

（五）袖子立体裁剪步骤

袖子可以用立体裁剪的方法也可以用平面制版的方法进行制作，可参见本书第五章。

（六）样片修整和组装

（1）样片修剪。将白坯布从人台取下，用尺子将点影进行化样修整，如图 7-109 所示。

（2）将修整好的白坯布别合在人台上进行审视，观察整体效果，如图 7-110 所示。

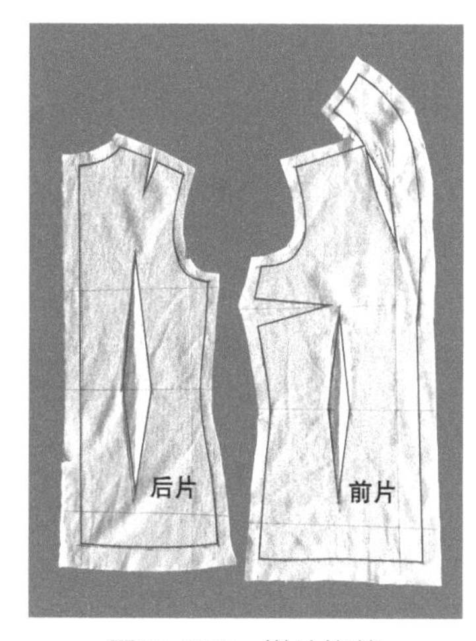

图 7-109　样片修剪

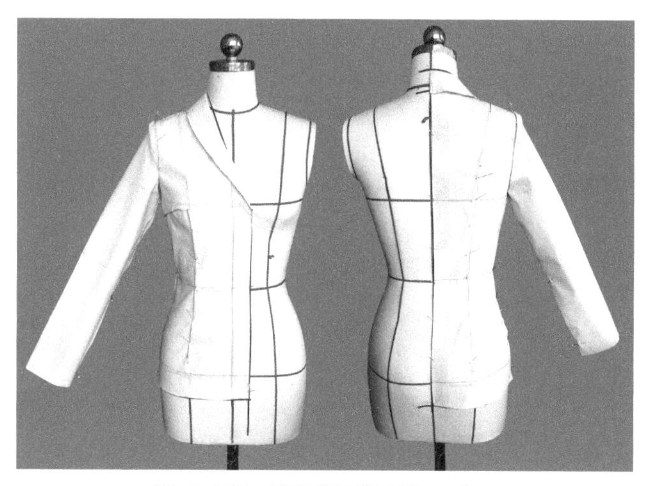
图 7-110　青果领西装制作完成

三、半领西装

半领西装相对于前两者而言是一种相对休闲的西装，这种款式的西装更显年轻更休闲，它没有枪驳领西装那么正式，是现在流行的西装款式之一。其主要特点在于领子只有一半（只有驳头没有领座和翻领），因此称为半领西装，如图 7-111 所示。

（一）采样

1. 布样长度

（1）前片：衣长加 6～8cm。

（2）侧片：衣长加 6～8cm。

（3）后片：衣长加 6～8cm。

2. 布样宽度

（1）前片：1/4 臀围加 6～8cm。

（2）侧片：1/4 臀围加 6～8cm。

（3）后片：1/4 臀围加 6～8cm。

图 7-111　半领西装

（二）布样化样

1. 前片

从右至左量取 13cm，从上至下做一条垂直线即前中心线。在前中心线上从上往下量取 28cm 做一条水平线为胸围线（BL），依次向下量取 16cm、17cm 做腰围线（WL）和臀围线（HL），如图 7-112 所示。

2. 侧片

将白坯布对折找即为中心线，在中心线上从上往下量取 45cm 做一条水平线为腰围线（WL），接着往下做出臀围线（HL），如图 7-113 所示。

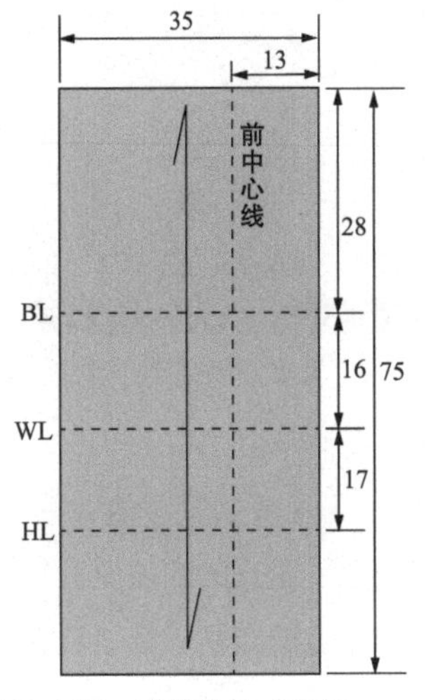

图 7-112　前片化样（单位：cm）

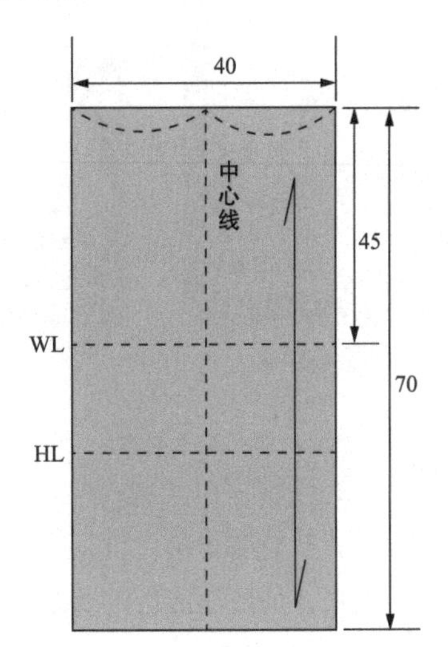

图 7-113　侧片化样（单位：cm）

3. 后片

从左至右量取5cm，从上至下做一条垂直线即后中心线。在后中心线上从上往下量取28cm做一条水平线为胸围线（BL），依次向下量取16cm、17cm做腰围线（WL）和臀围线（HL），如图7-114所示。

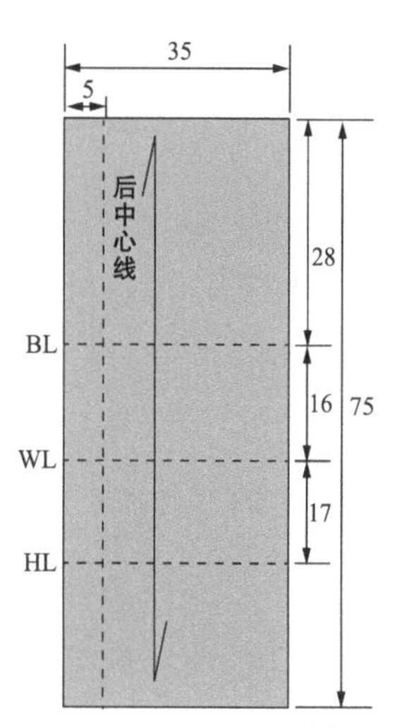

图7-114　后片化样（单位：cm）

（三）前中片立体裁剪步骤

（1）贴标记带。根据款式图贴上标记带，其中包括驳领翻折线、驳领线以及前片、后片分割线，如图7-115所示。

（2）固定白坯带。将事先准备好的前中片白坯布固定在人台上，使白坯布上的前中心线、胸围线、腰围线、臀围线与人台的前中心线、胸围线、腰围线、臀围线对齐并用双针固定，如图7-116所示。

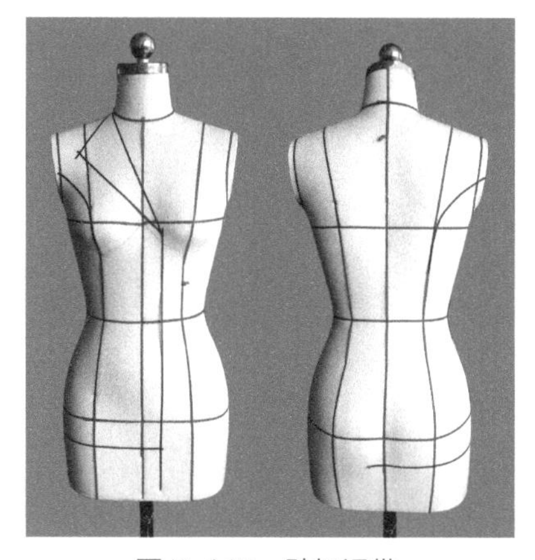

图7-115　贴标记带

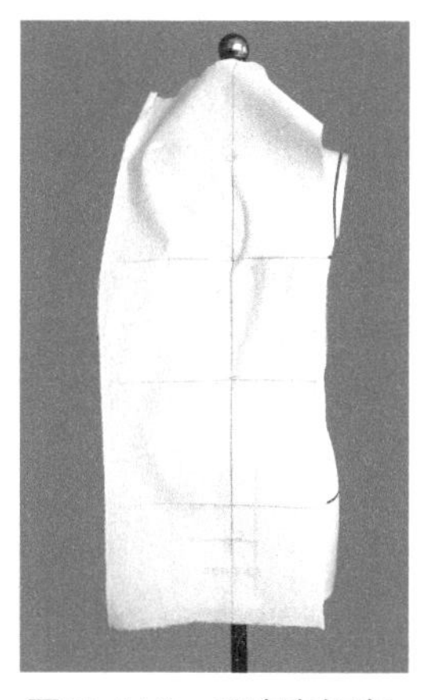

图7-116　固定白坯布

（3）固定驳口止点。固定驳口止点以及驳口止点以下的位置，同时固定侧颈点后往左抚平肩部和袖窿处，如图7-117所示。

（4）抚平分割线。从上往下依次抚平分割线，如图7-118所示。

（5）翻折半领。翻折半领做出半领翻折线，使半领贴附在胸部，如图7-119所示。

（6）点影。沿标记带进行点影，

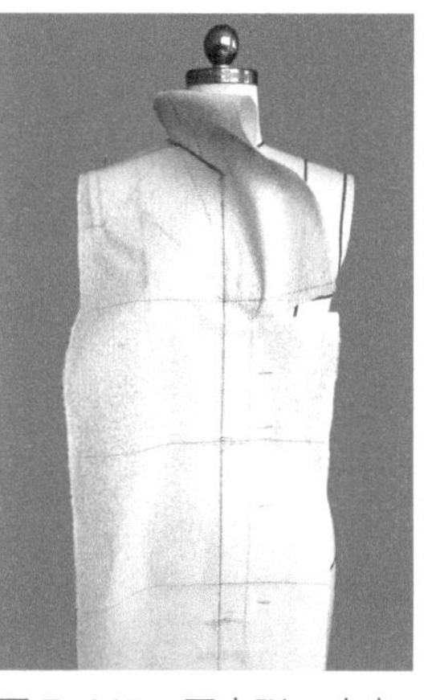

图7-117　固定驳口止点

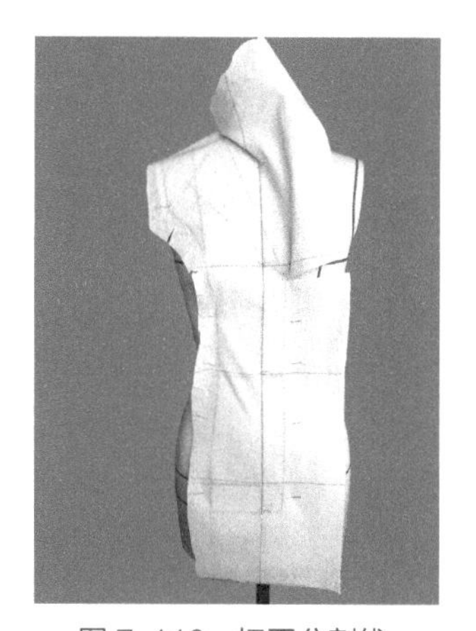

图7-118　抚平分割线

如图 7-120 所示。

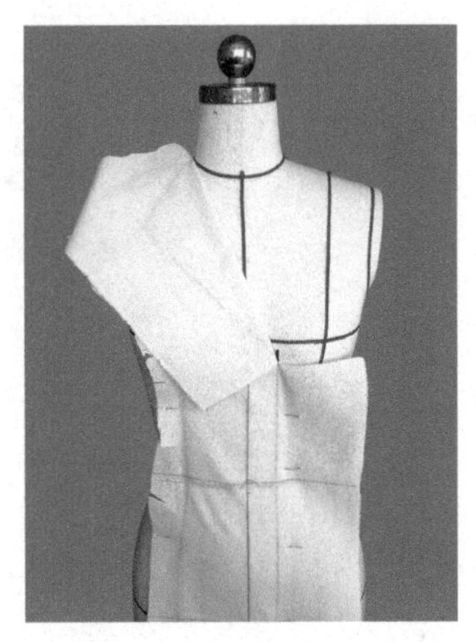
图 7-119　翻折半领

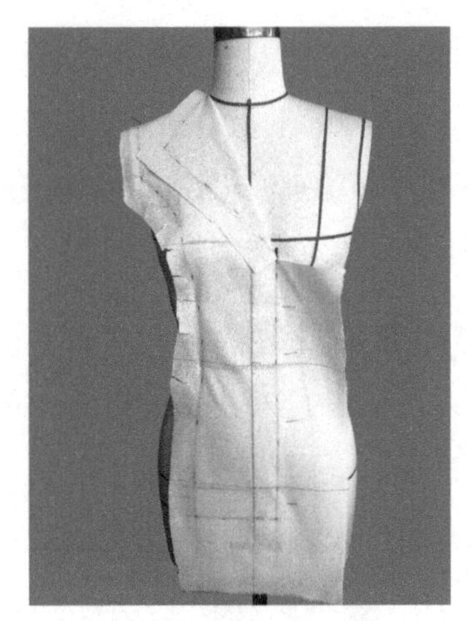
图 7-120　点影

（四）侧片立体裁剪步骤

（1）固定白坯布。将白坯布中心线对准人台侧缝线，使白坯布上的腰围线、臀围线与人台的腰围线、臀围线对齐并固定，如图 7-121 所示。

（2）抚平袖窿弧线，如图 7-122 所示。

（3）捏取后侧片松量。这里可以适当捏取 1～1.5cm 的松量并固定，同时抚平后片分割线，如图 7-123 所示。

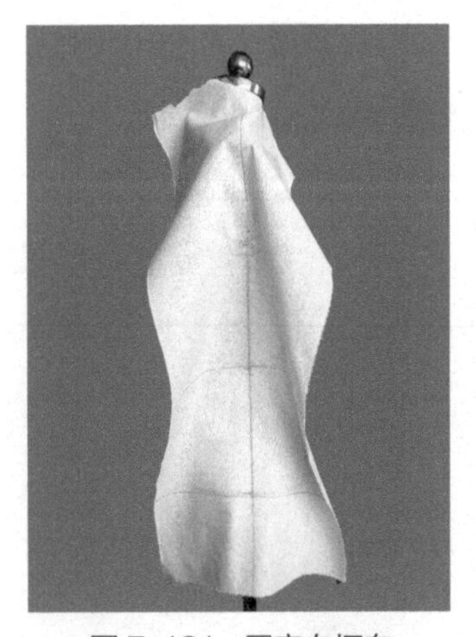
图 7-121　固定白坯布

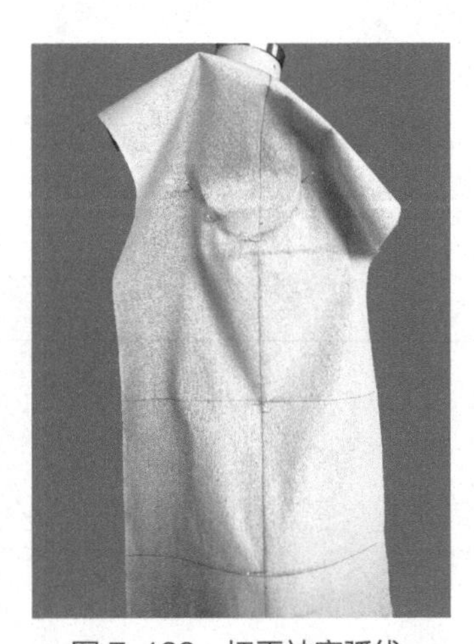
图 7-122　抚平袖窿弧线

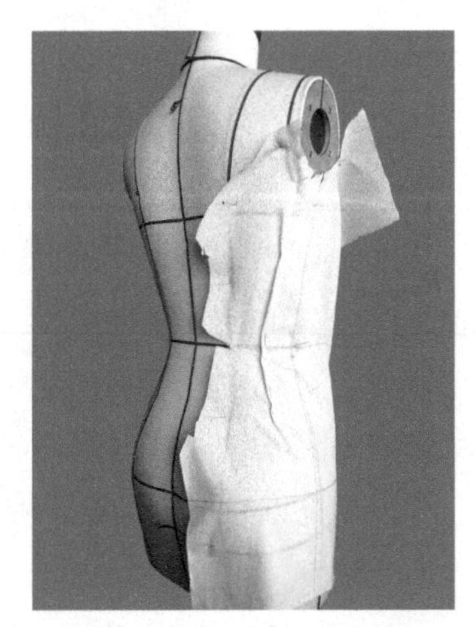
图 7-123　捏取后侧片松量

（4）捏取前侧片松量。这里可以适当捏取 1～1.5cm 的松量并固定，同时抚平前片分割线，如图 7-124 所示。

（5）点影。沿标记带进行点影，如图 7-125 所示。

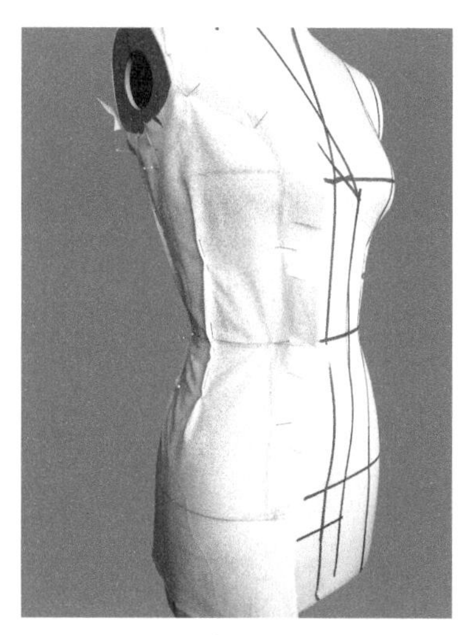

图 7-124　捏取前侧片松量

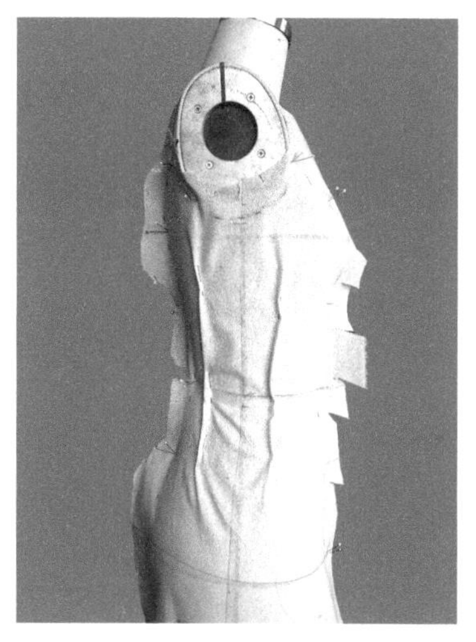

图 7-125　点影

（五）后片立体裁剪步骤

（1）固定白坯布。将事先准备好的白坯布固定在人台上，使白坯布上的后中心线、胸围线、腰围线与人台的后中心线、胸围线、腰围线对齐，用双针在后中心线上固定，如图 7-126 所示。

（2）抚平领围线、肩线。沿后领围的标记带预留 1～2cm 进行修剪，一边抚平领围一边打剪刀口，使其服帖、圆顺，同时往右抚平肩部并在肩端点固定，如图 7-127 所示。

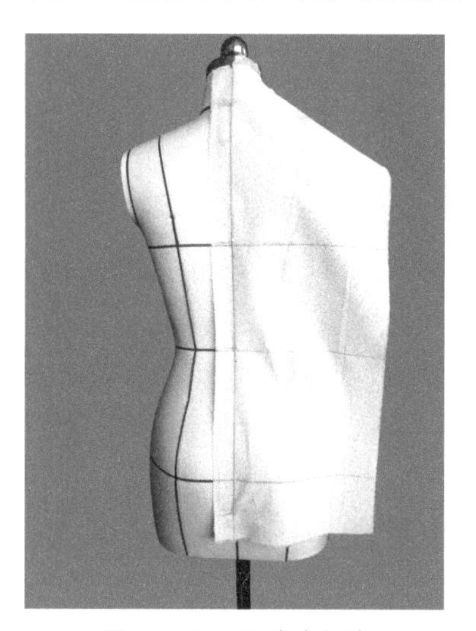

图 7-126　固定白坯布

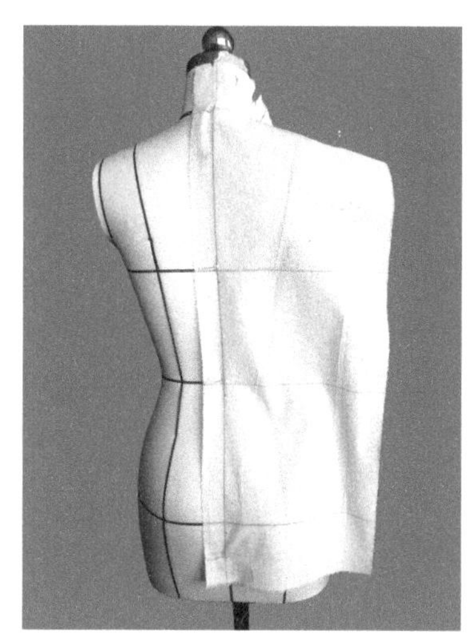

图 7-127　抚平领围线、肩线

（3）抚平袖窿线、分割线。从上往下依次抚平袖窿线和分割线，如图 7-128 所示。

（4）点影。沿标记带进行点影，如图 7-129 所示。

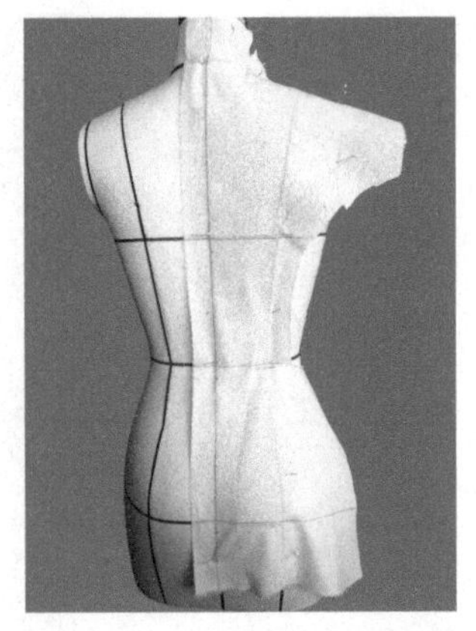

图 7-128　抚平袖窿线、分割线

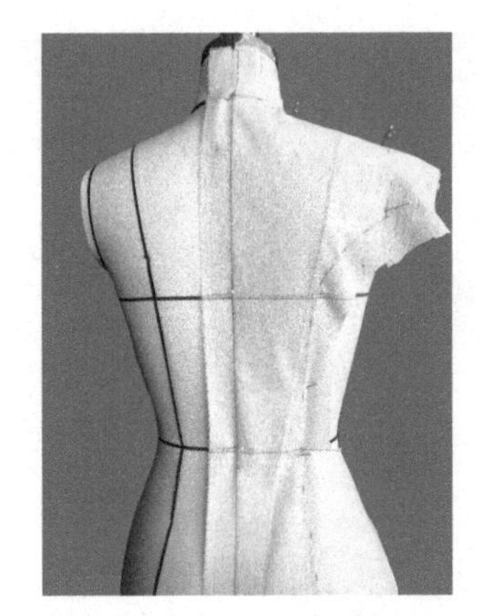

图 7-129　点影

（六）袖子立体裁剪步骤

袖子可以用立体裁剪的方法也可以用平面制版的方法进行制作，可参见本书第五章。

（七）样片修整和组装

（1）样片修剪。将白坯布从人台取下，用尺子将点影进行化样修整，如图 7-130 所示。

（2）将修整好的白坯布别合在人台上进行审视，观察整体效果，如图 7-131 所示。

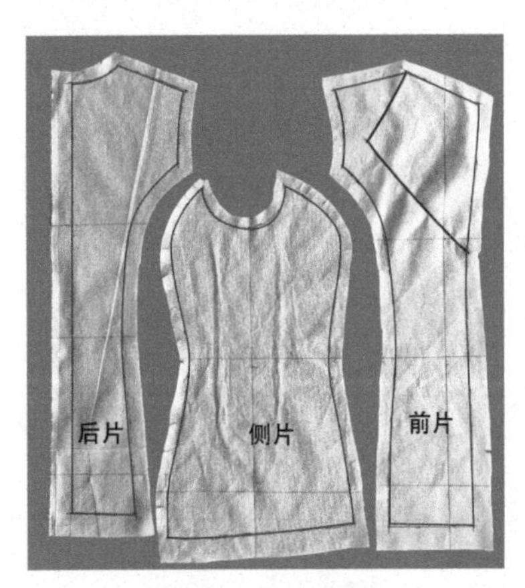

图 7-130　样片修剪

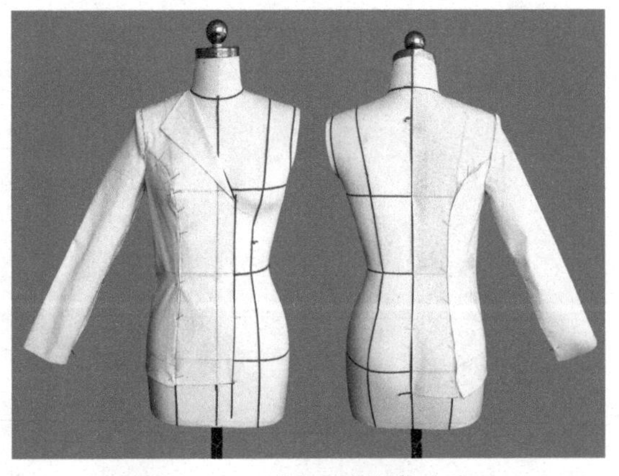

图 7-131　半领西装制作完成

第三节　大衣的立体裁剪

大衣是指穿在衣服最外层具有防御寒风功能的外衣，大衣的款式众多。按长度分有长、中、短三种；按材料分有呢大衣、羽绒大衣、棉大衣、裘皮大衣等；按用途分有礼服大衣、风衣大衣、风雪大衣等。本节主要针对基础款风衣和插肩袖大衣立体裁剪进行讲解，读者可进行举一反三的设计思考。

一、基础款风衣

基础款风衣有八片式，腰部收腰下摆垂直的款式，其领子由立翻领和半领组成（见图7-132），整体造型帅气大方，没有过多的褶皱和细褶做装饰，因此在立裁时注意干净和整洁。

图7-132 基础款风衣

（一）采样

1. 布样长度

（1）前中片：衣长加6～8cm。

（2）前侧片：衣长加6～8cm。

（3）后中片：衣长加6～8cm。

（4）后侧片：衣长加6～8cm。

2. 布样宽度

（1）前中片：1/4臀围加6～8cm。

（2）前侧片：1/4臀围加6～8cm。

（3）后中片：1/4臀围加6～8cm。

（4）后侧片：1/4臀围加6～8cm。

（二）布样化样

1. 前中片

从右至左量取16cm，从上至下做一条垂直线即前中心线。在前中心线上从上往下量取28cm做一条水平线为胸围线（BL），依次向下量取16cm、17cm做腰围线（WL）和臀围线（HL），如图7-133所示。

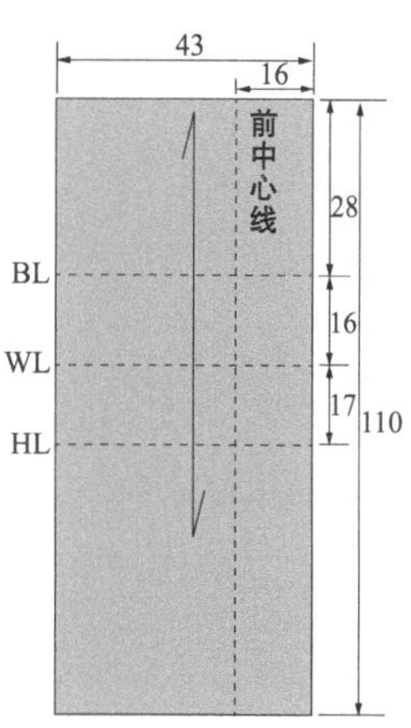

图7-133 前中片化样（单位：cm）

2. 前侧片

将白坯布对折找到折痕即为中心线，在中心线上从上往下量取40cm做水平线为腰围线（WL），再做出臀围线（HL），如图7-134所示。

3. 后中片

从左至右量取5cm，从上至下做一条垂直线即后中心线。在后中心线上从上往下量取28cm做一条水平线为胸围线（BL），依次向下量取16cm、17cm做腰围线（WL）和臀围线（HL），如图7-135所示。

4. 后侧片

将白坯布对折找到折痕即为中心线，在中心线上从上往下量取 40cm 做水平线为腰围线（WL），再做出臀围线（HL），如图 7-136 所示。

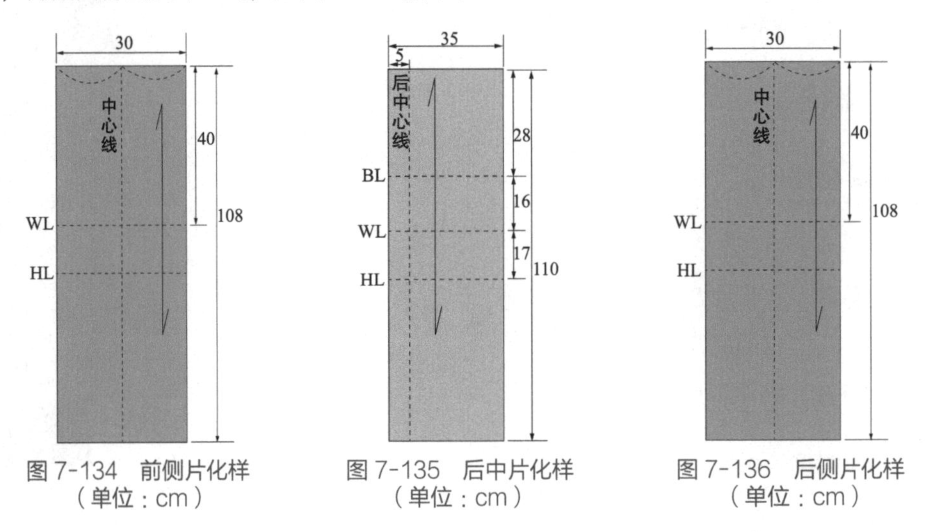

图 7-134　前侧片化样（单位：cm）　　图 7-135　后中片化样（单位：cm）　　图 7-136　后侧片化样（单位：cm）

5. 领子

领子分为领面和领座。

（1）领面。从左至右量取 4cm，从上至下做一条垂直线即后中心线，在后中心线上由下往上量取 2cm 做水平线，在领围线的基础上往上量取 4cm 做一条弧线即领围线。需要注意的是，在领围线上距后中心线 3cm 处做一个小标记。

（2）领座。从左至右量取 4cm，从上至下做一条垂直线即后中心线，在后中心线上由下往上量取 2cm，做一条水平垂直线，即领围线。在领围线距离后中心线 3cm 做点标记，在领围线的基础上上移 1.3cm 做一条水平线即起翘线。领子化样如图 7-137 所示。

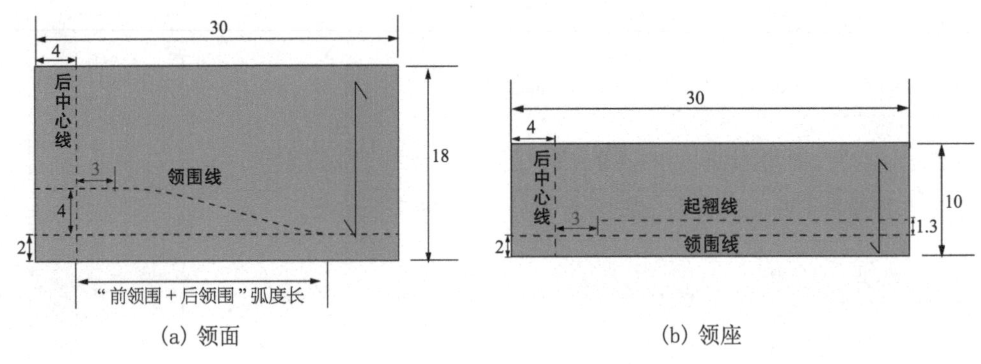

(a) 领面　　(b) 领座

图 7-137　领子化样（单位：cm）

6. 前、后肩覆片

前肩覆片，从左至右量取 8cm，从上至下做一条垂直线即前中心线；后肩覆片，从右至左量取 8cm，从上至下做一条垂直线即后中心线，如图 7-138 所示。

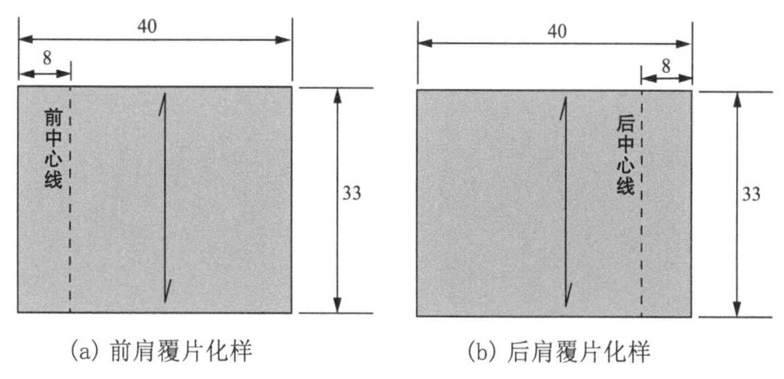

(a) 前肩覆片化样　　(b) 后肩覆片化样

图 7-138　前、后肩覆片化样（单位：cm）

（三）前中片立体裁剪步骤

（1）贴标记带。根据款式图贴上标记带，如图 7-139 所示。

（2）固定白坯布。将事先准备好的前中片白坯布固定在人台上，使白坯布上的前中心线、胸围线、腰围线、臀围线与人台的前中心线、胸围线、腰围线、臀围线对齐并用双针固定，如图 7-140 所示。

（3）抚平领围线。按照标记带的领围线进行修剪抚平，并在侧颈点固定，如图 7-141 所示。

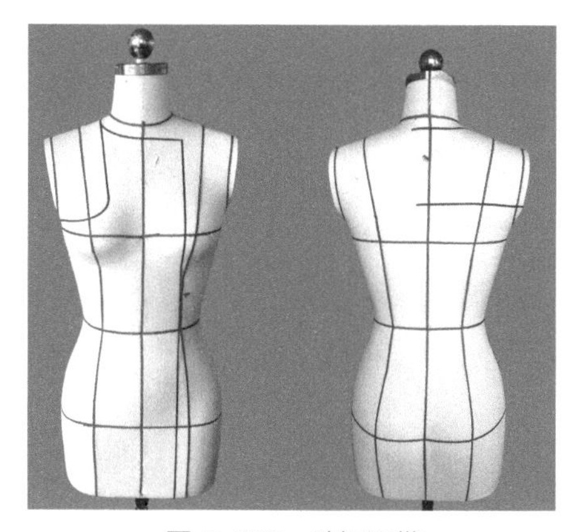

图 7-139　贴标记带

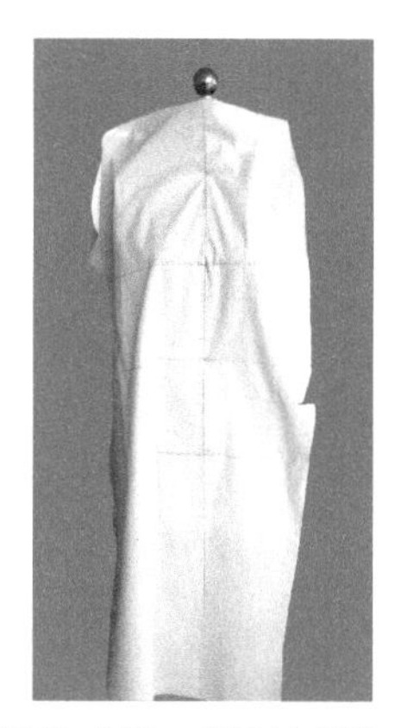

图 7-140　固定白坯布

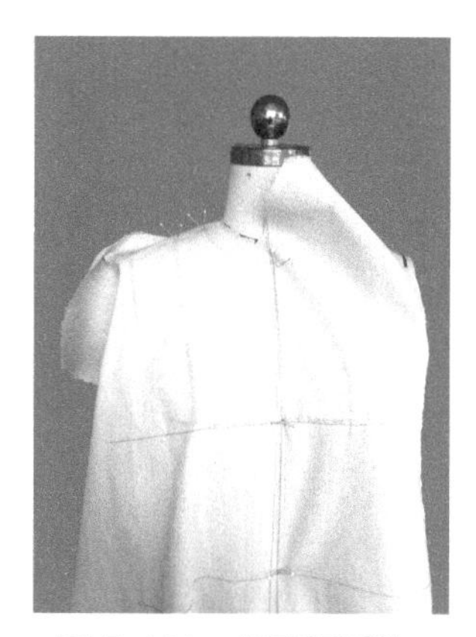

图 7-141　抚平领围线

（4）固定驳口止点。固定驳口止点以及驳口止点以下的位置，确定驳领轮廓线，沿翻折线翻折布料并绘制驳领形状，如图 7-142 所示。

（5）抚平分割线。从上往下抚平分割线并固定，如图 7-143 所示。

（6）点影。沿标记带进行点影，如图 7-144 所示。

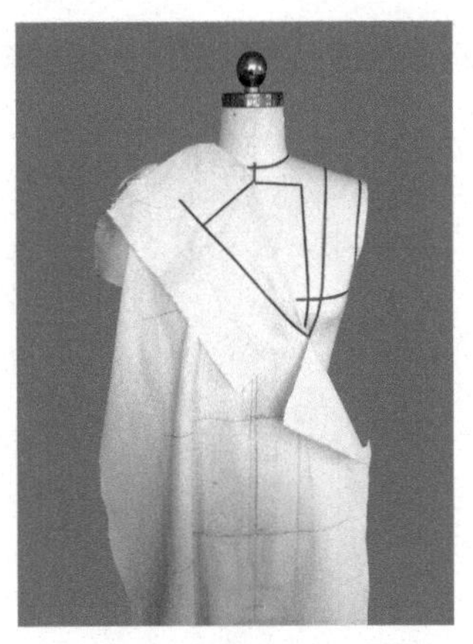

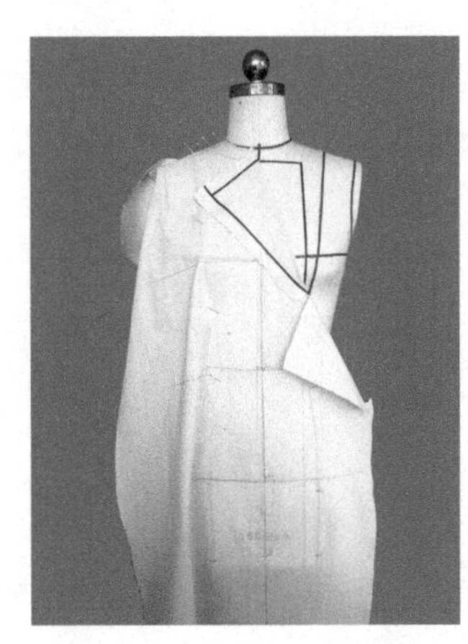

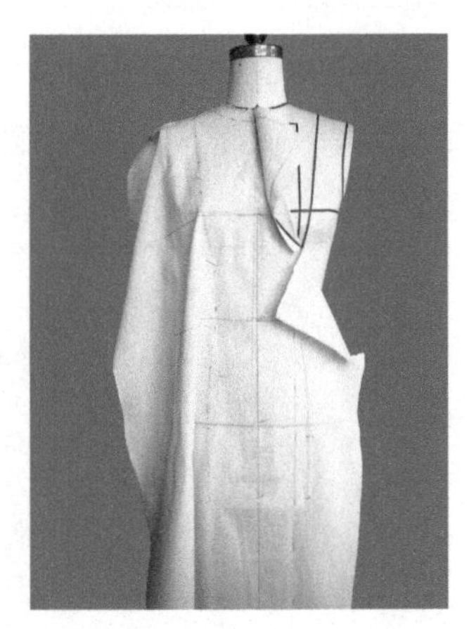

图 7-142　固定驳口止点　　图 7-143　抚平分割线　　图 7-144　点影

（四）前侧片立体裁剪步骤

（1）固定白坯布。将事先准备好的前侧片白坯布固定在人台上，使白坯布上的中心线固定在前公主线与侧缝线 1/2 处，如图 7-145 所示。

（2）抚平侧缝线、分割线。分别向四周抚平侧缝线、分割线并固定，如图 7-146 所示。

（3）抚平袖窿弧线，如图 7-147 所示。

（4）点影。沿标记带进行点影，如图 7-148 所示。

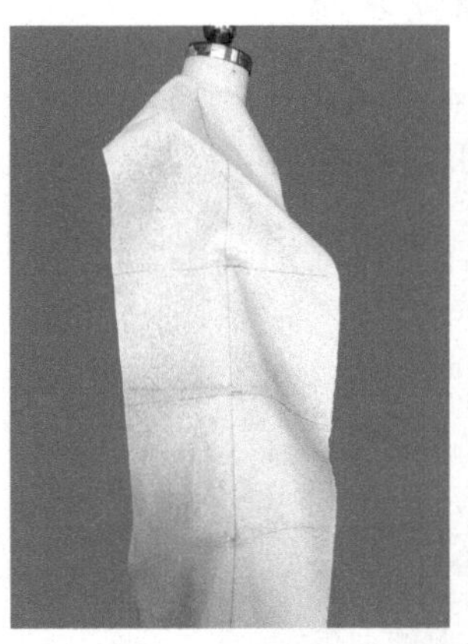

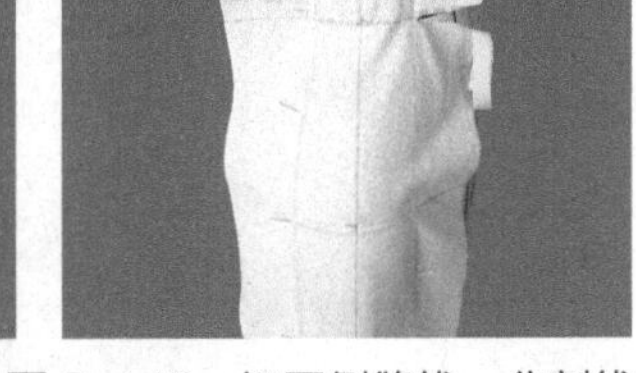

图 7-145　固定白坯布　图 7-146　抚平侧缝线、分割线

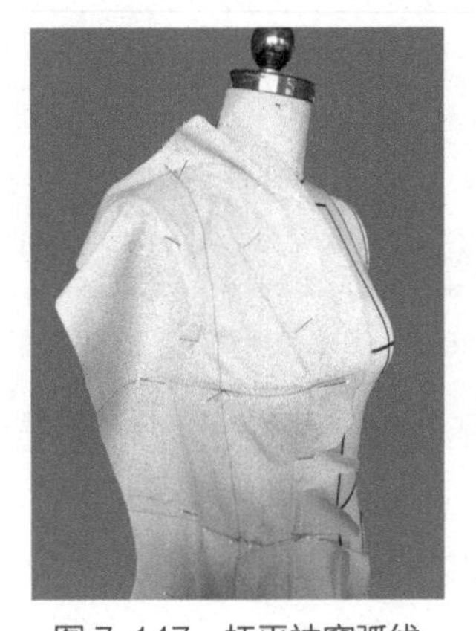

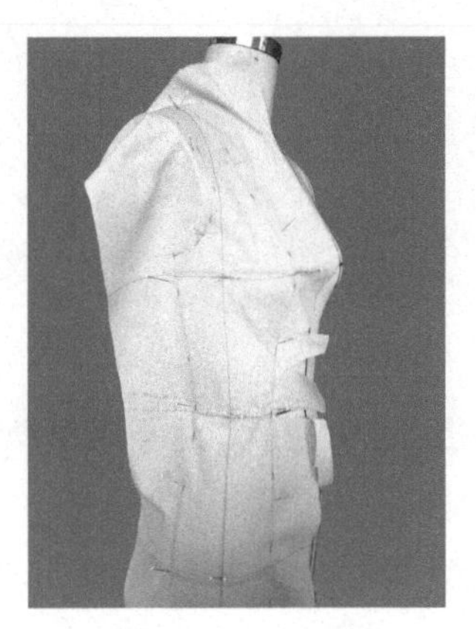

图 7-147　抚平袖窿弧线　　图 7-148　点影

（五）后中片立体裁剪步骤

（1）固定白坯布。将事先准备好的白坯布固定在人台上，使白坯布上的后中心线、胸围线、腰围线与人台的后中心线、胸围线、腰围线对齐，用双针在后中心线上固定，如图 7-149 所示。

（2）抚平领围线、肩线。沿后领围的标记带预留 1～2cm 进行修剪，一边抚平领围线一边打剪刀口，使其服帖、圆顺，同时往右抚平肩部在肩端点固定，如图 7-150 所示。

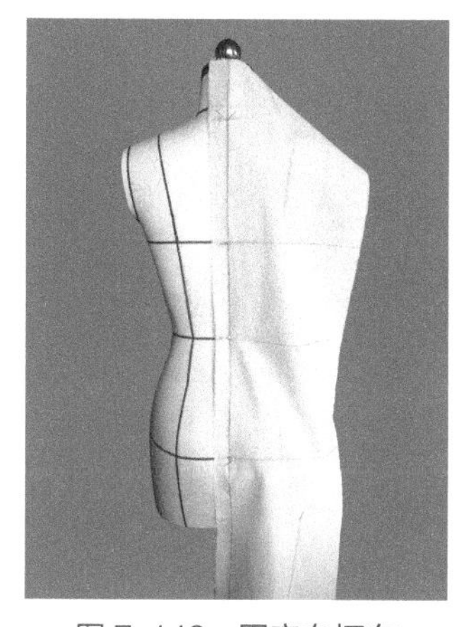

图 7-149　固定白坯布

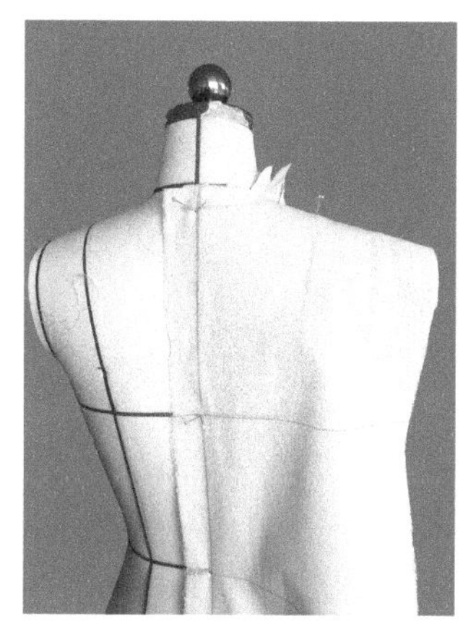

图 7-150　抚平领围线、肩线

（3）抚平分割线。从上往下抚平分割线，如图 7-151 所示。

（4）点影。沿标记带进行点影，如图 7-152 所示。

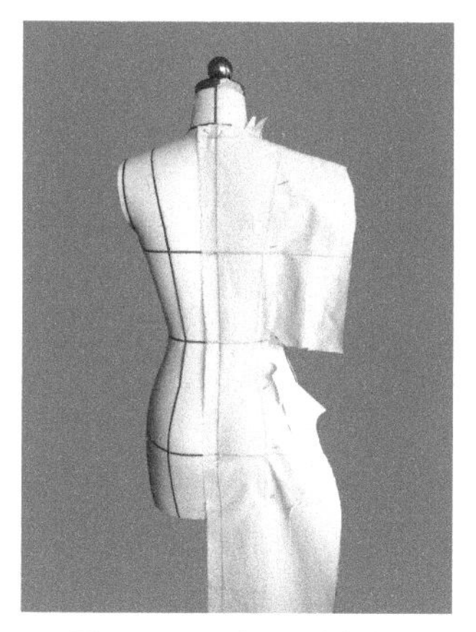

图 7-151　抚平分割线

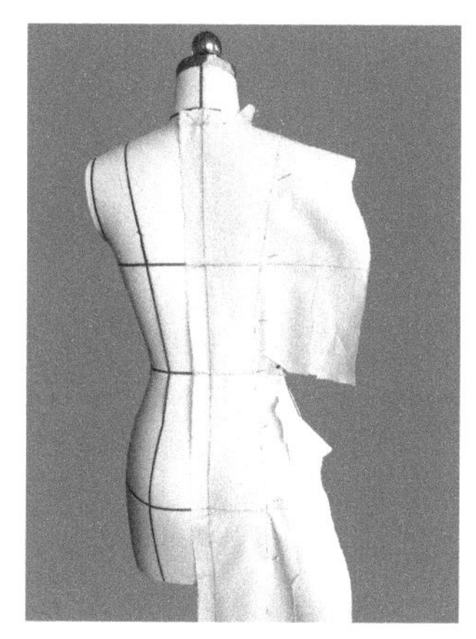

图 7-152　点影

（六）后侧片立体裁剪步骤

（1）固定白坯布。将事先准备好的前侧片白坯布固定在人台上，使白坯布上的中心线固定在后公主线与侧缝线 1/2 处，如图 7-153 所示。

（2）抚平侧缝线、分割线。分别向四周抚平侧缝线、分割线并固定，如图 7-154 所示。

（3）抚平袖窿弧线，如图 7-155 所示。

（4）点影。沿标记带进行点影，如图 7-156 所示。

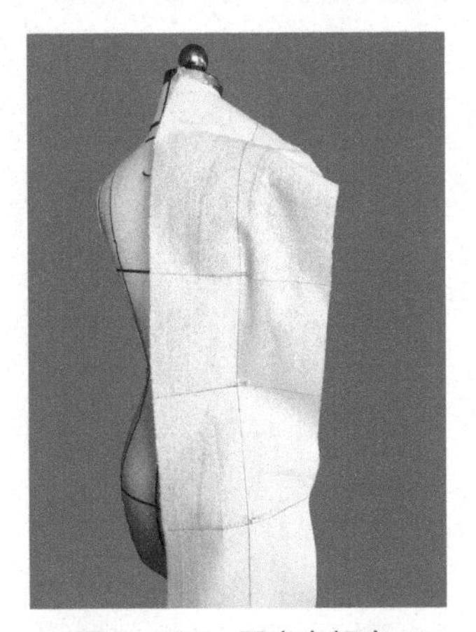
图 7-153　固定白坯布

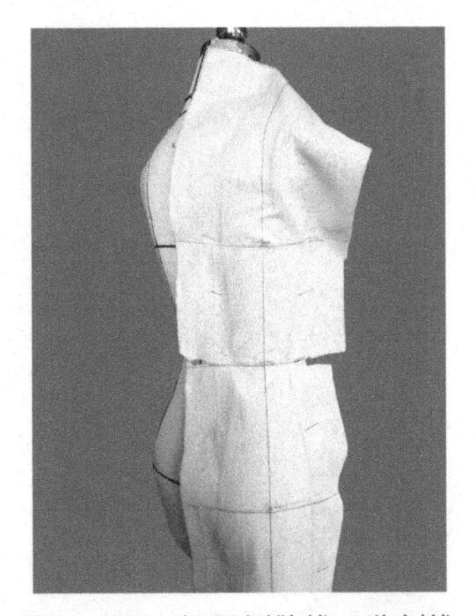
图 7-154　抚平侧缝线、分割线

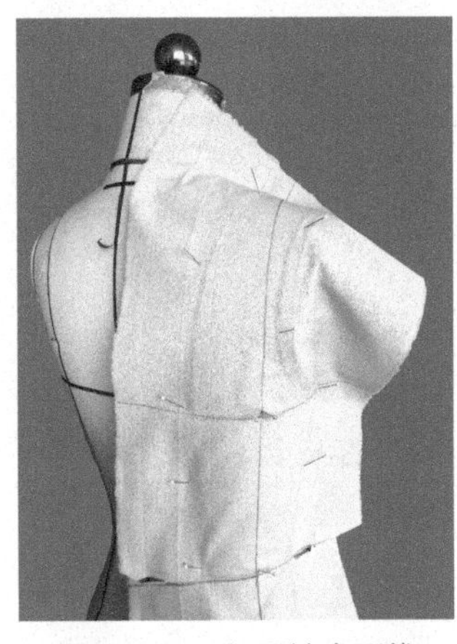
图 7-155　抚平袖窿弧线

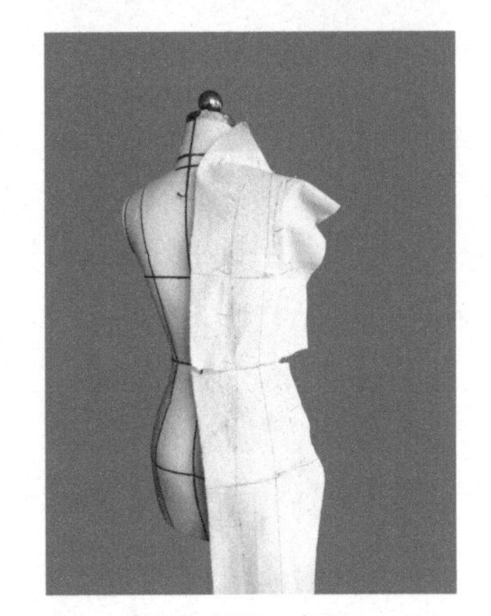
图 7-156　点影

（七）翻领立体裁剪步骤

（1）固定白坯布。将化样后准备好的领座白坯布固定在人台上，使白坯布上的后中心线、领围线与人台的后中心线、领围线对齐，用双针在后中心线上固定。保证领围线上距后中心线 3cm 的这一小段距离与人台的后中心线垂直，用双针在标记点上固定，如图 7-157 所示。

（2）固定领围线。将白坯布继续向前缠绕至领口，此时，应该注意领座与人台领子的松量，如图 7-158 所示。

（3）固定领座上口线。将化样后准备好的领面白坯布与领座上口线固定，如图 7-159 所示。

（4）固定翻领外口弧线。将翻领的领面翻折下来，调整领面外口弧线的松量，确定翻领外口弧线，如图 7-160 所示。

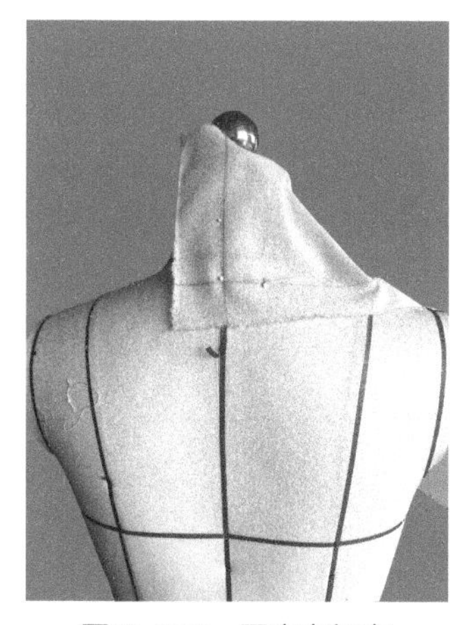

图 7-157　固定白坯布

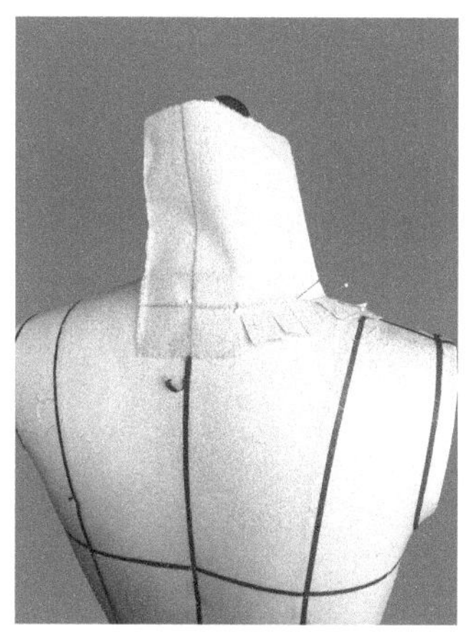

图 7-158　固定领围线

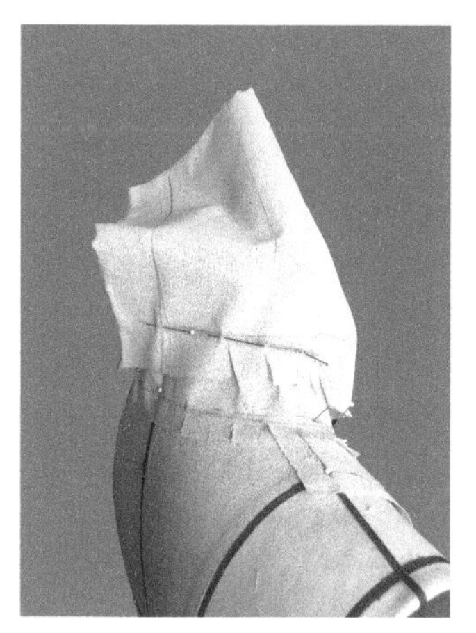

图 7-159　固定领座上口线

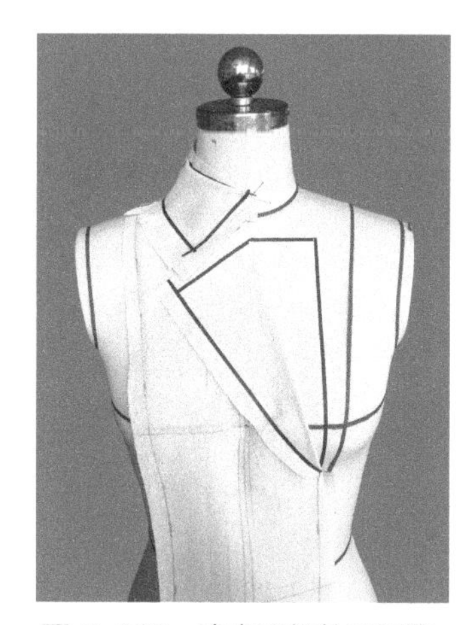

图 7-160　确定翻领外口弧线

（八）前、后肩覆片立体裁剪步骤

（1）固定白坯布。将化样后准备好的前肩覆片白坯布固定在人台上，使白坯布上的前中心线与人台的前中心线对齐并固定，注意布料要超过肩部，避免接下来抚平肩部时出现面料不足的现象，如图 7-161 所示。

（2）抚平肩部和分割处，如图 7-162 所示。

（3）抚平袖窿弧线。因为胸部前凸，此时前肩覆片会有一些松量属于正常现象，如图 7-163 所示。

（4）点影。沿标记带进行点影，如图 7-164 所示。

（5）固定白坯布。将化样后准备好的后肩覆片白坯布固定在人台上，使白坯布上的后中心线与人台的后中心线对齐并固定，如图 7-165 所示。

（6）抚平领围线和肩部，如图 7-166 所示。

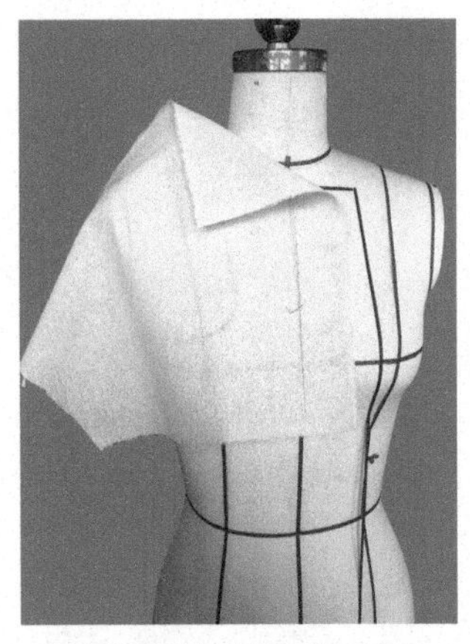
图 7-161　固定白坯布

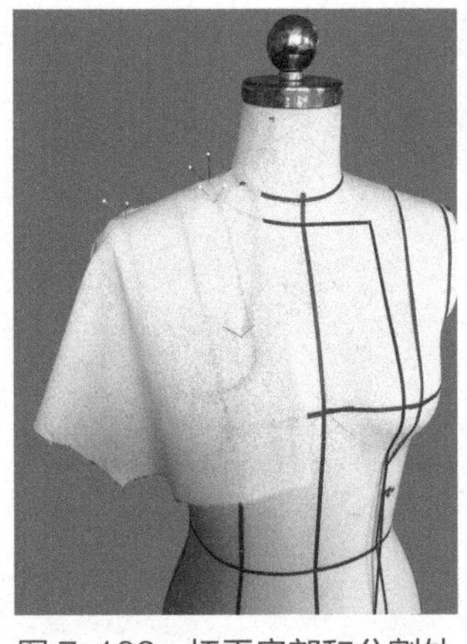
图 7-162　抚平肩部和分割处

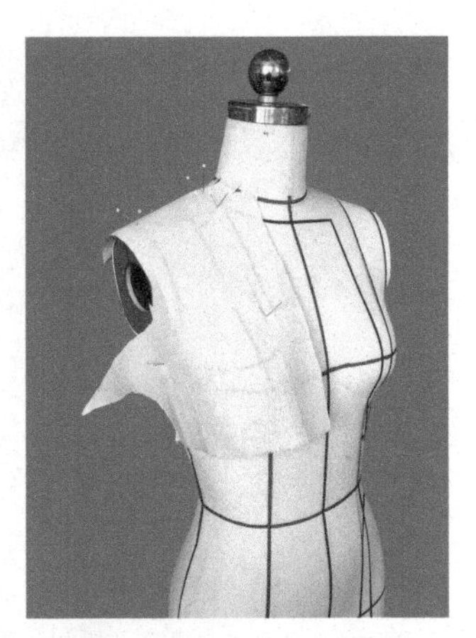
图 7-163　抚平袖窿弧线

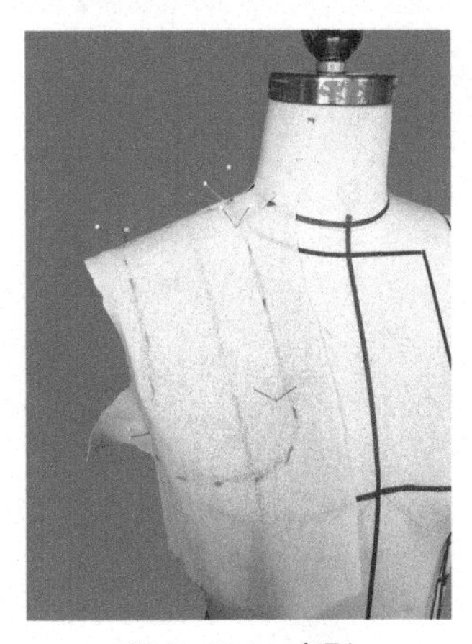
图 7-164　点影

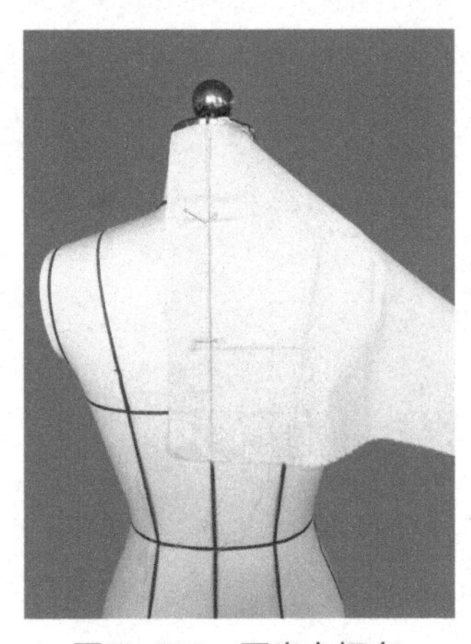
图 7-165　固定白坯布

图 7-166　抚平领围线和肩部

（7）抚平袖窿弧线，如图 7-167 所示。

（8）点影。沿标记带进行点影，如图 7-168 所示。

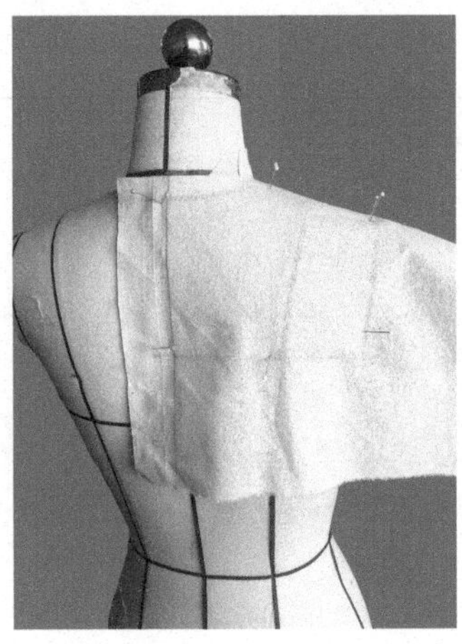
图 7-167　抚平袖窿弧线

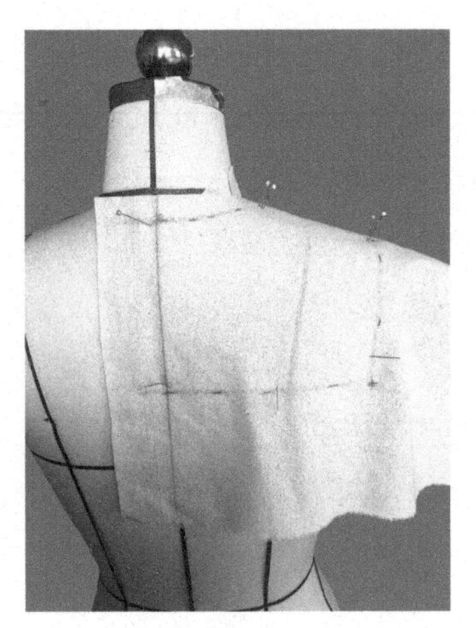
图 7-168　点影

（九）袖子立体裁剪步骤

袖子可以用立裁的方法也可以用平面制版的方法进行制作，可参见本书第五章。

（十）样片修整和组装

（1）样片修剪。将白坯布从人台取下，用尺子将点影进行化样修整，如图 7-169 所示。

（2）将修整好的白坯布别合在人台上进行审视，观察整体效果，如图 7-170 所示。

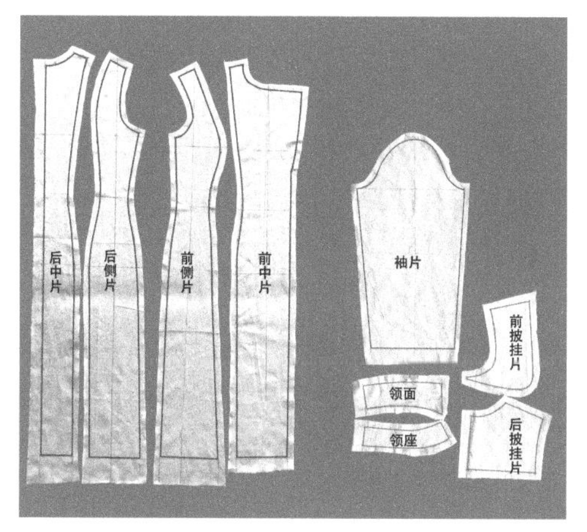

图 7-169　样片修剪

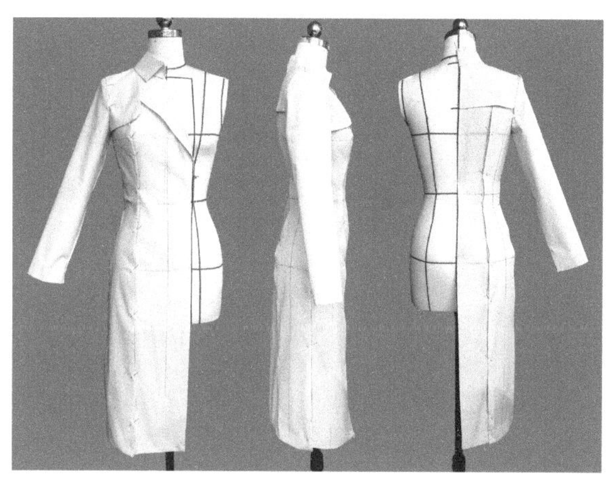

图 7-170　风衣制作完成

二、插肩袖大衣

插肩袖大衣也是常见的大衣款式之一，如图 7-171 所示。与前面的风衣相比，此袖子改为了插肩袖，领子造型也有所改变，整体造型上更休闲舒适。

图 7-171　插肩袖大衣

（一）采样

1. 布样长度

（1）前片：衣长加 6～8cm。

（2）后片：衣长加 6～8cm。

（3）袖长：袖长加 33cm。

2. 布样宽度

（1）前片：1/4 臀围加 6～8cm。

（2）后片：1/4 臀围加 6～8cm。

（3）袖子：袖肥加 20cm。

（二）布样化样

1. 前片

从右至左量取 12cm，从上至下做一条垂直线即前中心线。在前中心线上从上往下量取 28cm 做一条水平线为胸围线（BL），依次向下量取 16cm、17cm 做腰围线（WL）和臀围线（HL），如图 7-172 所示。

2. 后片

从左至右量取 5cm，从上至下做一条垂直线即后中心线。在后中心线上从上往下量取 28cm 做一条水平线为胸围线（BL），依次向下量取 16cm、17cm 做腰围线（WL）和臀围线（HL），如图 7-173 所示。

3. 领子

领子分为领面和领座。

（1）领面。从左至右量取 4cm，从上至下做一条垂直线即后中心线，在后中心线上由下往上量取 2cm 做水平线，在水平线的基础上往上量取 4cm 做一条弧线即领围线。需要注意的是，在领围线上距后中心线 3cm 处做一个小标记。

（2）领座。从左至右量取 4cm，从上至下做一条垂直线即后中心线，在后中心线上由下往上量取 2cm，做一条水平线，即领围线。在领围线距离后中心线 3cm 做点标记。

领子化样如图 7-174 所示。

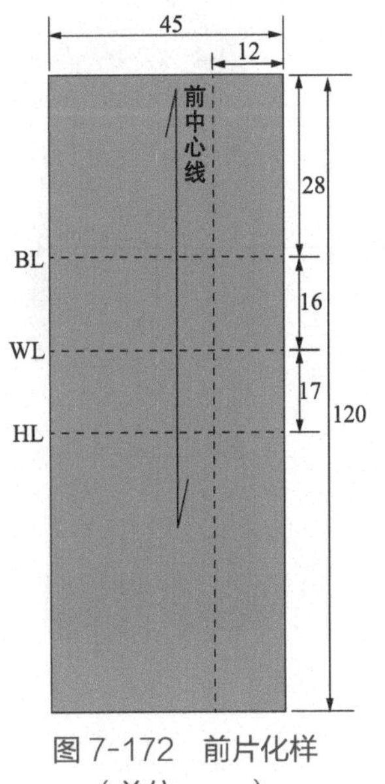

图 7-172　前片化样
（单位：cm）

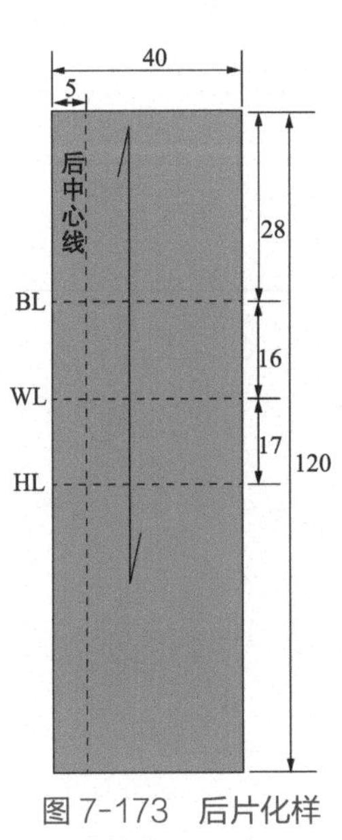

图 7-173　后片化样
（单位：cm）

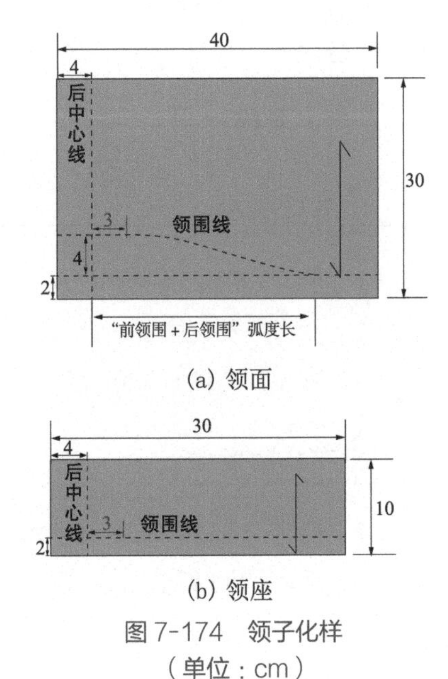

图 7-174　领子化样
（单位：cm）

4. 袖子

将布料对折找到折痕为袖中线，在袖中线上从上往下量取33cm做一条水平线即袖深线，如图7-175所示。

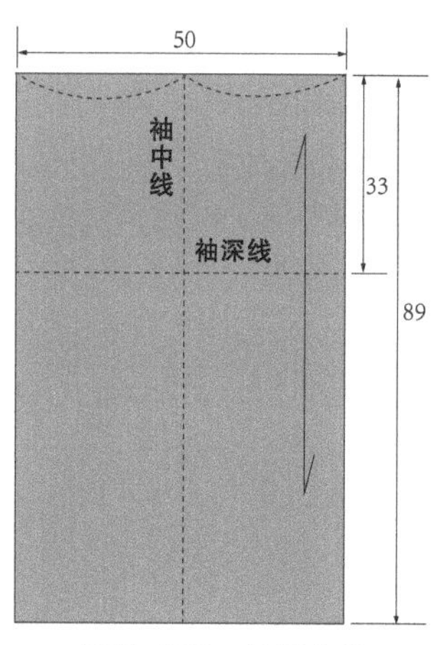

图7-175　袖子化样
（单位：cm）

（三）前片立体裁剪步骤

（1）贴标记带。根据款式图贴上标记带，如图7-176所示。

（2）固定白坯布。将事先准备好的前片白坯布固定在人台上，使白坯布上的前中心线、胸围线、腰围线、臀围线与人台的前中心线、胸围线、腰围线、臀围线对齐并用双针固定，如图7-177所示。

（3）抚平门襟。按照标记带的门襟线进行修剪抚平并固定，如图7-178所示。

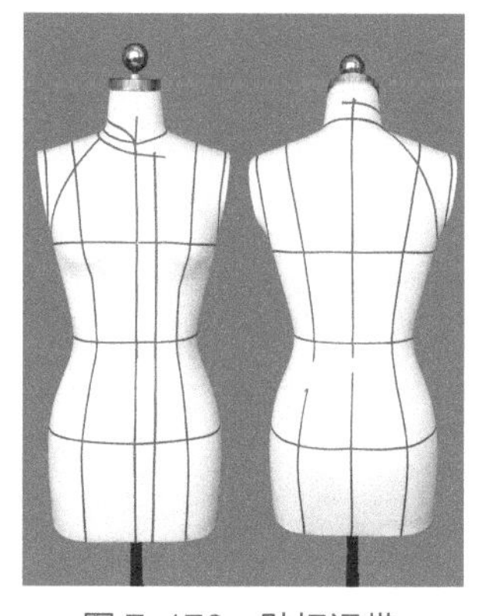

图7-176　贴标记带

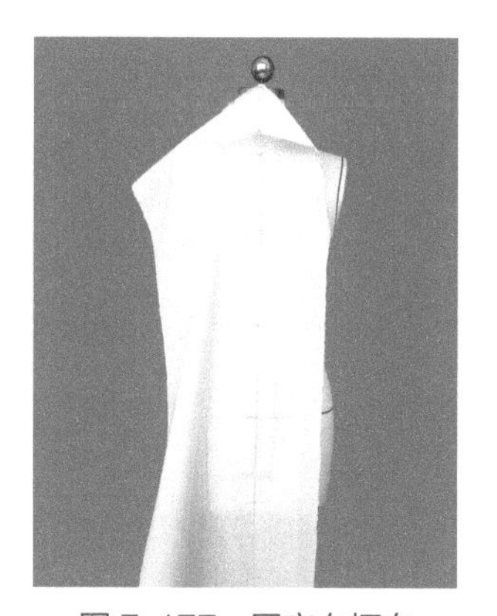

图7-177　固定白坯布

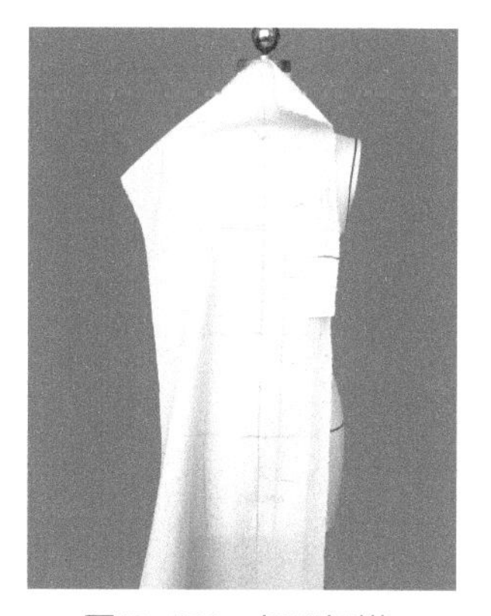

图7-178　抚平门襟

（4）抚平领围线。顺着标记带向左抚平领围线，如图7-179所示。

（5）抚平臀围线、胸围线。将白坯布上的臀围线与人台的臀围线对齐并抚平，需要注意的是，在抚平胸围线时可以加入1～2cm的松量，如图7-180所示。

（6）固定侧缝线。从上往下抚平侧缝线，如图7-181所示。

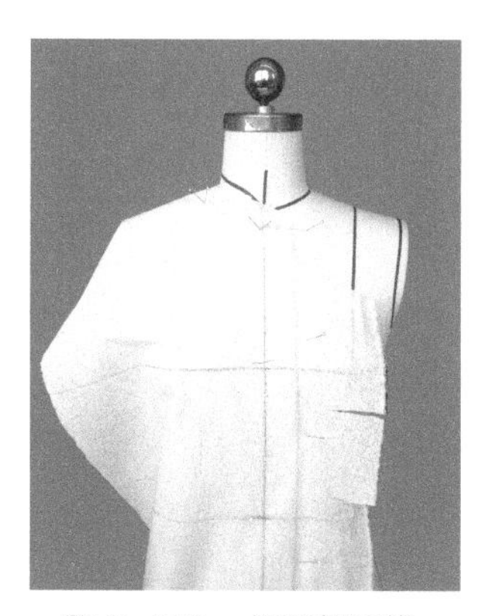

图7-179　抚平领围线

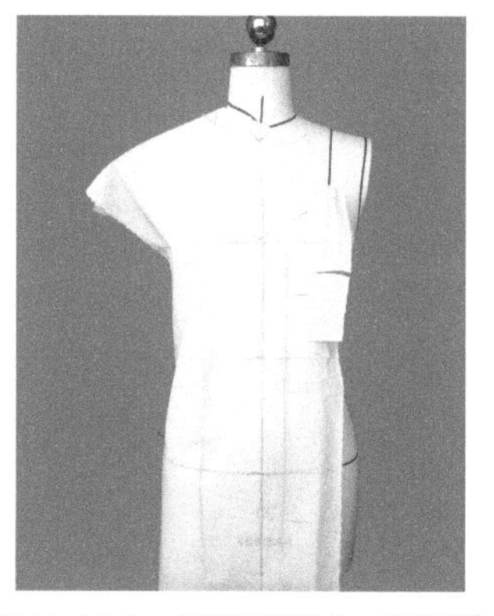

图7-180　抚平臀围线、胸围线

图7-181　固定侧缝线

（7）捏取腰省。将袖窿上的省量向上转移，使其与腰省连接，这也是在抚平胸围线时加入1～2cm 松量的原因，如图 7-182 所示。

（8）点影。沿标记带进行点影，如图 7-183 所示。

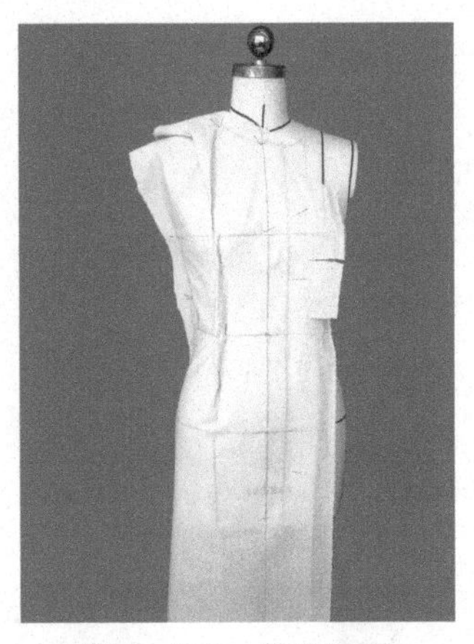

图 7-182　捏取腰省

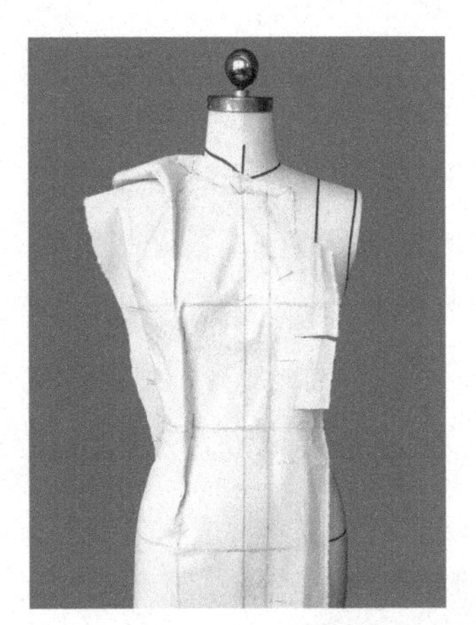

图 7-183　点影

（四）后片立体裁剪步骤

（1）固定白坯布。将事先准备好的后片白坯布固定在人台上，使白坯布上的后中心线、胸围线、腰围线、臀围线与人台的后中心线、胸围线、腰围线、臀围线对齐并用双针固定，如图 7-184 所示。

（2）抚平肩胛线与臀围线。在肩胛骨处抚平肩胛线并固定，同时将白坯布上的臀围线与人台的臀围线对齐并抚平，如图 7-185 所示。

（3）抚平领围线与袖窿弧线，如图 7-186 所示。

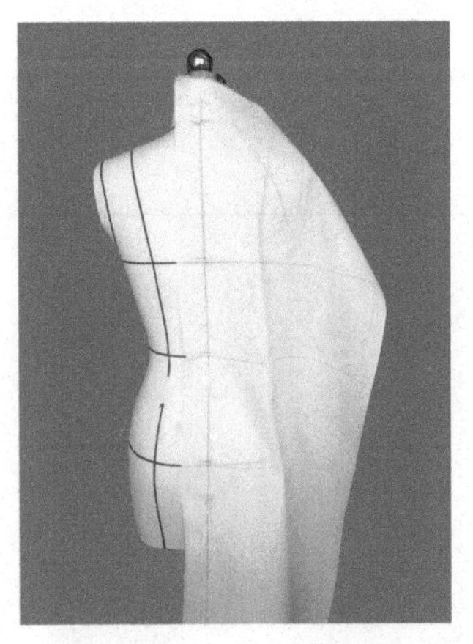

图 7-184　固定白坯布

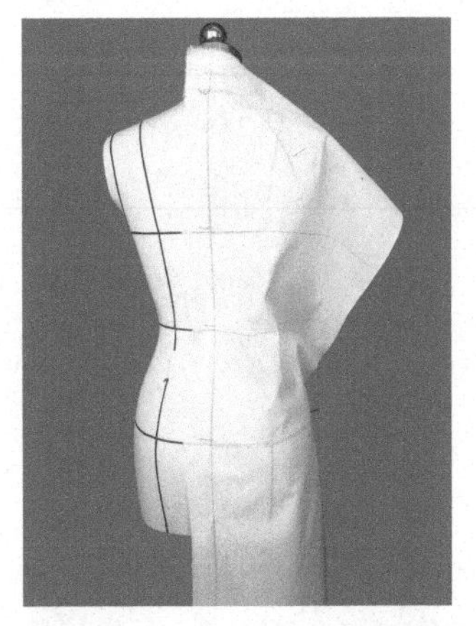

图 7-185　抚平肩胛线与臀围线

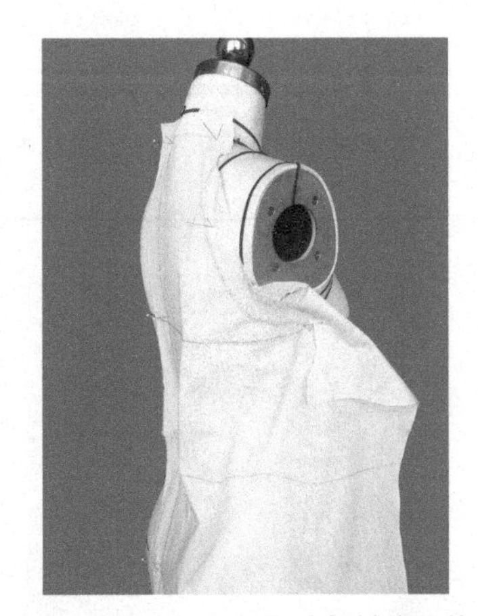

图 7-186　抚平领围线与袖窿弧线

（4）固定侧缝线。从上往下抚平侧缝线，如图 7-187 所示。

（5）捏取后腰省。将多余的松量收紧成后腰省，如图 7-188 所示。

（6）点影。沿标记带进行点影，如图 7-189 所示。

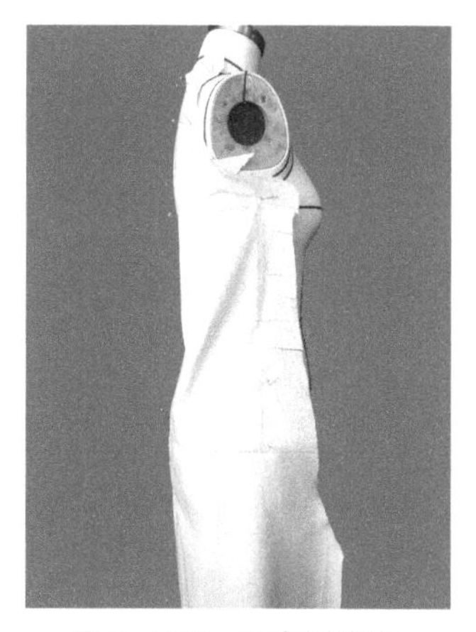

图 7-187　固定侧缝线

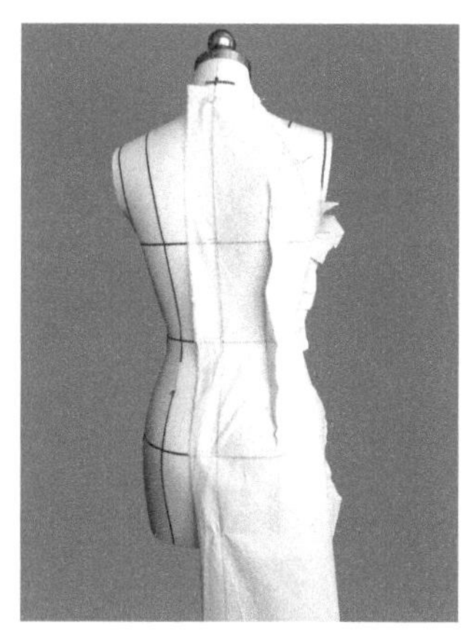

图 7-188　捏取后腰省

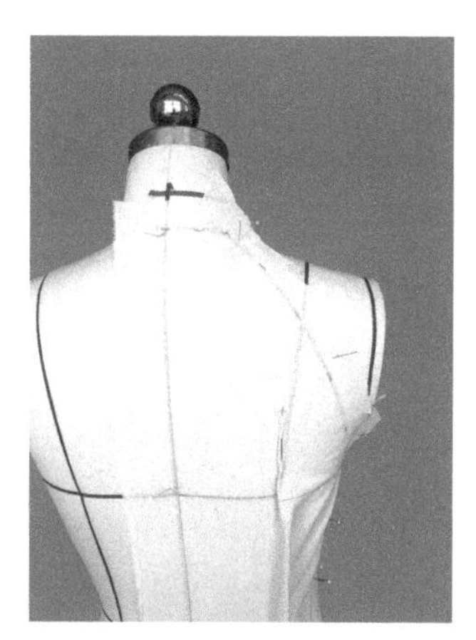

图 7-189　点影

（五）插肩袖立体裁剪步骤

（1）按照袖子结构图（图 7-190）绘制并修剪基本的袖型。

（2）固定袖线。固定袖片的前后袖线，如图 7-191 所示。

（3）固定袖山底。将袖山底与人台标记带的袖山底固定，沿标记带分别向前、向后将袖窿弧线抚平，同时找到胸宽点、背宽点，在胸宽点、背宽点处打剪刀口以便袖山下部折转，如图 7-192 所示。

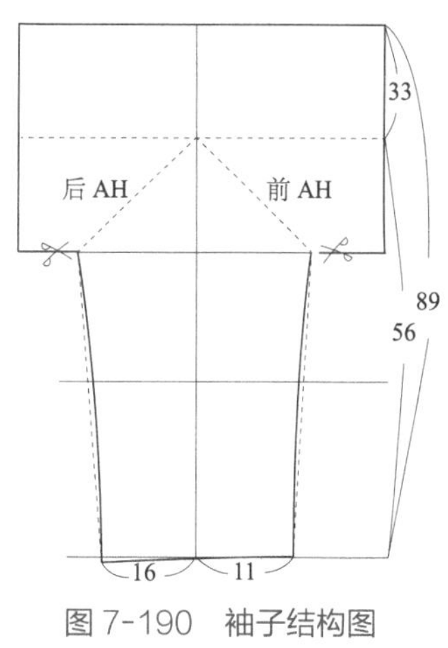

图 7-190　袖子结构图
（单位：cm）

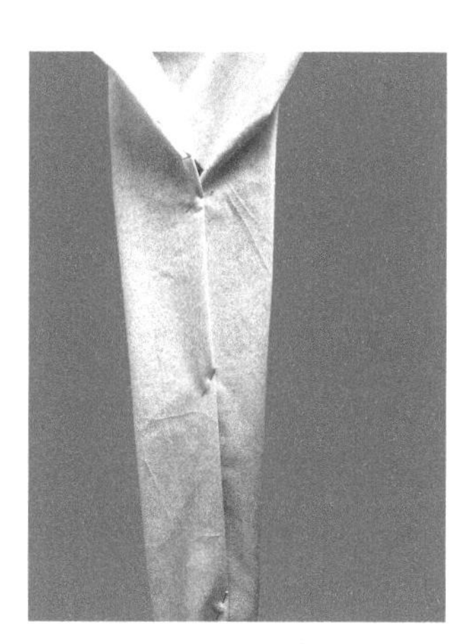

图 7-191　固定袖线

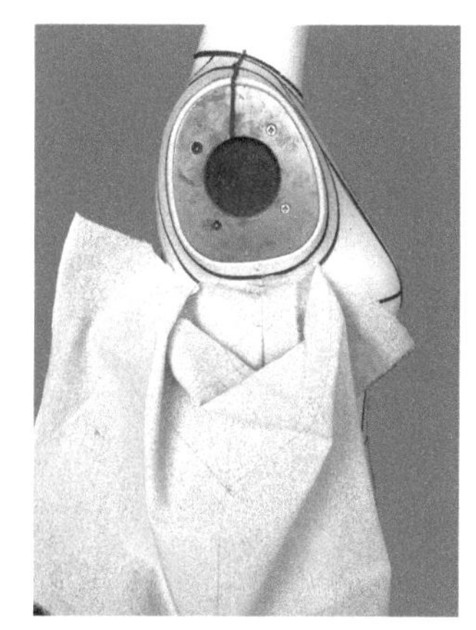

图 7-192　固定袖山底

（4）袖片下部折转。在胸宽点和背宽点剪刀口处，将下部的布料向内折转，同时调整袖肥和袖身的形态，如图 7-193 所示。

（5）固定袖缝线。抚平前后领围线并固定袖缝线，如图 7-194 所示。

（6）点影。沿标记带进行点影。

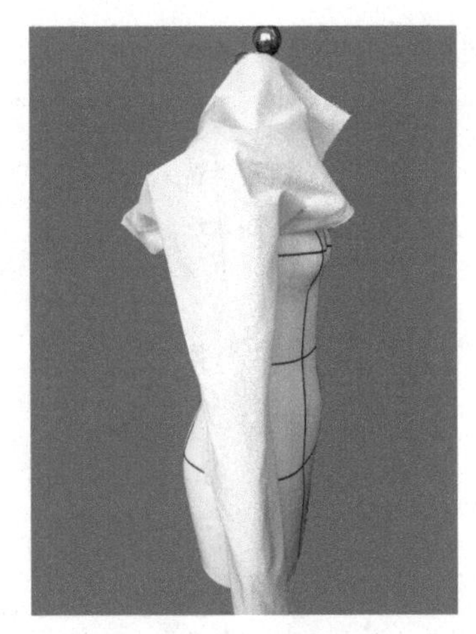

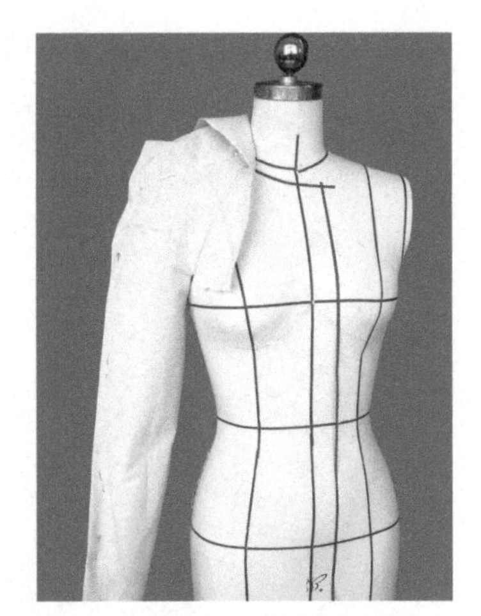

图 7-193　袖片下部折转　　图 7-194　固定袖缝线

（六）领子立体裁剪步骤

（1）固定白坯布。将化样后准备好的领座白坯布固定在人台上，使白坯布上的后中心线、领围线与人台的后中心线、领围线对齐，用双针在后中心线上固定。在 3cm 标记点处，保证这一小段距离与人台的后中心线垂直，用双针在标记点上固定，如图 7-195 所示。

（2）固定领围线。将白坯布继续向前缠绕至领口，此时，应该注意领座与人台领子的松量，如图 7-196 所示。

（3）点影。沿标记带进行点影，如图 7-197 所示。

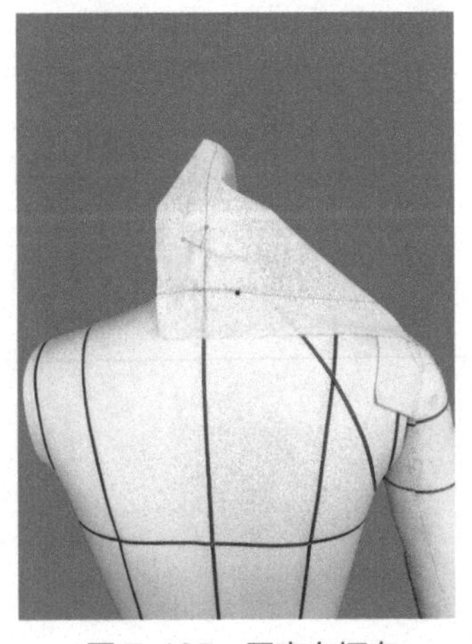

图 7-195　固定白坯布

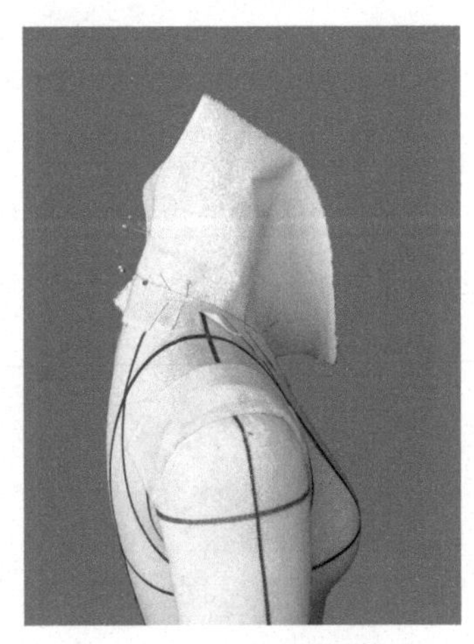

图 7-196　固定领围线

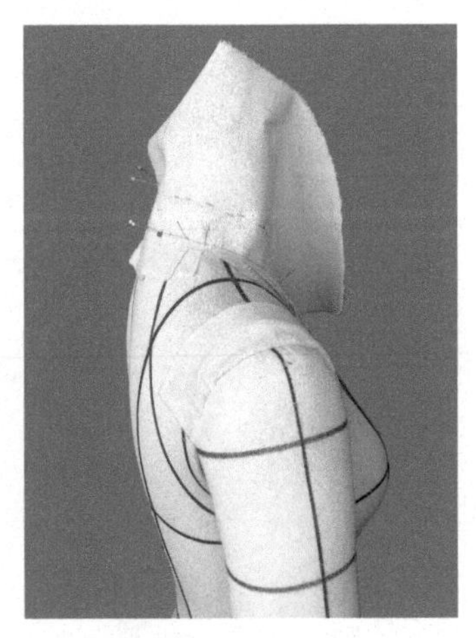

图 7-197　点影

（4）固定领座上口线。将化样后准备好的领面白坯布与领座上口线固定，如图 7-198 所示。

（5）确定翻领外口弧线。将翻领的领面翻折下来，调整领面外口弧线的松量，确定翻领外口弧线，同时点影，如图 7-199 所示。

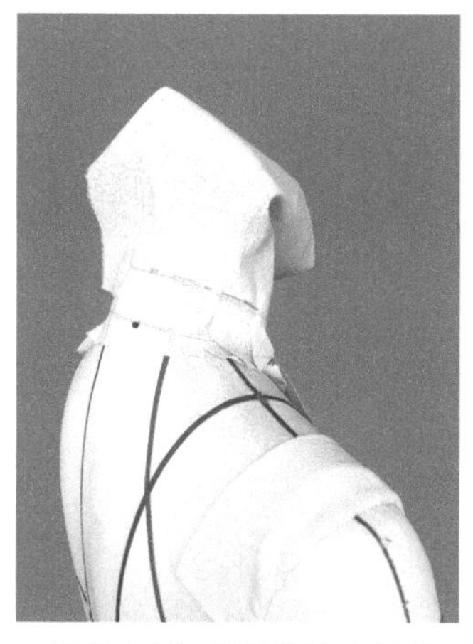

图 7-198　固定领座上口线

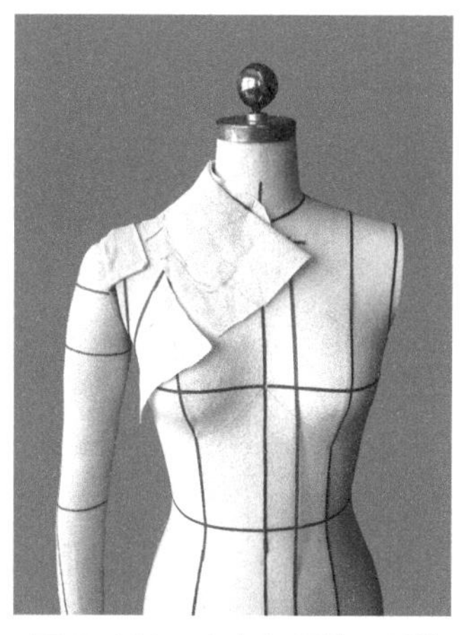

图 7-199　确定翻领外口弧线

（七）样片修整和组装

（1）样片修剪。将白坯布从人台取下，用尺子将点影进行化样修整，如图 7-200 所示。

（2）将修整好的白坯布别合在人台上进行审视，观察整体效果，如图 7-201 所示。

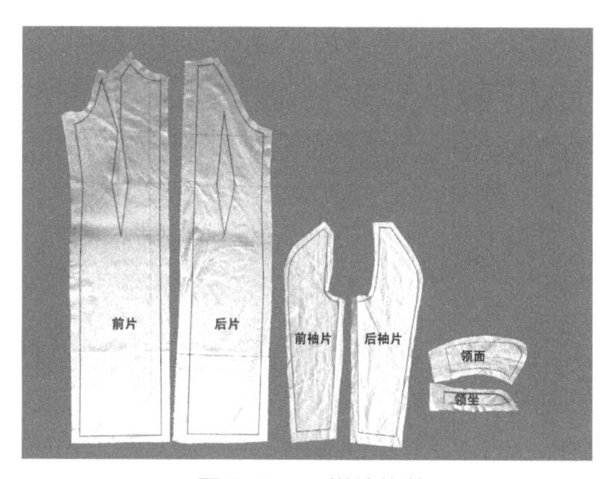

图 7-200　样片修剪

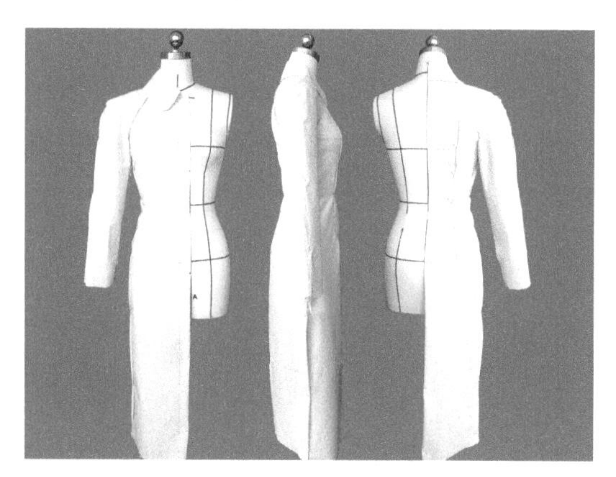

图 7-201　大衣制作完成

本章视频二维码

第八章
服装的立体构成手法运用

服装立体构成起源于法国，被称为“moulage drapésur le mannequin”，其意最开始是指立体构成模型，之后服装立体构成手法被广泛运用到多个方面。在立体裁剪设计中，立体构成已经成为重要艺术手法之一，其独特的创意手法可塑造风格迥异的设计。

服装的立体构成手法主要有褶饰立体造型法、编饰立体造型法、缝饰立体造型法、缀饰立体造型法、其他立体造型法等。这些手法既能单独运用在立体裁剪设计中，又能组合使用形成新的肌理形态，不同手法的运用以及不同材料的结合能产生不同的创意肌理效果，使服装造型更加丰富多彩。服装立体构成手法能带来不一样的视觉效果，同时可提高服装整体的审美情趣，在立体裁剪与设计中，掌握这些构成手法是特别重要的。

第一节　褶饰立体造型法

褶饰立体造型法主要是指人们有意识地对布料本身进行各种形式的加工和处理，从而形成褶皱的肌理效果。布料因受到外力的作用而形成褶皱，力的方向、位置和力度的不同都会形成多种形态的褶皱，按照褶皱的特征可分为抽褶、叠褶、堆褶、垂坠褶、波浪褶等。

一、抽褶

抽褶法是用手缝针将布料的一部分缝一条线，接着对缝在布料上的那条线进行抽缩从而使布料产生褶皱。这种抽褶效果具有一定的不规则性且有比较强的起伏效果，能够带来一定的活泼感和变化感，抽褶法在服装中运用最为广泛。抽褶法因其灵活多变、形态不一，被服装设计师运用在服装的各个部位，它既可以在局部运用体现变化或夸张，也可以整体运用。抽褶可以根据力度的不同形成各种疏密、刚柔的变化，在服装中更能营造出千姿百态的服装造型。同时，抽褶还具有省道和分割线的两种性质，能对布料余缺进行处理。

（一）抽褶的特点

1. 抽褶具有极强的装饰性

抽褶带来的布料肌理的变化，赋予了布料新的视觉效果，当抽褶附着在人体上时，会随着人体的运动而变化，同时抽褶的造型还能改变人体着装后的服装形态，从而形成新的面貌，这就是抽褶带来的装饰性效果。

2. 抽褶具有运动性

抽褶的方法，一般是将一端固定，另外一端因抽褶后自然打开，形成上下起伏的波浪。由于褶的一端固定，褶的方向性很强，人体着装后通过特定的方向牵引着褶不断变化，给人灵动的飘逸感。

3. 抽褶具有多层的立体效果

抽褶的方法有很多，无论是捏缝抽褶还是叠加抽褶，它们都能将二维的平面布料塑造出三维的立体效果。

（二）抽褶的技术要领

首先，就布料而言，薄厚不一的布料抽褶的距离是不一样的。轻薄、柔软的布料需要较大距离的抽褶量（即针距要大）才能形成褶皱；挺括的布料需要较小的抽褶量，但也不要过分紧密；白坯布等中等厚度的布料抽褶量也介于两者之间。实验表明，想到达到最佳效果布料的收缩长度应为抽褶后长度的 1.5 倍，抽褶量也可以为 2 倍、3 倍等。

1. 手工抽褶法

（1）先在布料上画出要抽褶的线的位置。

（2）缝线。缝线时缝头线要在布料的反面，线迹的距离应长短一致，可以一边缝合一边收缩布料查看抽褶效果，若效果不佳则要及时调整距离或缝线的轨迹。

2. 机缝抽褶法

用缝纫机抽褶时，先把缝纫机的针距调大，上线压力调松然后进行缝制，缝制后拉紧线头得到抽褶效果，或是在缝制时手抵在压脚的一端进行缝制（在操作此方法时一定要注意缝制安全）。

（三）抽褶应用实例

1. 整体抽褶法

整体抽褶法实例如图 8-1 所示。设计师灵活运用多种抽褶手法对不同部位的布料进行了不同方向的抽褶处理，因此整体上即使只利用了一种立体构成手法对布料进行改造，也丝毫不显得枯燥无味。设计师在腰部将褶皱的方向集中内收往下，使视觉上有一定的收腰感。在肩部以及袖子上，设计师调整褶皱方向使肩部和袖子通过抽褶法呈现饱满的姿态。

2. 局部抽褶法

局部抽褶法是运用得最多的方式，如图 8-2 所示。设计师在袖子部位利用抽褶的方式改变常规袖子顺畅的形态，给袖子增加许多褶皱成为设计点。同时，帽子中加入松紧带形成抽缩也是常见的设计手法之一，这样可以根据着装者自身需要而调整帽子的大小，这不仅能加入抽褶修饰效果而且具有一定的实用性。许多款式的服装是将抽褶法与松紧带或松紧绳相结合，这样服装能根据着装者的形态而发生变化。又如图 8-3 中，设计师在腰部进行抽褶设计，将多余的松量进行处理达到收腰的造型效果，这种抽褶设计手法是最常见也最便捷的方式。

图 8-1　整体抽褶法实例

图 8-2　局部抽褶法实例 1

图 8-3　局部抽褶法实例 2

二、叠褶

叠褶是将布料按照有规律或无规律的方法进行折叠，用针将折叠部分进行固定使其折叠部分不分开，是一种可带来立体感的服装立体构成手法。

（一）叠褶的特点

叠褶法不用考虑布料的丝缕方向，横丝、斜丝、直丝都可以根据造型需要进行折叠。叠褶法因布料的厚薄可形成不同的形态，柔软的布料通过叠褶法形成柔和、轻盈的美感；挺括的布料运用叠褶法可形成挺括、顺畅的直线美。无论布料的厚薄，叠褶法都能在褶纹的凹凸、明暗中产生韵律和节奏感。

（二）折裥的分类

叠褶是对布料折叠后形成的，而折叠的工艺形式是折裥，它一般是由三层布料组成的，外层一般称为裥面，中间和内层根据结构而展开处理裥量。因此折裥分为以下几类，如图 8-4 所示。

1. 按形态划分

（1）顺裥：折裥方向朝同一个方向折叠。

（2）阴裥：两个折裥的两条明折边相对进行折叠。

（3）阳裥：两个折裥的两条明折边相背进行折叠。

2. 按外观型划分

（1）直线裥：折裥的外观呈一条条水平的直线，两端的折叠量相等。

（2）曲线裥：外观上呈一条条变化的曲线，同一个折裥的折叠量是不断变化的。

（3）斜线裥：外观上呈一条条不平行的斜线，折裥两端的折叠量不相等且均匀地变宽或变窄。

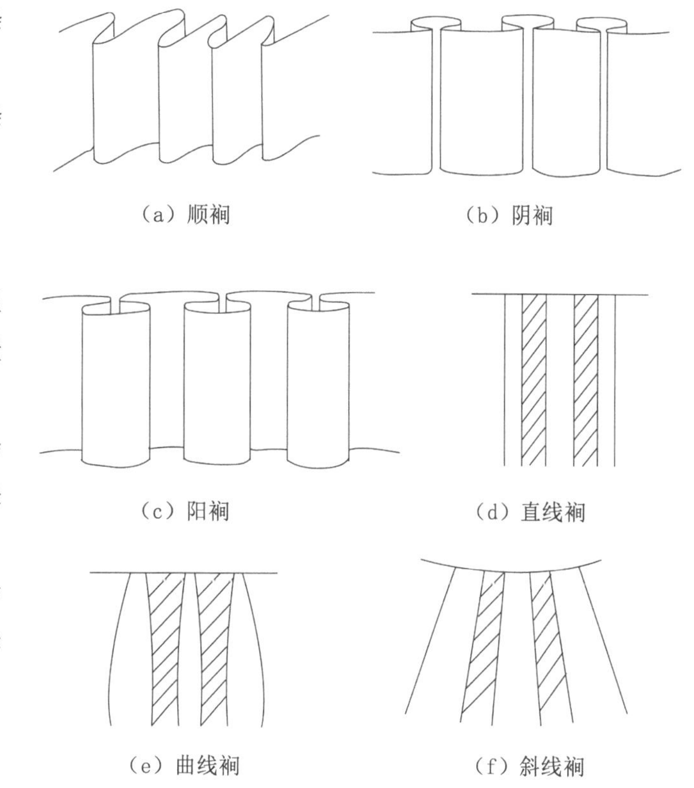

图 8-4　折裥的分类

（三）叠褶的技术要领

（1）估计用布量。叠褶因其折叠部分会占据一部分布料，因此在进行叠褶设计时，首先要估算好用布量。一般实际用布的长度是实际造型的长度加上叠褶用布长度，叠褶用布长度是叠褶量与叠褶个数的乘积。

（2）确定叠褶量。叠褶量一般依据造型需求或设计师的特定需求进行设计。

（3）确定折裥形式。依据上一小节可知折裥有 6 种不同的形式，因此也需要确定折裥的具体形式以及折裥的方向。

（四）叠褶应用实例

在图 8-5 中，设计师用多个阳裥增加服装的装饰效果，纵向直线的阳裥以及有立体感的叠褶工艺使服装简约不失大气。而在图 8-6 中，设计师则在局部使用叠褶，借用叠褶一端固定一端展开的特点，使上衣整体廓形呈 A 字形，这种多重叠褶设计也称百褶设计。同样在上衣设计中，两张图展示了两种不同的叠褶设计，一个以简洁明了的少量叠褶来展现工艺的精湛，另一个则以多重的叠褶展现服装的层次感和节奏感。

图 8-5　叠褶法实例 1

叠褶的设计手法不仅仅局限于上衣，裙装的叠褶设计也是最常见且最普遍的手法，无论是挺括的布料还是柔软的布料，叠褶都能营造不同的设计效果。如图 8-7 所示，设计师将叠褶两端都固定使叠褶不会随意摆动，利用叠褶形成视觉上的错觉，中间的高开衩与两边对立方向的分配叠褶相结合，远看好似一条高腰阔腿裤。而在柔软的布料中，叠褶能充分体现裙子的柔软性与流动感，如图 8-8 所示。

图 8-6　叠褶法实例 2

图 8-7　叠褶法实例 3

图 8-8　叠褶法实例 4

三、堆褶

堆褶是借用面料的剪切性，从多个不同的方向对布料进行堆积、挤压后，形成自然的、不规则的且具有立体感的褶皱。堆褶能赋予布料丰富的艺术感染力，它主要是利用布料堆积后折痕的饱满及折光效应，因此，在选择布料时宜选择剪切性好、具有一定光泽感的布料，例如绸缎、丝绒、尼龙纺等。

（一）堆褶的技术要领

（1）要从三个或三个以上的方向对布料进行挤压、堆挤，使褶皱呈三角形或多边形，同时挤压、堆挤的方向最好不是平行关系，不然会显得褶皱特别呆板、单调，缺乏堆褶的艺术感染力。

（2）堆褶的褶皱要有一定的高度，一般为 2.5～3cm（这个高度并不是限定高度，堆积的高度也要根据款式而定）。

（3）在进行堆褶时，要一边操作一边及时固定，因为布料是靠外力堆叠在一起的没有固定，所以需要对布料进行及时固定以免松散。

（二）堆褶应用实例

堆褶的立体构成手法在大规模的成衣生产中用得较少，一般多用于高级定制或成衣定制，如

图 8-9、图 8-10 所示，这两张都来源于高级定制秀场。图 8-9 中整体使用堆褶，在薄纱上营造出随意且不相等的肌理效果，增加了薄纱的层次感。图 8-10 中局部使用堆褶，相对紧凑与相对稀疏的堆褶相结合体现了一定的节奏变化韵律。从这两张图可以看出堆褶手法更适合运用在具有光泽且柔软的布料上，这样更能体现布料的性能。

图 8-9　堆褶法实例 1

图 8-10　堆褶法实例 2

四、垂坠褶

垂坠褶有垂坠、流畅、柔和等纹理特征，它是在两点之间、两线之间或一点一线之间起褶。垂坠褶适合丝滑有光泽感的布料，斜丝效果最佳。

（一）垂坠褶的技术要领

垂坠褶的操作手法很简单，以布料的一端为基点，在另一端找到点位并做出弯曲的、宽松的垂坠褶。布料两端的基点可以是水平位置也可以不是水平位置，垂坠褶有较大的随意性，因此在操作时也可根据款式的需要调整垂坠的松量。

（二）垂坠褶应用实例

垂坠褶和堆褶一样多应用于高级定制中，因为这类设计手法相对于其他设计手法而言，需要消耗更多的财力和人力。图 8-11 中，设计师在臀部处加入一块布料，将垂坠褶与缠绕法结合，使垂坠褶围着臀部缠绕起来，同时在公主线处将基准点抬高形成高低错落的变化，在简单的 H 型连衣裙中加入这样的手法使整体更有设计感且不失档次。

垂坠褶也能整体使用，如图 8-12 所示，设计师多次调整垂坠褶的基点位置，在正面就形成了不同方向、不同疏密度以及不同大小的褶皱。无论是图 8-11 还是图 8-12，设计师都注重调整垂坠褶的形态与结构，不是将单调枯燥的几条褶皱依附在人体上，而是灵活运用褶皱使其走向与人体的曲线结合，在突出人体美的同时又彰显了布料的质感。

图 8-11　垂坠褶应用实例 1

图 8-12　垂坠褶应用实例 2

五、波浪褶

波浪褶一般多用于服装各个部位的饰边或是裙摆等。波浪褶褶皱的一端呈波浪起伏状，另一端没有褶皱且平服。

（一）波浪褶的技术要领

一般常见的波浪褶做法是取一块圆形的布料，从内圈开始向外圈绕圆形剪开，如图 8-13 所示。

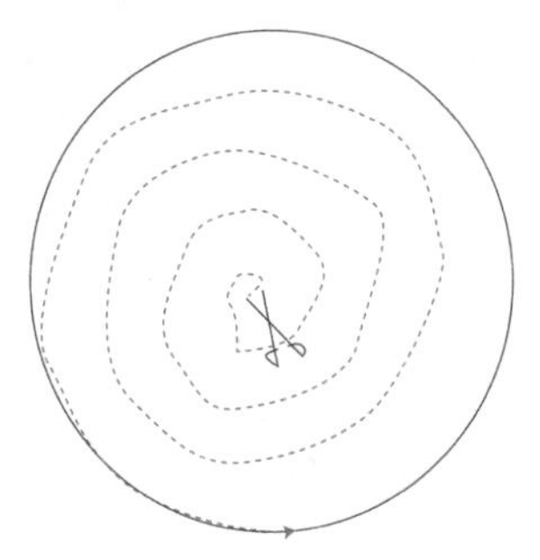

图 8-13　常见波浪褶制作方法

（二）波浪褶应用实例

波浪褶的应用范围特别广，无论是成衣设计、高级定制、橱窗展示还是服装专业学生的毕业设计中都可以看到波浪褶的设计手法。在图 8-14 以及图 8-15 中是最常见的波浪褶在成衣设计中的运用，图 8-14 中在裙摆、领围以及袖口处设计波浪褶，带来节奏感的变化，这三处的波浪褶大小不一各具特色。图 8-15 中波浪褶的运用有些独特，直接将波浪领做成一件上衣，这种设计手法比较大胆且独特。

图 8-14　波浪褶应用实例 1

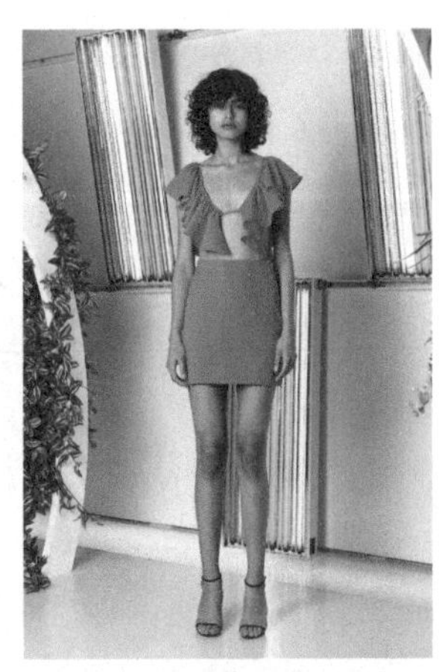

图 8-15　波浪褶应用实例 2

当然还有一些更大胆更前卫的设计，如图 8-16 所示，用硬挺的布料制作多层波浪褶形成局部夸大。而在图 8-17 中，设计师用柔软的布料进行波浪褶设计，多层叠加并将不同方向的波浪褶结合在一起，形成丰富多变的视觉效果。

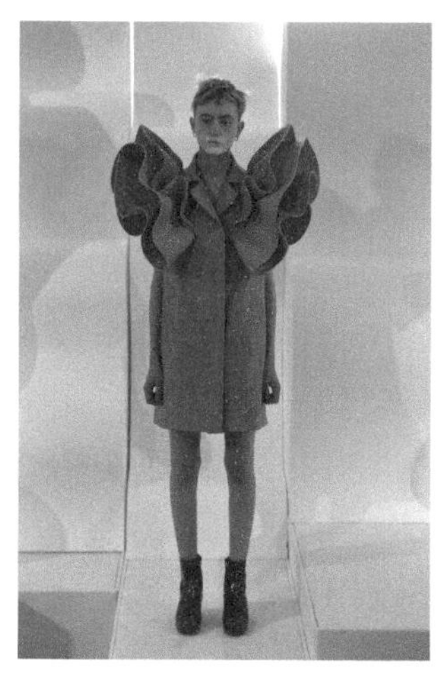
图 8-16　波浪褶应用实例 3

图 8-17　波浪褶应用实例 4

第二节　编饰立体造型法

编饰立体造型法是将不同形状、不同宽度的布条通过编织、缠绕等方式组成不同的块状布料，布料的疏密、凹凸、宽窄等形态都因编织手法、材质的不同而产生各种变化，编织的方式和手法有多种，所选择的材料可以是皮革、绳带、布料等。设计师通常用编饰手法营造不同的肌理效果，给人稳中求变，质朴中透着优雅的感觉。

一、编织

编织布料是织物在横向纵向上相互交织构成，因此在编织中一定要及时调整布条的疏密关系，同时可以采用多种编织手法来表达节奏的变化。

图 8-18、图 8-19 都是用布条状物进行编织，两者都采用了同种交叉编织手法，但是因为布条的粗细不一，营造出了两种不同的效果。图 8-18 中，设计师巧妙运用编织布条，将未编织完成的布料留在服装上充当流苏元素，增添了服装的流动感。图 8-19 中，用宽布条编织显示出一种粗犷豪放的效果，色块间的碰撞彰显出青春的活力。

图 8-18　编织法应用实例 1

图 8-19　编织法应用实例 2

二、绳编

绳编制作方式与编织没有太多区别，主要是原材料不同，绳编是利用粗细不同的绳子进行各种结编、捆扎形成网状形态。

绳编法应用实例如图 8-20、图 8-21 所示。图 8-20 中，设计师将不同颜色以及不同粗细的条状物进行绳编，通过粗细和颜色来营造视觉上的疏密变化，还保留了一部分未完成的绳编作为流苏元素。图 8-21 中，设计师不仅采用多种绳编手法，还将绳编与其他材质（皮草）结合，仔细研究服装的上半身会发现里面有许多的细节绳编法（绳的疏密、凹凸以及形态的整体变化）值得学习。

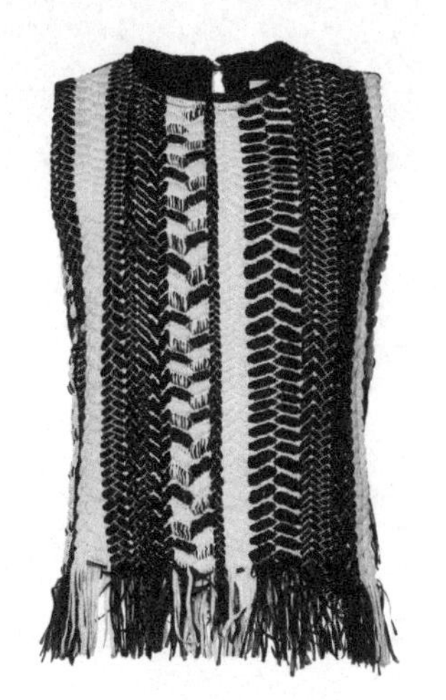

图 8-20　绳编法应用实例 1

图 8-21　绳编法应用实例 2

第三节　缝饰立体造型法

缝饰是在布料反面（个别的在正面）根据图案或线迹，通过抽缩或缝制形成各种凹凸起伏的褶皱纹理。缝饰立体造型手法能带来强烈的视觉冲击，这是其他立体造型手法不能替代的。

一、无规律缝饰

无规律缝饰是在布料的背面用针进行缝制，然后对布料进行抽缩形成褶皱，背面缝制的针迹是创作者随机缝制的，没有一个特定的图案，因此这种无规律的缝饰都是独一无二的。

（一）图案设计

没有规律的缝饰图案绘制，可以是直线、折线或者是弧线，也可以交叉环绕，朝任意方向流动，如图 8-22 所示。

（二）技术要领

（1）无需按照特定的规律缝制，只需保证缝制的缝纫线长度是图案线的 1.5 倍。

（2）缝制时线头在布料的背面，线迹长度要相等，不应忽长忽短，在进行抽缩时要时刻观察褶皱的造型效果。

（三）应用实例

如图 8-23 所示，设计师在裙摆处对布料进行无规律缝饰手法改造，使裙子更有韵味，无规律缝饰褶皱与丝滑布料形成鲜明对比，能瞬间吸引人的注意力。

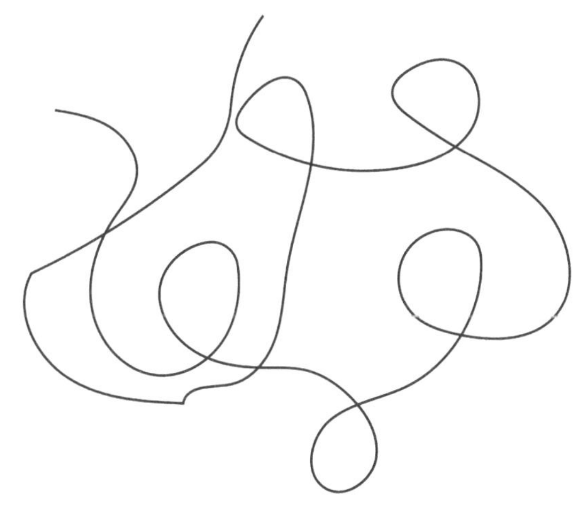

图 8-22　无规律的缝饰图案设计

图 8-23　无规律缝饰应用实例

二、有规律缝饰

有规律缝饰是在布料的背面用针进行缝制，然后对布料进行抽缩形成褶皱，这种褶皱是有规则的变化和起伏，背面缝制的针迹同样也是有规则的。

（一）图案设计

有规律的缝饰图案是按照某种规则设计的，遵循一定的规律，如图 8-24、图 8-25 所示。

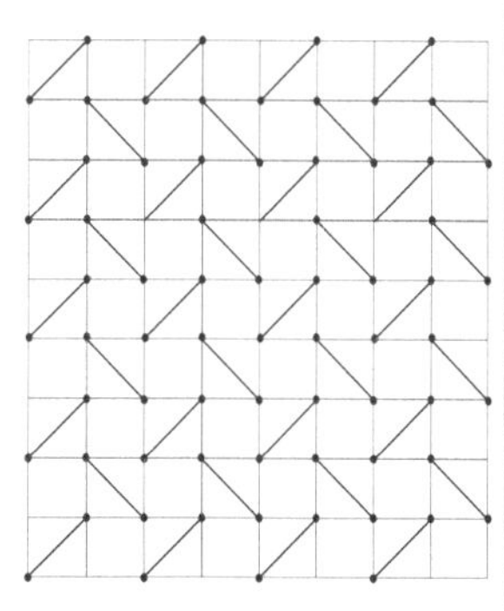

图 8-24　有规律缝饰图案 1

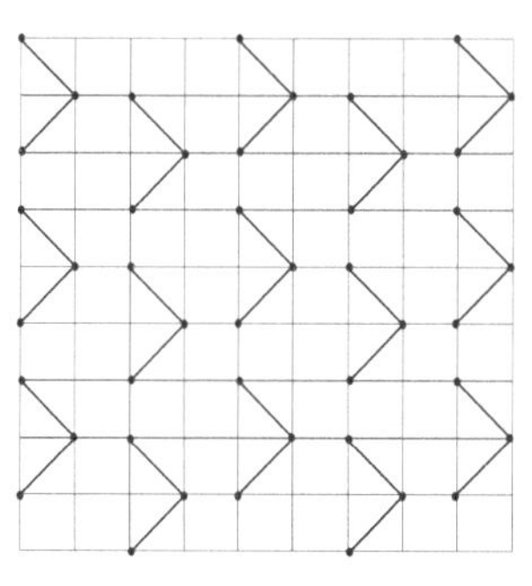

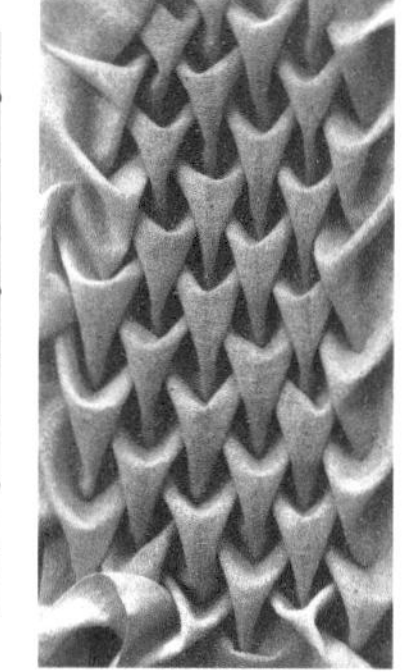

图 8-25　有规律缝饰图案 2

（二）技术要领

（1）在布料背面做图案设计，一定要按照某种规则进行设计，不然褶皱会出现无规则形态。

（2）在缝制时，可以是挑线缝制也可以是定点缝制（根据造型需要来定）。

（三）应用实例

在图 8-26 中，设计师整体使用有规律的缝制褶皱，通过高温压褶将褶皱压平整，同时在上面镶上其他装饰，在固定褶皱的基础上通过其他装饰手法增加服装亮点。在图 8-27 中，设计师将褶皱固定在胸部及视觉线正中间部位，主要是突出缝饰手法制作的褶皱效果。

图 8-26　有规律编饰应用实例 1

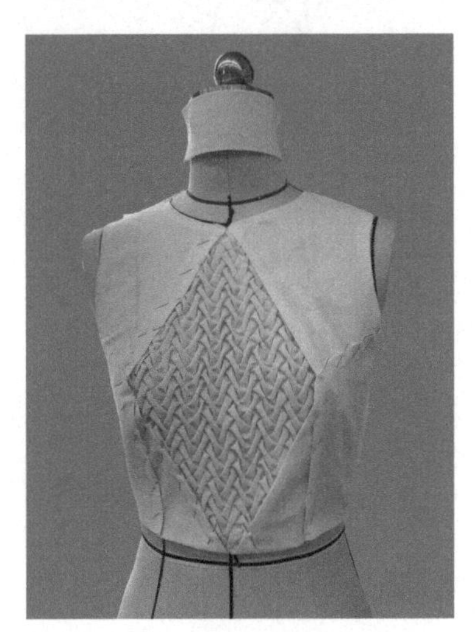

图 8-27　有规律编饰应用实例 2

第四节　缀饰立体造型法

缀饰法也称添加法，顾名思义就是在原有布料的基础上，通过粘贴、缝、刺绣、热压、嵌等方式，添加其他相同或不同的材料（如羽毛、珠片、蕾丝等），以改变原有面料的肌理效果，使之形成凹凸不平或有特殊美感的纹理。缀饰法是创造美、装饰美的重要立体造型手法，缀饰法因饰物种类繁多，也有多种制作方法。

一、纺织材料缀饰

纺织材料缀饰主要通过纺织材料对服装本身进行缀饰，例如珠绣、贴布绣、珠片绣等。珠绣是将各种形态的小珠子通过针线穿起来缝制在衣服上，通过珠子形成某种图案凸显在布料上，珠绣具有强烈的装饰效果。贴布绣是先将各种形态、不同质感的布料组合成某个新图案，然后将这个新图案缝在布料上。

（一）技术要领

（1）珠绣因珠子的大小、形状不一，所以在固定珠子时一定要固定牢，避免来回晃动影响效果。

（2）贴布绣可以与刺绣结合，将图案固定到布料上时，可以用线缝上，也可以用刺绣的方式固定上去。

（二）应用实例

珠绣在现代服饰设计中的装饰效果非常明显，如图 8-28 所示，在柔软的毛上加入珠绣元素，通过珠绣传达图案典雅的气质与毛衣的质感相结合形成独特的效果。珠绣在礼服中的设计也非常普遍。图 8-29 所示的是牛仔外套上运用贴布绣的方式做装饰，不同颜色、不同形状的贴布绣给单一的牛仔外套带来多元的装饰感。

图 8-28　珠绣应用实例

图 8-29　贴布绣应用实例

二、非纺织材料缀饰

非纺织材料缀饰主要通过非纺织材料对服装本身进行缀饰，例如羽毛、金属、扣子等。

（一）技术要领

（1）针对不同的缀物应采用不同的制作方法，有些适合高湿熨烫、有些适合缝制等，因此在制作时应因物制宜。

（2）选择合适的缀物进行装饰，确保良好的整体效果，同时也不要添加多种不同的缀物，以免因过多缀物而影响整体效果。

（3）缝制时注意针迹要小且尽量在隐蔽处进行缝制，避免缝纫线外漏而影响整体效果。

（二）应用实例

如图 8-30 所示，在普通的裙装中加入羽毛的缀饰来夸张裙子的造型和特色，同时用不同颜色的羽毛作缀饰也带来了颜色的变化，而在图 8-31 中，则是运用了多种材质的缀饰。因此，在非纺织材料缀饰法中既可以运用单一的材料也可以是多种材料的结合，都能带来独具一格的缀饰效果。

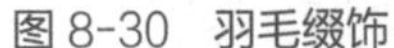

图 8-30　羽毛缀饰

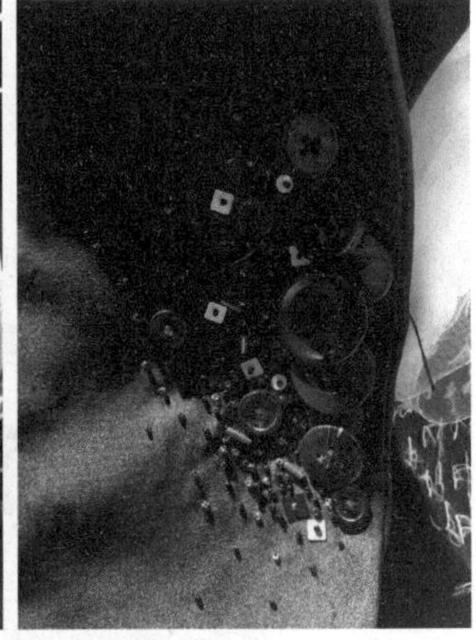

图 8-31　多材质缀饰

第五节　其他立体造型法

一、镂空

镂空是对布料进行局部切除，或按照布料上特定的图案进行切除后，可形成不完整、不连续的布料肌理，使其表面形成破坏感、不规律或规律的镂空。这些不完整的切除部分形成若隐若现的特殊装饰效果，使镂空成为现代服装中常见的装饰手法之一。

（一）技术要领

（1）在进行切除时要注意镂空效果的整体与局部、紧凑与稀疏的节奏感。

（2）应选择不易形成毛边或不易漏毛缝的布料，切除技术可以优先考虑电脑激光切除。

（3）要切除的图案尽量保证其线条流畅自然，避免出现参差不齐的粗糙感。

（二）应用实例

图 8-32 所示的是常见的镂空手法之一，将布料进行激光切除后，再在布料的背面覆上一层具有透明效果的蕾丝布料，这种布料的叠加能带来更多若隐若现的神秘感。图 8-33 所示的也是现代服装设计中比较新颖的创意镂空设计，它没有将面料完全从服装中切除下来，而是通过切除

图案的边缘保留一部分不切除，使图案部分脱离布料又未完全离开。

二、绗缝

绗缝是在两层面料中夹入填充物（一般是棉花或毛线）再在表面缉明线，或是缉好明线以后再加入填充物，以此方式来呈现浮雕的效果。绗缝时应选用较薄且有伸缩性的布料，里面的垫布则应选用没有伸缩性的布料。

图 8-32 镂空应用实例 1

图 8-33 镂空应用实例 2

（一）技术要领

（1）布料正面的明线无论是机缝或是手缝，针距要小且不能断开。

（2）缝制时把控好填充物的整体走向，避免出现镂空或局部没有填充物填充。

（二）应用实例

绗缝的图案有多种，常见的简单形态如图 8-34 所示，简单的竖条纹能突显服装的流畅性。绗缝多运用于羽绒服的制作中，通过绗缝来固定内部填充物，使其不乱跑避免衣服走形，如图 8-35 所示。

图 8-34 绗缝应用实例 1

图 8-35 绗缝应用实例 2

三、缠绕

缠绕是将面料有规律或无规律地缠绕在人体上，依靠缠绕形成的肌理进行曲线造型设计，这种手法也是最原始的构成手法。缠绕法宜选用一些弹性良好、具有光泽度的布料，因为缠绕后产生的曲线能使造型更具感染力。

（一）技术要领

（1）用多条布块进行缠绕时，应避免呈现平行的状态，而要形成波纹状、不相等的自由曲线，这样的造型更具生气。

（2）缠绕前需要理好缠绕的布料，可以先在人体模型上进行大致的走向描绘。

（二）应用实例

缠绕应用实例如图 8-36、图 8-37 所示。

图 8-36　缠绕应用实例 1

图 8-37　缠绕应用实例 2

四、撑垫法

撑垫法是在服装内部用一些材料做撑垫，使服装的某一部分变大或显得夸张，这是一种比较传统的造型手法。有些布料因其自身或人体没有办法表现某个部位的立体感，就会使用这种方法进行调整。撑垫法一般用于创意服装设计或服装专业学生的毕业设计。撑垫法应用实例如图 8-38 所示。

图 8-38　撑垫法应用实例

第九章
立体裁剪与设计案例赏析

本章收录了“VGRASS·东华杯”第十三届中国大学生服装立裁设计大赛以及运用了立体裁剪各类技法进行的典型作品（图 9-1～图 9-22）。这些作品的造型、细节上具有创意，附有装饰艺术感；另外，这些作品将立体裁剪手法运用得非常到位，服装整体表达很新颖和前卫。读者可以在赏析这些优秀作品、案例的同时，从中吸取娴熟的立体裁剪技巧，从而提升自身的技术水平以及艺术构思、设计能力。

图 9-1 “VGRASS·东华杯”第十三届中国大学生服装立裁设计大赛金奖

图 9-2 “VGRASS·东华杯”第十三届中国大学生服装立裁设计大赛银奖 1

图 9-3 “VGRASS·东华杯”第十三届中国大学生服装立裁设计大赛银奖 2

图 9-4 “VGRASS·东华杯”第十三届中国大学生服装立裁设计大赛铜奖

图 9-5　白坯布立裁造型设计 1

图 9-6　白坯布立裁造型设计 2

图 9-7　白坯布立裁造型设计 3

图 9-8　白坯布立裁造型设计 4

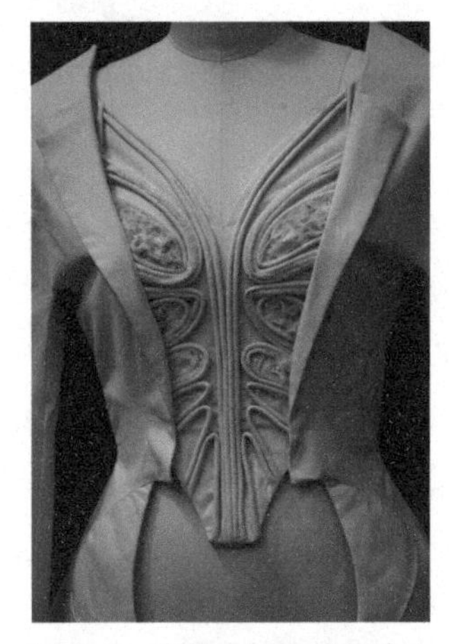

图 9-9　立裁胸部细节设计 1

图 9-10　立裁胸部细节设计 2

图 9-11　立裁上衣造型设计

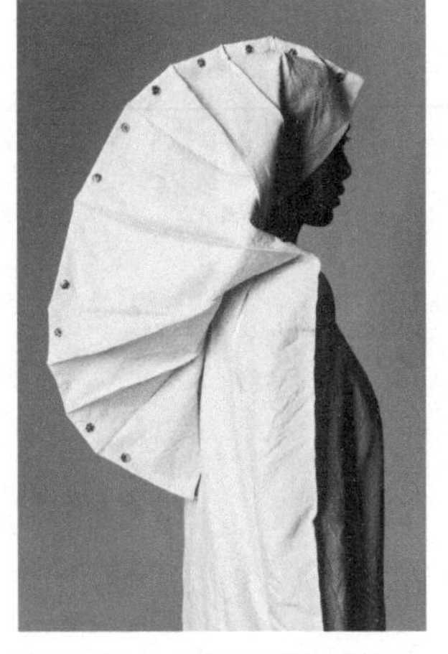

图 9-12　立裁帽子造型设计

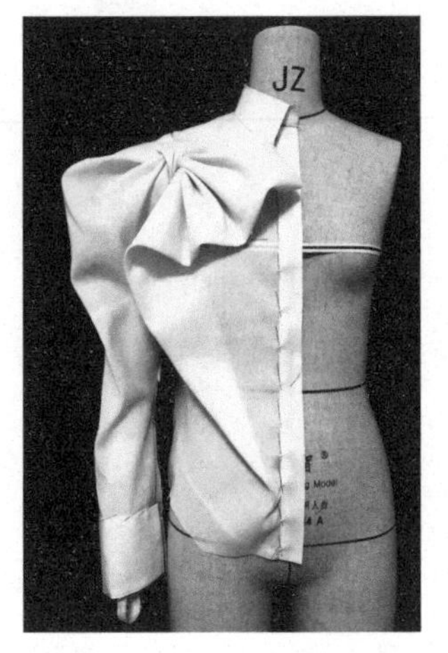

图 9-13　肩部立裁细节设计

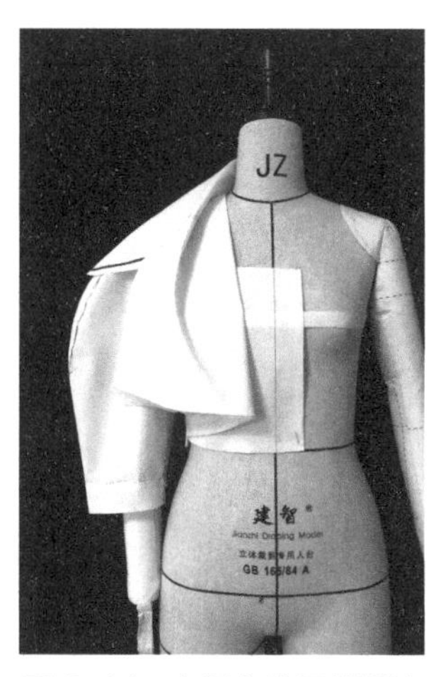

图 9-14　衣领立裁细节设计

图 9-15　立裁成衣廓形设计 1

图 9-16　立裁成衣廓形设计 2

图 9-17　立裁成衣设计 1

图 9-18　立裁成衣设计 2

图 9-19　立裁成衣设计 3

图 9-20　立裁成衣设计 4

图 9-21　创意立裁设计 1

图 9-22　创意立裁设计 2

参考文献

[1] 李正，徐崔春，李玲，等 . 服装学概论 [M].2 版 . 北京：中国纺织出版社，2014.

[2] 周文辉 . 立体裁剪实训教程 [M]. 北京：中国纺织出版社，2016.

[3] 张文斌 . 服装立体裁剪 [M]. 2 版 . 北京：中国纺织出版社，2012.

[4] 白琴芳，章国信 . 高级女装立体裁剪：基础篇 [M]. 北京：中国纺织出版社，2016.

[5] 戴建国 . 服装立体裁剪技术 [M]. 北京：中国纺织出版社，2012.

[6] 龚勤理 . 创意时装立体裁剪 [M]. 北京：中国纺织出版社，2012.

[7] 曹青华，李罗娉，刘松 . 欧洲时装立体裁剪 [M].2 版 . 北京：中国纺织出版社，2015.

[8] 文化服装学院 . 文化服装讲座：服饰手工艺篇 [M]. 郝瑞闽，范树林，冯旭敏，译 . 北京：中国纺织出版社，2006.

[9] 小池千枝 . 文化服装讲座：立体裁剪篇 [M]. 白树敏，王凤岐，译 . 北京：中国轻工业出版社，2007.

[10] 康妮·阿曼达·克劳福德 . 美国经典立体裁剪：基础篇 [M]. 张玲，译 . 北京：中国纺织出版社，2003.

[11] 邓鹏举，王雪菲 . 服装立体裁剪 [M]. 北京：化学工业出版社，2007.

[12] 董庆文 . 立体构成与服装设计 [M]. 天津：天津人民出版社，2004.

[13] 张祖芳 . 立体裁剪：基础篇 [M]. 上海：东华大学出版社，2006.

[14] 李薇 . 立体裁剪 [M]. 北京：高等教育出版社，2007.

[15] 三吉满智子 . 服装造型学：理论篇 [M]. 郑嵘，张浩，韩洁羽，译 . 北京：中国纺织出版社，2006.

[16] 郑健 . 服装设计学 [M]. 2 版 . 北京：中国纺织出版社，1993.

[17] 上海市纺织工业局 . 纺织品大全 [M]. 北京：中国纺织出版社，1992.

[18] 徐春景，夏国防 . 立体裁剪 [M]. 南京：东南大学出版社，2005.

[19] 药婷 . 立体裁剪与平面样板在服装设计中的应用 [D]. 沈阳：沈阳航空航天大学，2013.

[20] 刘知涵 . 禅意服装立体裁剪中的线条研究 [D]. 长春：东北师范大学，2016.

[21] 周萍，黄建江 . 立体裁剪技术的发展和应用 [J]. 河南职技师院学报，2000，28：62-64.

[22] 刘锋 . 基于人体的裙装原型结构探析 [J]. 纺织导报，2008(2)：121-122.